普通高等教育"十一五"国家级规划教材

教育部文科计算机基础教学指导委员会立项教材

普通高等院校计算机基础教育规划教材·精品系列

Access数据库应用技术

（第三版）

王　莉　赵洪帅　主编

中国铁道出版社有限公司

CHINA RAILWAY PUBLISHING HOUSE CO., LTD.

内 容 简 介

本书是根据教育部高等学校文科计算机基础教学指导委员会组织制定的《高等学校文科类专业大学计算机教学要求（第6版——2011年版）》在数据库方面的相关要求，以及教育部考试中心公布的《全国计算机等级考试二级 Access 数据库程序设计考试大纲（2018 版）》的要求，在第二版基础上改编而成的，是普通高等教育"十一五"国家级规划教材，同时也是教育部文科计算机基础教学指导委员会立项教材。

本书基于 Microsoft Access 2010，介绍关系数据库管理系统的基础理论及系统开发技术，主要内容包括：数据库系统的基础知识，Access 数据库的建立、使用、维护和管理，表、查询和结构化查询语言 SQL 的使用，窗体、报表、宏的创建和使用，以及 VBA 编程基础知识和应用系统开发实例等。书中配有大量的选择题、填空题、思考题及上机练习题，帮助读者加强理解和实践。

本书适合作为高等学校各类专业数据库应用技术课程教学教材，还可作为全国计算机等级考试的培训教材以及不同层次办公人员的自学用书。

图书在版编目（CIP）数据

Access数据库应用技术/王莉，赵洪帅主编. —3版. —北京：
中国铁道出版社有限公司，2020.1
普通高等教育"十一五"国家级规划教材　教育部文科计算机
基础教学指导委员会立项教材　普通高等院校计算机基础教育
规划教材. 精品系列
ISBN 978-7-113-26409-3

Ⅰ.①A… Ⅱ.①王… ②赵… Ⅲ.①关系数据库系统-高等学校-
教材 Ⅳ. ①TP311.138

中国版本图书馆CIP数据核字(2019)第243296号

书　　名：Access 数据库应用技术（第三版）
作　　者：王　莉　赵洪帅

策　　划：刘丽丽　　　　　　　　　　编辑部电话：010-63589185 转 2003
责任编辑：刘丽丽　卢　笛
封面设计：MXK DESIGN STUDIO
责任校对：张玉华
责任印制：郭向伟

出版发行：中国铁道出版社有限公司（100054，北京市西城区右安门西街8号）
网　　址：http://www.tdpress.com/51eds/
印　　刷：三河市兴达印务有限公司
版　　次：2005年8月第1版　2020年1月第3版　2020年1月第1次印刷
开　　本：787 mm×1 092 mm 1/16　印张：18.75　字数：474 千
书　　号：ISBN 978-7-113-26409-3
定　　价：56.00 元

前　言

本书是教育部普通高等教育"十一五"国家级规划教材，也是教育部文科计算机基础教学指导委员会立项教材。本书根据教育部高等学校文科计算机基础教学指导委员会组织制定的《高等学校文科类专业大学计算机教学要求（第6版——2011年版）》在数据库方面的相关要求，以及教育部考试中心公布的《全国计算机等级考试二级Access数据库程序设计考试大纲（2018版）》的要求，在第二版基础上改编而成的。

Access 2010数据库管理系统软件是广为使用的软件，与Access 2003相比较，界面和使用都有很大的改变，本书就是针对这一变化在第二版的基础上进行了重新编写。删除了第8章，把第2章和第3章合并成一章，把第9章内容合并到相关章节。补充了许多实用性很强的示例、综合练习题。对配套教材《Access数据库应用技术习题解答与上机指导》也进行了修改。

本书在编写方式上注重理论联系实际，强调实用性和操作性。全书文字通俗易懂，内容由浅入深。通过从前到后一个个可操作的示例，最后组合成一个实际应用的数据库管理系统，增强学生使用数据库的实际能力。

本书以面向应用为目的，理论联系实际；以实际案例为引导，通俗易懂，概念明确，条理清楚，操作性强。学生只要按照书中的内容边学习边上机实际操作，就能很快地掌握Access数据库管理系统的基本功能和操作，掌握面向应用的系统开发知识，并能够完成简单实用的小型数据库管理系统的开发。

本书参考学时为72学时，其中上机需34学时。本书适合作为高等学校各类专业的数据库应用技术课程教学教材，还可作为全国计算机等级考试的培训教材以及不同层次办公人员的自学教材。

本书采用"理论+实训"相结合的编写结构，适合在机房开展教学活动。同时，本书采用"纸质教材+数字课程"的出版形式，纸质教材与丰富的数字化资源一体化。纸质教材内容精练适当，版式和内容编排新颖；对大量操作类实例提供操作演示视频，读者可以通过扫描二维码直接观看精心制作的微视频，方便学习与使用。

本书由王莉、赵洪帅任主编。全书共8章，编写分工如下：第1~5章由王莉编写，第6、7章由赵洪帅编写，第8章由孙文玲编写。

在编写过程中，潘晓南教授提出了许多很好的建议，同时也得到了任晓军和张才彬等同志的支持和帮助，还得到了北京大学、中央民族大学、北京语言大学、中华女子学院、对外经济贸易大学、北京体育大学以及国际关系学院等院校的专家与同行的支持和帮助，在此一并表示感谢。

对于本书中的不足，敬请读者批评指正。

编　者

2019年8月

目　录

第 1 章

Access 基础

Access 2010 是 Microsoft Office 系列软件中的一员，它是可运行于 Windows 7 及以上视窗操作系统的、面向对象的桌面关系数据库管理系统。Access 可以对大量数据进行存储、查找、统计、增加、删除及修改，还可以创建报表、窗体和宏等对象。它提供了面向对象的可视化程序设计语言，能帮助用户通过各种数据库对象对数据进行控制和管理。Access 可以获取不同文件类型的数据，还可以通过 ODBC 与 SQL Server、Oracle 等数据库相连，实现数据的交换和共享。在 Access 中，可以编写程序，也可以不用编写程序就可完成如学生管理系统、人事管理系统、财务管理系统等应用程序的开发工作。虽然 Access 的推出时间较晚，但由于其功能强大且使用方便，得到了广大数据库应用人员的青睐，成为最通用的数据库软件之一。

本书主要介绍广为流行的中文版 Access 2010 数据库管理系统的使用，下面均简称 Access。

本章介绍数据库的基本知识、数据模型、关系数据库的概念、数据库的设计方法、Access 的启动与退出、Access 用户界面、用 Access 创建数据库的常用方法以及数据库的管理。

 ## 1.1 数据库的基本知识

1.1.1 数据、信息和数据处理的概念

1. 数据

数据是指存储在某一种媒体上的能够被识别的物理符号，用来描述事物的情况，用类型和值来表征。不同的数据类型描述的事物性质不同，如字符"张三"表示某人的姓名，工资 5 000 元中的 5 000 表示工资的多少。

数据的概念在数据处理领域中已经被大大地拓宽了。数据不仅包括数字、文字和其他特殊字符组成的文本形式的数据，而且还包括图形、图像、动画和声音等多媒体数据。

2. 信息

信息是经过加工处理的有用的数据。数据只有经过提炼和抽象变成有用的数据后才能成为信息。信息仍以数据的形式表示。

3. 数据处理

数据处理是指将数据加工并转换成信息的过程，又称信息处理。通过处理数据可以获得信息，通过分析和筛选信息可以产生决策。在计算机中：通过计算机外存储器存储数据；通过计算机软件来管理数据；通过应用程序来对数据进行加工处理，获取信息。

数据处理的核心是数据管理。计算机对数据的管理是指对各种数据进行分类、组织、编码、存储、检索和维护等。数据管理技术经历了人工管理、文件系统和数据库系统三个阶段。

1）人工管理阶段（20 世纪 50 年代中期以前）

在人工管理阶段，计算机主要用于科学计算。这个阶段还没有像磁盘这样的可直接存取的外存储设备，没有操作系统和数据管理方面的软件，数据完全由程序设计人员有针对性地设计程序进行管理，而且编制应用程序时，要全面考虑数据的定义、存储结构、存取方法和输入方式等。这一阶段数据管理的特点是：

（1）数据不能长期保存。

（2）数据无独立性。数据由应用程序而不是相应的软件系统来管理，数据和程序彼此依赖，是不可分割的整体。

（3）数据不能共享。一组数据对应一个程序，如图 1-1（a）所示。一个程序中的数据不能被其他程序利用，因此程序与程序之间会存在大量的重复数据，数据冗余量大。

2）文件系统阶段（20 世纪 50 年代后期至 60 年代中期）

在这一阶段，计算机的应用范围从科学计算扩大到信息管理，硬件方面有了磁盘、磁鼓等可直接存取的外存储设备，软件方面出现了高级语言和操作系统。操作系统中有了专门的数据管理软件，称为文件系统。这个阶段数据管理的特点是：

（1）数据可以组织成"文件"形式长期保存在外存储设备中，允许应用程序反复使用。

（2）数据与程序之间具有"设备独立性"。在文件系统支持下，应用程序可以通过文件名访问数据文件，而不必关心数据存储等物理细节。但程序与数据之间的依赖关系并未根本改变，一个（或一组）数据文件基本上对应于一个应用程序，数据独立性差，如图 1-1（b）所示。

（3）数据文件之间缺乏联系，它们之间的联系要通过程序去构造。因此，同一数据项可能重复出现在不同文件中，数据共享性差，数据冗余大。

3）数据库系统阶段（20 世纪 60 年代后期以后）

在这一阶段，计算机越来越多地应用于管理领域，且规模越来越大。数据库系统是在文件系统的基础上发展起来的，提供了对数据更高级、更有效的管理。在这个阶段，应用程序和数据的联系是通过数据库管理系统（DBMS）来实现的，如图 1-1（c）所示。

数据库系统阶段的数据管理特点是：数据结构化；数据共享性较高，冗余度大大降低；数据独立性较高；数据的安全性、可靠性和正确性有了更大的保障。后述内容将就此做较详细的叙述。

随着计算机应用技术、网络技术等的发展，数据管理技术又出现了分布式数据库系统和面向对象数据库系统。

分布式数据库系统是数据库技术与网络通信技术相结合而形成的数据库系统。20 世纪 70 年代之前，数据库多数是集中式的。网络技术的发展为数据库提供了分布式的环境，从主机—终端体系结构发展到客户端 / 服务器（Client/Server，C/S）系统结构。

分布式数据库系统可以看作是一系列结点的集合，每个结点都拥有各自的数据库、中央处理机、终端以及各自的局部数据库管理系统。

面向对象数据库系统是数据库技术与面向对象程序设计技术相结合而形成的数据库系统。在面向对象的系统中，以面向对象程序设计思想为基础，将现实世界中所有概念实体模型转化为对象，能处理复杂的数据对象和对象之间的关系。

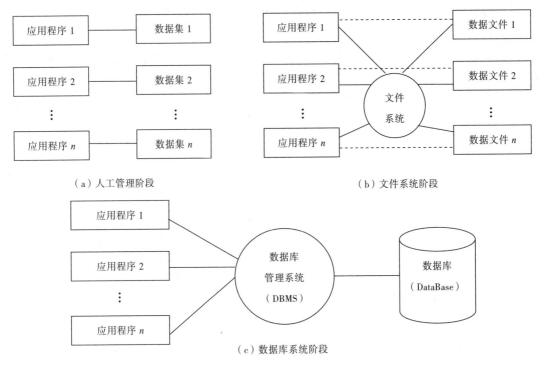

图 1-1 数据处理技术发展三阶段示意图

1.1.2 数据库的相关概念

1. 数据库

数据库（DataBase，DB）可通俗地理解为存放信息的仓库。它是指按照一定的组织结构存储在计算机存储设备上的各种信息的集合，并可被各个应用程序所共享。它既反映了描述事物的数据本身，又反映了相关事物之间的联系。数据库中的数据具有较小的数据冗余、较高的数据独立性和可扩展性，并可为各种合法用户共享。

2. 数据库管理系统

数据库管理系统（DataBase Management System，DBMS）是用户用来在计算机上建立、使用、管理和维护数据库的软件系统。数据库管理系统一般被认为是计算机系统软件。它主要具有以下功能：

1）定义数据库

数据库管理系统提供了定义数据类型及数据库存储形式的功能。根据此功能，用户可按要求在计算机中建立数据库和定义数据库的结构，并且存储用户输入的数据。

2）操作数据库

数据库管理系统提供了多种处理数据的操作方式。根据此功能用户可按要求对数据库中的数据进行增加、修改、查询和删除等操作。

3）管理和维护数据库

数据库管理系统提供了对数据进行管理和维护的功能，以保证数据的安全性和完整性，并能控制多用户同时对数据库数据进行访问，管理大量数据的存储、数据初始导入、数据备份实现以及故障处理和性能监视等。利用此功能，用户可对大量数据进行管理和维护。

3. 数据库系统

数据库系统（DataBase System，DBS）是指引入了数据库的计算机系统，它包括相应计算机的硬件系统和软件系统、数据库、数据库管理系统、数据库应用系统以及数据库管理员和用户，如图 1-2 所示。其中，数据库管理系统是数据库系统的核心组成部分。

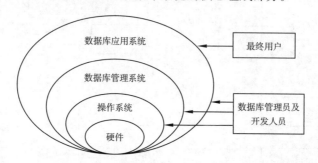

图 1-2　数据库系统层次关系示意图

随着计算机应用领域的不断扩大，数据库系统已成为计算机系统的基本支撑系统之一。

数据库系统的数据不是针对某个具体应用，而是面向全局应用的，系统对数据进行统一的控制和管理。其主要特点如下：

1）数据结构化且统一管理

数据库系统中的数据是有结构的，并且由数据库管理系统进行统一管理。数据库系统不仅可以表示事物内部数据之间的联系，而且还可以表示事物与事物之间的联系。因此，在设计数据库的结构时，不应以某个具体应用系统的需求作为唯一依据，一定要考虑整个数据库的数据结构；不仅要反映数据本身，还要反映出数据之间的联系。

2）数据共享，冗余度小

数据库中的数据由系统统一管理，集中存储。数据库系统从整体规划角度来描述系统中存储的数据，数据不仅面向某个具体的应用，而且还面向整个系统的应用。系统中的各种用户可以根据各自应用的需求访问不同的数据子集，以达到数据的共享，从而提高数据的利用率，同时也大大减少了数据的冗余，节约了数据存储空间，有利于保持数据的一致性。

3）数据独立性较高

数据独立性是指数据库中数据的逻辑组织形式和物理存储方式与用户的应用程序无关。一般来说，任何一方的改变都不会影响到另一方。

4）数据控制功能较强

数据库中的数据被多个用户或应用程序所共享。当多个用户同时存取或修改数据库中的数据时，可能会发生相互之间的干扰，产生错误数据，甚至破坏数据库。数据库管理系统提供了较强的保护控制功能，它包括数据的并发控制功能、数据的安全性控制功能和数据的完整性控制功能，以免由于控制不当而使数据产生错误。

4. 数据库应用系统

数据库应用系统（DataBase Application System，DBAS）是指用户为了解决某一类信息处理的实际需求而利用数据库系统开发的软件系统，如用 Access 开发的教学管理系统、财务管理系统、人事管理系统、图书管理系统等。

5. 数据库管理员及开发人员

数据库管理员（DataBase Administrator, DBA）是负责数据库的建立、使用和维护的专门人员。数据库开发人员则是利用数据库管理系统（包括应用开发工具）开发数据库应用系统的人员。

6. 最终用户

最终用户通常指使用数据库应用系统的人员。

1.1.3　数据库系统的三级模式结构

如今，数据库系统软件很多，它们支持不同的数据模型，使用不同的数据库语言，建立在不同的操作系统之上，数据的存储结构也各不相同，但它们都采用三级模式，即模式、外模式和内模式。与之对应的是数据库的三级结构，即全局逻辑结构、局部逻辑结构和物理存储结构。以上正是数据库系统所采用的三级模式结构。

1. 模式

模式又称逻辑模式，是对数据库中全体数据的逻辑结构和特征的描述，体现出全局、整体的数据观点。模式给出了实体和属性的名字，并说明了它们之间的关系。它与具体的数据值无关，是一个可以放入数据项值的框架。模式是数据库在逻辑级上的视图。

例如，建立一个学生档案管理系统，即在其数据库表中存入学生资料，并提供所有学生信息的查询、修改等功能。其中，数据的逻辑结构、数据间的关系以及安全性和完整性的定义就是这个数据库的模式，是全局逻辑结构。

2. 外模式

外模式又称子模式，是用户和程序员看到并使用的局部数据逻辑结构和特征。不同的用户因其需要不同，其看待数据的方式不同，因此不同用户的关于外模式的描述也不相同。一个数据库可以有若干个外模式。例如，在学生档案管理系统中，对于查找指定学院的学生来说，只使用存储了指定学院的学生资料的数据库表，指定学院的学生就是局部的，这种结构就是局部逻辑结构。

3. 内模式

内模式又称存储模式，是对数据物理结构和存储方式的描述，也是数据在存储介质上的保存方式，如数据以什么形式保存在磁盘上，是否压缩、加密等。内模式指的是物理存储结构。

数据库的模式是唯一的，是以数据库模型为基础的。模式综合考虑所有用户的需求，并将其结合成有机逻辑整体。

定义模式时既要考虑数据库的逻辑结构，如表中记录的字段、字段类型、名字等，又要定义数据间的关系，考虑数据的安全性和完整性。

1.2　数据模型

数据模型是工具，是用来抽象、表示和处理现实世界中的数据和信息的工具。数据模型应满足三方面的要求：一是能够比较真实地模拟现实世界；二是容易被人理解；三是便于在计算机系统中实现。

1.2.1 组成要素

数据模型是由数据结构、数据操作和数据的约束条件三部分组成的。

1. 数据结构

数据结构是所研究对象类型的集合，这些对象是数据库的组成部分，如表、表中的字段、名称等。数据结构分为两类：一类是与数据类型、内容等有关的对象；另一类是与数据之间关系有关的对象。

数据结构是描述一个数据模型性质最重要的方面，因此常用数据结构的类型命名数据模型。常用的数据结构有三种：层次结构、网状结构和关系结构。这三种结构的数据模型分别命名为层次模型、网状模型和关系模型。

2. 数据操作

数据操作是指对数据库中各种对象（型）的实例（值）允许执行的操作的集合，包括操作及有关的操作规则。数据库的操作主要包括查询和更新两大类，数据模型必须定义操作的确切含义、操作符号、操作规则和实施操作的语言。

3. 数据的约束条件

数据模型中的数据及其联系所具有的制约和依存规则是一组完整性规则，这些规则的集合构成数据的约束条件，以确保数据的正确、有效和相容。

数据模型应该反映和规定此数据模型必须遵守的基本的完整性约束条件，并提供约束条件的机制，以反映具体的约束条件是什么。

1.2.2 概念模型

1. 基本概念

数据管理的对象是现实生活中的客观事物，把描述客观事物的信息经过整理、归类和规范化后，才能将其数据化并输入数据库中。这一过程是一个抽象的过程，是从现实到概念再到数据的过程。

1）现实世界

人们管理的对象存在于现实世界中，现实世界的事物及事物之间存在着联系，这种联系是客观存在的，是由事物本身的性质决定的。例如，在学校的教学管理系统中有教师、学生、学院和课程等构成元素，教师为学生教课，学生在不同的学院，学生可选不同的课程，教师、学生、学院和课程是相互关联的。

2）概念世界

概念世界是现实世界在人脑中的反映，是对客观事物及其联系的一种抽象描述。例如，对教师的描述包括姓名、性别、教师编号、学院代码、出生日期和工资等不同项目。概念世界有时又称信息世界。

描述事物的常用术语有以下几个：

（1）实体：客观存在并且可以相互区别的事物称为实体。它可以是具体的事物，如一名学生、一门课程；也可以是抽象的事件，如借阅图书、一场演出。实体用实体型和实体值来表征。

（2）属性：属性是对实体特性的描述，如一个学生实体，可以用学号、姓名、性别和出生日期等属性来描述。学号、姓名及性别等本身为属性的名称，属性用型和值表征，如学号、姓名和性别等是对属性的型的描述，而具体的值如"16150138"、"王伟"、"男"及"07\19\98"

等是属性的值。

（3）实体型：实体型指的是用属性的集合来描述的实体的类型，用实体名和各个属性名的集合来表征。如实体型：学生（学号，姓名，性别，出生日期），学生是实体名，学号、姓名、性别、出生日期等是各个属性名。

（4）实体值：实体值是指实体属性值的集合，如学生王伟的实体值是 "16150138"、"王伟"、"男" 和 "07\19\98"。

（5）实体集：实体集是指相同类型的实体的集合。例如，学校所有的学生，他们都用相同的实体类型来描述，集合在一起就是实体集。

3）数据世界

存入计算机系统的数据是将概念世界中的事物数据化的结果。为了准确地反映事物本身及事物之间的各种联系，数据库表中的数据一定存在一种结构，并可用数据模型表示这种结构。数据模型将概念世界中的实体及实体间的联系进一步抽象为便于计算机处理的方式。数据世界又称存储或机器世界。

2. 实体联系模型

实体联系模型又称 E-R 模型或 E-R 图，它是描述概念世界、建立概念模型的实用工具。

E-R 图包括三个要素。

1）实体

用矩形框表示，框内标注实体名称。

2）属性

用椭圆形框表示，框内标注属性名。E-R 图中用连线将椭圆形框与矩形框（实体）连接起来。

3）实体之间的联系

用菱形框表示，框内标注联系名称。E-R 图中用连线将菱形框与有关矩形框（实体）相连，并在连线上注明实体间的联系类型。图 1-3 所示为两个简单的 E-R 图。

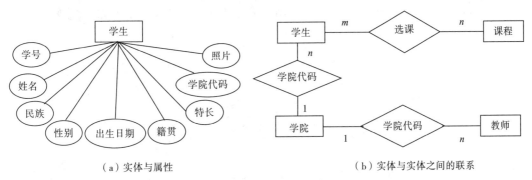

（a）实体与属性　　　　　　　　　（b）实体与实体之间的联系

图 1-3　两个 E-R 图

实体之间的对应关系称为联系，它反映现实世界事物之间的相互联系。两个实体（实际上通常是指两个实体集）间的联系有以下三种类型：

① 一对一联系（1：1）。

如果对于实体集 A 中的每一个实体，实体集 B 中只有一个实体与之对应，反之亦然，则称实体集 A 与实体集 B 具有一对一联系，记为 1：1。例如，在学校中，一个班级只有一个班长，一个班长只管理一个班级，则班级实体和班长实体就具有一对一联系。

② 一对多联系（1：n）。

如果对于实体集 A 中的每一个实体，实体集 B 中有 n 个实体与之对应；反之，对于实体集 B 中的每一个实体，实体集 A 中只有一个实体与之对应，则称实体集 A 与实体集 B 具有一对多联系，记为 $1 : n$。例如，在学校中，一个学院有许多学生，而每个学生只属于一个学院，则学院实体和学生实体之间具有一对多的联系，如图 1-3（b）所示。

③多对多联系（$m : n$）。

如果对于实体集 A 中的每一个实体，实体集 B 中有 n 个实体与之对应；反之，对于实体集 B 中的每一个实体，实体集 A 中也有 m 个实体与之对应，则称实体集 A 与实体集 B 具有多对多联系，记为 $m : n$。例如，在学校中，一名学生可以同时选修多门课程，一门课程也可以同时有多名学生选修，则学生实体和课程实体之间具有多对多的联系，如图 1-3（b）所示。

1.2.3　三种数据模型

数据模型的构造方法决定了数据库中数据之间的联系方式以及数据库的设计方法。常见的数据模型有三种：层次模型、网状模型和关系模型。根据这三种数据模型建立的数据库分别为层次型数据库、网状型数据库和关系型数据库。

1. 层次模型

层次模型是采用树状结构来表示实体及实体间的联系的模型。它是最早开始应用的数据模型。这种模型体现出实体之间只有简单的层次联系，其特点是：只有一个根结点，其他结点（泛称子结点）有且仅有一个根结点或父结点。结点（代表实体型）之间的关系是父结点与子结点的关系，即一对多联系。如学校中只有一个校长，校长下属有各个学院的院长，院长下属有各个专业的主任。它的优点是简单、直观且处理方便，适合于表现具有比较规范的层次关系的结构，缺点是不能直接表现含有多对多联系的复杂结构。层次模型如图 1-4 所示。

2. 网状模型

网状模型是采用网状结构来表示实体及其之间的联系的模型。其特点是：每一个结点允许有多于一个的父结点，也允许有一个以上的结点无父结点。网状模型可以方便地表示实体间的多对多联系，但结构比较复杂，数据处理比较困难。网状模型如图 1-5 所示。

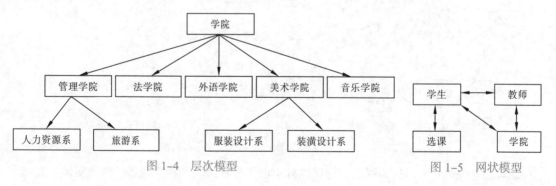

图 1-4　层次模型　　　　　　　　　　　图 1-5　网状模型

3. 关系模型

关系模型是用二维表结构来表示实体及其之间的联系的模型。如图 1-6 和图 1-7 所示的学生表和学院表都是二维表，它们之间通过"学院代码"属性建立联系，如图 1-8 所示。

在关系模型中数据以二维表的形式出现，操作的对象和结果都是二维表，每一个二维表就是一个关系，它不仅能描述实体本身，而且还能反映实体之间的联系。

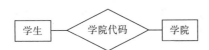

学生

学号	姓名	性别	民族	出生日期	籍贯	学院代码	特长	照片
14150226	王楠	女	汉	94-07-11	北京	15	绘画，摄影，舞蹈，	Bitmap Image
14150236	李鹏飞	男	汉	95-07-11	广西	15	相声，小品，唱歌，	Bitmap Image
14150356	夏天	女	苗	96-07-11	江苏	15	旱冰，舞蹈，登山	
15050412	张美仙	女	蒙古	97-07-11	辽宁	5	登山，长跑，摄影，	
15070111	成文	女	满	96-07-11	河北	7	绘画，舞蹈，书法	
15070213	韦建杰	男	汉	97-11-22	广西	7	相声，小品，语言	
15130415	李芳	女	壮	96-01-19	山东	13	旱冰，舞蹈，乒乓	
15131343	冯啸天	男	汉	95-05-30	贵州	13	绘画，摄影，动漫	
15150123	俞洋	男	藏	96-01-20	四川	15	健身，唱歌，登山	
16040147	郜维献	女	回	98-08-02	云南	4	善于交际，善于沟	
16040212	刘英	女	藏	97-07-11	青海	4	舞蹈，摄影	
16040217	刘莹	女	蒙古	97-02-04	河北	4	工作能力强，爱好	
16070126	叶寅	男	汉	96-07-11	天津	7	组织能力强，善于	
16070321	马凌凌	女	回	98-09-14	宁夏	7	相声，书法，健身	
16150134	张颖	女	汉	97-01-02	福建	15	书法，旱冰，舞蹈	

记录：第 24 项(共 24 项)　无筛选器　搜索

图 1–6　学生表

学院

学院代码	学院名称	负责人	电话	学院主页
1	中文学院	孙苇	01067981230	zhongwen.zdy.e
10	音乐学院	王步辉	01067981234	yingyue.zdy.ed
11	环境学院	张飒	01067981235	huanjing.zdu.e
12	生化学院	董家伟	01067981236	
13	电子工程学院	赵云彪	01067982211	
14	自动化学院	王玮恩	01067982212	
15	计算机学院	周自容	01067982345	
2	历史学院	马彪	01067982346	
3	法律学院	秦力政	01067982347	
4	管理学院	席恩德	01067982520	
5	外语学院	田理雨	01067982521	
6	教育学院	焦哺东	01067982526	
7	经济学院	卜专浅	01067982626	
8	美术学院	易项柏	01067982601	
9	体育学院	申帝庄	01067982822	

记录：第 15 项(共 15 项)　无筛选器　搜索

图 1–7　学院表

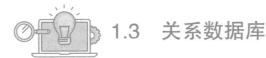

图 1–8　学生和学院实体通过“学院代码”属性建立联系

关系模型是最常用也是最重要的一种数据模型。Access 和 Visual FoxPro、Oracle、SQL Server 等都是基于关系模型的关系型数据库管理系统。

1.3　关系数据库

基于关系模型建立的数据库就是关系数据库。关系数据库建立在严格的数学理论基础上，数据结构简单、清晰，易于操作和管理。在关系数据库中，数据被分散到不同的数据表中，以便使每一个表中的数据只记录一次，从而避免数据的重复输入，减少数据冗余。对任何一个表都可以增加、删除和修改表中的数据而不会影响其他表中的数据。它既解决了层次模型数据库横向关联不足的缺点，又避免了网状数据库关联过于复杂的问题，是应用最广泛、发展最迅速的数据库。

1.3.1　关系术语

关系数据库中至少有一个表，一般是由一个以上的表组成的集合，表之间有着一定的联系。常用的关系术语如下：

1. 关系

一个关系就是一张二维表，对应数据库中的表对象，如图 1-6 和图 1-7 所示的学生表、学院表。

2. 属性

表的每一列为一个属性（又称字段），如图 1-6 所示的学生表中的"学号""姓名""性别"等字段。

3. 元组

表的每一行为一个元组（又称记录），它是一组字段值的集合，如学生表中"学号"为"14150226""14150236"等的每一行的信息。

4. 域

属性的取值范围称为域，如图 1-6 所示的性别属性的取值范围是"男"或"女"。

5. 关系模式

关系名及关系中的属性集合构成关系模式，一个关系模式对应一个关系的结构。关系模式的格式为：

关系名（属性名 1, 属性名 2, 属性名 3, ⋯, 属性名 n）

例如：

学生表的关系模式为：学生（学号，姓名，性别，民族，出生日期，籍贯，学院代码，照片）。

学院表的关系模式为：学院（学院代码，学院名称，负责人，电话，学院主页）。

6. 候选关键字

在一个表中能唯一标识一条记录的字段或字段的组合称为候选关键字或候选码。一个表中可以有多个候选关键字，如学生表中的"学号"和"姓名 + 出生日期"（两个字段组合之意）等都可以作为候选关键字。

7. 主关键字

主关键字就是从一个表中可能存在的多个候选关键字里选择出来的一个最主要的称为主键。例如，从学生表的候选关键字"学号"和"姓名 + 出生日期"中选择"学号"作为主键。

8. 外部关键字

外部关键字又称外键，是用来与另一个关系进行连接的字段，是另一个关系中的主关键字。

关系数据库由至少一个或多个数据表组成，各数据表间可以建立相互联系（在 Access 中文版中常称为关系）但又相互独立。图 1-9 是用 Access 创建的一个教学管理数据库中的五个数据表，表间通过公共属性联系起来。例如，学生表和选课表通过公共的"学号"建立联系；课程表和选课表通过公共的"课程号"建立联系；学院表和教师表通过公共的"学院代码"建立联系等。如果要从数据库中查询某个学生的各科成绩，只需从学生表的"姓名"列中找到该学生，记住他的"学号"值；再到选课表中找到该"学号"对应的所有"课程号"值和"成绩"值；然后再到课程表中查找与"课程号"值所对应的"课程名称"，这样就可以查询到指定学生的各科成绩。具体的表间联系如图 1-10 所示。

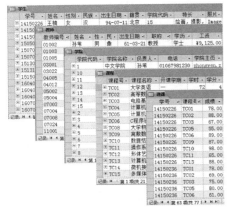

图 1-9　教学管理数据库中的五个二维数据表

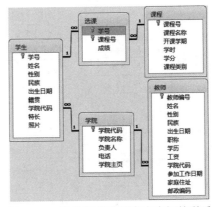

图 1-10　教学管理数据库中表间的联系

1.3.2 关系代数运算

利用关系数据库查找指定的数据，需要对关系数据库进行一定的关系运算。关系的基本运算有两类：一是传统的集合运算，即并、差、交和笛卡儿积运算；二是专门的关系运算，即选择、投影和连接。

1. 传统的集合运算

进行并、差、交集合运算的两个关系必须具有相同的关系模式，即元组有相同的结构。

1）并

设 R 和 S 是结构相同的两个关系，R 和 S 的并是由 R 和 S 这两个关系的元组组成的集合，表示为 $R \cup S$。例如，有两个结构相同的表学生表 1、学生表 2，分别存放两个班的学生信息，将学生表 2 的学生记录追加到学生表 1 的学生记录后面就是两个关系的并运算。

2）差

设 R 和 S 是结构相同的两个关系，R 与 S 的差是由属于 R 但不属于 S 的元组组成的集合，即差运算的结果是从 R 中去掉 S 中也有的元组，表示为 $R-S$。例如，设有一个选修了英语的学生表，一个选修了数学的学生表，求选修了英语但没有选修数学的学生，就应当进行两个关系的差运算。

3）交

设 R 和 S 是结构相同的两个关系，R 与 S 的交是由既属于 R 又属于 S 的元组组成的集合，表示为 $R \cap S$。交运算的结果是 R 和 S 中共有的元组。例如，设有一个选修了英语的学生表、一个选修了数学的学生表，求既选修了英语又选修了数学的学生，就应当进行两个关系的交运算。

4）笛卡儿积

设关系 R 和 S 的元数（即关系中属性的个数，或表中列的个数）分别为 r 和 s，R 有 m 个元组，S 有 n 个元组。定义 R 和 S 的笛卡儿积是一个元数为（$r+s$）的（$m \times n$）个元组的集合，记为 $R \times S$。

$R \times S$ 每个元组的前 r 个分量（属性值）来自 R 的一个元组，后 s 个分量来自 S 的一个元组。

并、差、交、笛卡儿积集合运算示例如图 1-11 所示。

R

X	Y	Z
a_1	b_1	c_1
a_2	b_2	c_2
a_3	b_3	c_3

S

X	Y	Z
a_2	b_2	c_2
a_4	b_4	c_4
a_3	b_3	c_3

$R \cup S$

X	Y	Z
a_1	b_1	c_1
a_2	b_2	c_2
a_3	b_3	c_3
a_4	b_4	c_4

$R - S$

X	Y	Z
a_1	b_1	c_1

$R \cap S$

X	Y	Z
a_2	b_2	c_2
a_3	b_3	c_3

$R \times S$

$R.X$	$R.Y$	$R.Z$	$S.X$	$S.Y$	$S.Z$
a_1	b_1	c_1	a_2	b_2	c_2
a_1	b_1	c_1	a_4	b_4	c_4
a_1	b_1	c_1	a_3	b_3	c_3
a_2	b_2	c_2	a_2	b_2	c_2
a_2	b_2	c_2	a_4	b_4	c_4
a_2	b_2	c_2	a_3	b_3	c_3
a_3	b_3	c_3	a_2	b_2	c_2
a_3	b_3	c_3	a_4	b_4	c_4
a_3	b_3	c_3	a_3	b_3	c_3

图 1-11　并、差、交、笛卡儿积集合运算示例

2. 专门的关系运算（关系操作）

关系数据库管理系统能完成三种关系操作：选择、投影、连接。

1）选择

选择操作是指从关系中选出那些满足条件的记录，即从二维表的行中查找记录。例如，从学生表中找出籍贯是北京的学生，所进行的操作就是选择操作。

2）投影

投影操作是指从关系中选出所需的若干字段，即从二维表的列中选择字段。例如，从学生表中找出所有学生的学号、姓名、性别及出生日期，所进行的操作就是投影操作。

3）连接

连接操作是将两个关系横向拼接成一个新的关系，新关系中包含满足条件的记录。例如，从学生表和选课表中按对应学号相同的条件给出学生的学号、姓名、性别、课程号和成绩，所进行的操作就是连接操作。

在连接运算中，按照字段值对应相等为条件进行的连接操作为等值连接。自然连接是去掉重复属性的等值连接，是最常用的连接运算。

1.3.3　关系的完整性

关系模型的完整性规则是对关系的一种约束条件。在关系模型中有三类完整性约束：实体完整性、参照完整性和用户自定义完整性。其中，实体完整性和参照完整性是关系模型必须满足的完整性约束条件，它由关系系统自动支持。

1. 实体完整性

实体完整性规则是指关系中主键不能取空值和重复的值。空值就是"不知道"或"不确定"值。如在学生表中，学号不能取空值，否则就无法说明一个学生的信息。如选课（学号，课程号，成绩）表中，学号和课程号的组合为主键，则学号、课程号都不能取空值。

2. 参照完整性

参照完整性规则定义了外键与主键之间的引用规则。如"学院代码"字段在学生表中是外键，但在学院表中是主键，则在学生表中该字段的值只能取"空"值或取学院表中"学院代码"

的其中值之一。

3. 用户定义的完整性

实体完整性和参照完整性适合于任何关系数据库。不同的关系数据库系统根据其应用环境的不同，还需要一些特殊的约束条件。

用户定义的完整性就是根据应用环境，针对某一具体关系数据库制定的约束条件，如选课表中"成绩"的取值只能是 0 ~ 100。

1.3.4　关系规范化

规范化的基本思想是消除关系模式中的数据冗余，避免数据插入、更新、删除时发生异常现象。

关系规范化就是对数据库中的关系模式进行分解，将不同的概念分散到不同的关系中，使得每个关系的任务单纯而明确，达到概念的单一化。因此，就要求关系数据库设计出来的关系模式要满足规范的模式，即"范式"。范式其实就是约束条件。

满足一定条件的关系模式称为范式（Normal Form，NF）。根据满足规范条件的不同，分为第一范式（1NF）、第二范式（2NF）、第三范式（3NF）、BC 范式（BCNF）和第四范式（4NF）等。下面介绍前四种范式，常用的是前三种范式，级别越高，满足的要求越高，规范化程度也越高。

1. 第一范式（1NF）

若关系模式中每一个属性都是不可再分的基本数据项，则称这个关系属于第一范式。

在任何一个关系数据库中，第一范式（1NF）是对关系模式的基本要求，不满足第一范式（1NF）的数据库就不是关系数据库。

2. 第二范式（2NF）

如果关系模式属于第一范式，并且每个非主属性都完全依赖于任意一个候选关键字，则称这个关系属于第二范式。第二范式（2NF）要求数据库表中的每个记录或行必须可以被唯一地区分。

3. 第三范式（3NF）

如果关系模式属于第二范式，且表中不包含在其他表中已包含的非主关键字信息，则称这个关系属于第三范式。

4. BC 范式（BCNF）

如果关系模式属于第三范式，并且所有属性（包括主属性和非主属性）都不传递依赖于关系模式的任何候选关键字，则称这个关系属于 BC 范式。

规范化的目的是将结构复杂的关系模式分解成结构简单的关系模式，从而把不好的关系模式转化为好的关系模式，转化方法就是将关系模式分解成两个或两个以上的关系模式。

一般说来，在数据库设计过程中，很容易遵守第一范式，很少完全遵守第三范式。从关系模型的角度来看，满足第三范式最符合标准，这样的设计容易维护。而 BC 范式出现机会较少。

关系规范化减少了数据冗余，节约了存储空间，同时加快了增、删、改的速度，但在数据查询方面，需要进行关系模式之间的连接操作，将影响查询速度。因此，在设计数据库时并不一定要求全部模式都达到 BC 范式，有时故意保留部分冗余能更方便数据的查询。

1.3.5　数据库的设计方法

数据库设计是指对于一个给定的应用环境，构造出最优的关系模式，建立数据库，使之能够有效地存储数据，满足各种用户的应用需求。数据库设计得好坏，对于一个数据库应用系统的效率、性能及功能等起着至关重要的作用。

根据规范化理论，数据库设计的步骤可以分为以下四个阶段：

1. 需求分析阶段

设计数据库首先必须准确了解与分析用户的需求，包括数据需求与处理需求。数据需求是指用户需要从数据库中获得信息的内容与性质，由此可以明确数据库中需要存储什么样的数据；处理需求是指用户需要完成什么处理功能。

2. 概念结构设计阶段

概念结构设计阶段主要是对用户需求进行综合、归纳和抽象，形成一个独立于具体的数据库管理系统的概念模型。即对数据进行抽象，确定实体和实体的属性、标识实体的关键字以及实体之间的联系，并用 E-R 图表示出来。

3. 逻辑结构设计阶段

逻辑结构设计阶段主要是考虑实现数据库管理系统所支持的数据模型的类型。广泛使用的数据库管理系统是基于关系数据模型的，所以逻辑结构设计阶段的任务就是把概念结构设计阶段所得到的 E-R 图转换为关系数据模型，并用关系规范化理论对关系模式进行优化。将 E-R 图转换为关系数据模型的基本原则是：

1）实体的转换

把每一个实体型转换为一个关系模式，实体的属性就是关系的属性，实体的关键字就是关系的关键字。

2）联系的转换

一对一联系和一对多联系可以不产生新的关系模式，而是将一方实体的关键字加入多方实体对应的关系模式中，联系的属性也一并加入。多对多联系要变成两个一对多的联系，即产生一个新的关系模式，该关系模式由联系所涉及的实体的关键字加上联系的属性组成。

4. 物理设计阶段

物理设计阶段就是设计数据库存储结构和物理实现方法。

1.4　Access 简介

1.4.1　Access 的启动与退出

Access 具有与 Word、Excel、PowerPoint 等相同的操作界面，使用简单方便。

微课1-1：
启动Access

1. 启动 Access

启动 Access 一般有以下几种方法。

方法一：单击"开始"按钮，打开"开始"菜单，指向或单击"所有程序"，再单击其中的"Microsoft Office"命令按钮，最后再单击"Microsoft Office"下的"Microsoft Access 2010"命令按钮，打开 Microsoft Office Backstage 窗口，如图 1-12 所示。

图 1-12　Microsoft Access Backstage 窗口

如果"开始"菜单中已经有"Microsoft Access 2010"选项按钮，可直接单击它来启动 Access。

注意：

（1）以上操作可简写为单击"开始 | 所有程序 |Microsoft Office|Microsoft Access 2010"按钮。书中后面的内容中选择命令均采用这种简述形式。例如，单击"文件"选项卡中的"选项"命令按钮将简述为单击"文件 | 选项"按钮。

（2）没有特殊指明，本书所指的"单击"为鼠标左键单击，"双击"为鼠标左键双击。

方法二： 双击桌面上的"Microsoft Access 2010"快捷方式图标（前提是桌面有 Access 的快捷方式图标）。图标如图 1-13（a）所示。

方法三： 单击 Windows 任务栏上快速启动栏中的 Microsoft Access 2010 按钮（前提是快速启动栏中已经有 Access 快捷方式按钮）。按钮如图 1-13（b）所示。

(a)Access 快捷方式图标　　　　　(b)Windows 快速启动栏中的 Access 快捷方式按钮

图 1-13　其他打开 Access 的方法

2. 退出 Access

退出 Access 一般有以下几种方法。

方法一： 单击主窗口右上角的"关闭"按钮 。

方法二： 单击"文件 | 退出"按钮。

方法三： 双击标题栏左边的系统控制菜单图标 Ⓐ，或单击控制菜单图标，从打开的下拉菜单中选择"关闭"命令。

方法四： 右击标题栏，从弹出的快捷菜单中选择"关闭"命令。

方法五： 按【Alt+F4】组合键。

退出 Access 时系统将自动保存对数据所作的更改。如果对数据库对象的设计进行更改又没进行保存操作，退出时系统将询问是否保存所作的更改，可根据需要进行选择。

微课1-2：
退出Access

1.4.2　Access 主窗口

启动 Access 后，进入 Access 系统的主窗口操作界面，如图 1-14 所示。它包括标题栏、功能区、工作区、导航窗格及状态栏。

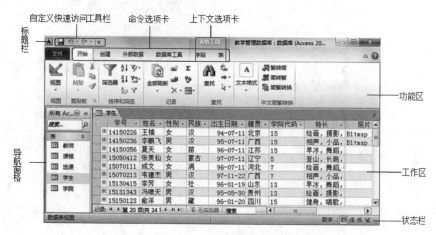

图 1-14　Microsoft Access 2010 的主窗口

1. 标题栏

标题栏由控制菜单图标、自定义快速访问工具栏、当前文件的标题和"最大化""最小化""关闭"按钮组成。

2. 功能区

功能区主要由"文件"、"开始"、"创建"、"外部数据"和"数据库工具"选项卡组成，当单击这些选项卡时，即可切换到与之相对应的功能区。每个选项卡根据功能的不同又分为若干个命令按钮组。功能区可折叠，只显示选项卡名称，从而扩大工作区区域。注意，随着操作的不同还可能出现其他名称的选项卡或上下文选项卡，具体内容将在后续章节中介绍。

折叠功能区有以下几种方法：

方法一：单击主窗口右上角的"功能区最小化"按钮 ⌃ 。

方法二：按【Ctrl+F1】组合键。

方法三：在功能区中右击，在弹出的快捷菜单中选择"功能区最小化"命令即可。如图 1-15 所示。

图 1-15　选择"功能区最小化"命令

用以上相同的方法可展开功能区。

在 Access 2010 中"文件"选项卡视图中可以查找适用于整个数据库的命令。

3. 导航窗格

导航窗格用于实现对当前数据库的所有对象进行管理和相关对象的组织。Access 数据库对象包括"表"、"查询"、"窗体"、"报表"、"宏"和"模块"，在导航窗格中可将对象按类别分组。操作为单击导航窗格右上角的下拉列表按钮，即可显示分组列表菜单，如图 1-16

所示。分组是一种分类管理数据库对象的有效方法，在一个数据库中，如果创建的查询、窗体和报表来源于某个表，则导航窗格可把这些对象划归在一个组。例如：选择"表和相关视图"命令，则各种数据库对象就会根据各自的数据源进行分类显示。

导航窗格有折叠和展开两种状态，在默认状态打开数据库时导航窗格为展开状态，可根据需要对其进行折叠，具体操作：单击导航窗格右上角的按钮 «（见图 1-16）或按【F11】键。再次单击此按钮可展开导航窗格。

导航窗格在默认状态下显示在主窗口中，如果被隐藏看不到，可通过设置"Access 选项"使其显示出来。导航窗格的显示或隐藏设置操作步骤如下：

（1）选择"文件 | 选项"命令，弹出"Access 选项"对话框。

（2）在左侧列表中单击"当前数据库"按钮，然后滑动垂直滚动条使"导航"选项出现在屏幕中，如图 1-17 所示。

（3）选中或清除"显示导航窗格"左侧的复选框。

（4）单击"确定"按钮，按系统提示先关闭数据库，再次重新打开当前数据库，设置才能生效。说明：选中为显示，清除为隐藏。

图 1-16　分组列表菜单

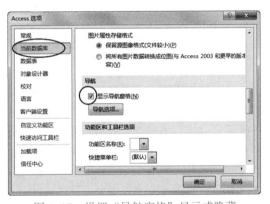

图 1-17　设置"导航窗格"显示或隐藏

4. 工作区

工作区位于导航窗格的右边，用于显示数据库中各种具体对象。通常是以选项卡的形式显示所打开对象的相应视图，选项卡的标题即为对象的名称，此种方式又称选项卡式文档。如图 1-18 所示，打开"学生""课程""选课"三个表的数据表视图，当前表为"学生"表。在工作区中可打开多个数据库对象，通过单击选项卡标题可在各对象之间切换。

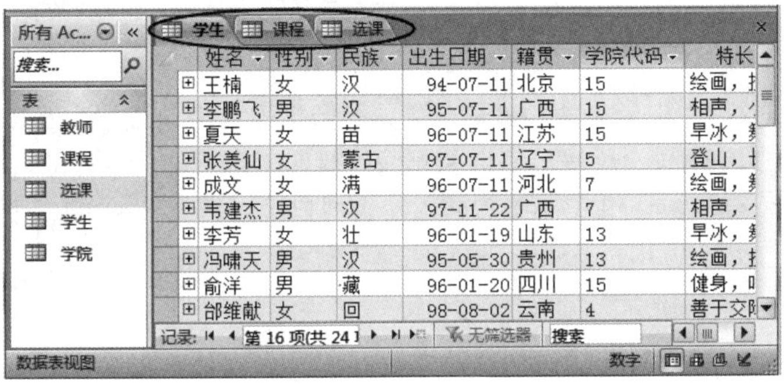

图 1-18　选项卡式文档

5. 状态栏

状态栏在 Access 主窗口底部。显示状态消息、属性提示、进度指示等。与在其他 Office 2010 程序中看到的状态栏相同，单击状态栏上的不同视图按钮数据库对象能在不同的视图之间切换，如果要查看支持可变缩放的对象，则可以使用状态栏上的滑块，调整缩放比例以放大或缩小对象。

状态栏在默认状态下显示在主窗口底部，也可设置为隐藏。状态栏的显示或隐藏设置操作步骤如下：

（1）选择"文件 | 选项"命令，弹出"Access 选项"对话框。

（2）单击左侧列表中"当前数据库"按钮，在"应用程序选项"下，选中或清除"显示状态栏"左侧的复选框。

（3）单击"确定"按钮，按系统提示先关闭数据库，再次重新打开当前数据库，设置才能生效。

1.4.3　Access 对象介绍

数据库对象是 Access 最基本的容器对象，它是一些关于某个特定主题或目的的信息集合，具有管理本数据库中所有信息的功能。数据库对象包括"表"、"查询"、"窗体"、"报表"、"宏"和"模块"六个对象，不同的对象在数据库中有不同的作用，各种数据库对象之间存在某种特定依赖关系。所有的数据库对象都保存在同一个数据库文件中。

1. 表

表是数据库用来收集和存储信息的基本单元，它是 Access 数据库中最重要的对象，是查询、窗体、报表、宏和模块等所有对象的基础。创建数据库第一要做的就是建立各种数据表，它将各种信息分门别类地存放在各种数据表中。通过在各个表之间建立关系，可以将不同表中的数据联系起来，以供用户使用。一个 Access 数据库中至少应包含一个以上的表。表应为符合设计原则的二维表，如图 1-18 所示的"学生"表。

在数据库中，应该为每个不同的主题建立不同的表，这样不但可以提高数据库的工作效率，还可以减少数据输入产生的错误。

2. 查询

查询是数据库中重要组成部分，是应用最多的对象之一。它可执行很多不同的功能，最常用的功能是从一个或多个表中检索出符合指定条件的数据记录，同时也可以用来操作数据库中的数据记录，如对表中的数据做追加、删除和修改的操作。查询的结果还可以作为其他对象的数据源。查询是数据库设计目的的体现，数据库创建完成后，数据只有用户查询使用才能真正体现它的价值。查询对象建立在数据表对象之上。查询的本质是一个对数据库的操作命令。

3. 窗体

窗体是 Access 数据库中最灵活的一种对象，是数据库与用户进行交互操作的界面。窗体主要用于对数据库数据的查询、新建、编辑和删除等操作，以及作为应用程序的控制界面。窗体的数据源可以是表或查询。通过在窗体中插入宏，用户可以把 Access 的各个对象有机地联系起来，从而构成一个完整的应用系统。

4. 报表

报表是以打印格式展示数据的一种有效方式。在 Access 中，如果要对数据库中的数据进行打印，使用报表是最简单且有效的方法。利用报表不仅可以执行简单的数据浏览和打印功能，还可以对大量原始数据进行比较、汇总和统计，并将数据以格式化的方式显示或打印出来。

5. 宏

宏是一个或多个基本操作命令组成的集合，其中每个操作都能够实现特定的功能，如打开某个窗体或打印某个报表。由于在进行数据库操作时，有些任务是需要执行一系列的操作命令才能完成。在这种情况下，可以将这些操作命令按执行顺序定义在宏中，运行宏时自动依次执行，从而达到简化操作、实现命令操作自动化的效果。宏对象通常用于自动执行一些简单而重复的任务。例如，为某个窗体上的某个命令按钮定义的"单击"事件，或在启动 Access 时自动打开某个应用系统的启动界面等。

6. 模块

在 Access 数据库应用系统中，借助宏可以完成事件的响应处理，但宏的功能有一定的局限性，无法实现复杂的操作。为了更好地支持复杂的处理和操作，Access 内置了 VBA（Visual Basic for Applications），利用 VBA 可以解决数据库与用户交互中遇到的许多复杂问题。模块是 Access 用来存放 VBA 程序代码的容器。在模块中使用 VBA 程序设计语言，在不同模块中实现 VBA 代码设计，可以大大提高 Access 数据库应用系统的处理能力，使开发出来的系统更具有灵活性和自动性，从而使数据库应用系统的功能更加完善。

1.4.4　Access 帮助系统

Access 与其他 Office 程序一样有强大的帮助功能，在学习使用中可以帮助用户解决所遇到问题。打开"Access 帮助"窗口的方法如下：

方法一：按【F1】键或单击窗口右上角的帮助按钮 ，打开"Access 帮助"窗口，如图 1-19 所示。

方法二：选择"文件 | 帮助"命令，选择"Microsoft Office Access 帮助"选项，打开"Access 帮助"窗口。

在"搜索"按钮左侧文本框中输入要查找内容，单击"搜索"按钮，再从显示的内容中查找。

图 1-19　"Access 帮助"窗口

1.4.5　设置文件保存的默认目录

用 Access 创建的文件需要保存在磁盘中，为了快速正确地保存和访问文件，可以设置默认磁盘目录。在 Access 中，如果不指定路径目录，则使用系统默认的保存文件的位置，即"我的文档"。

注意： 本书约定，所有创建的数据库文件全部存放在 D 盘根目录下名为"acclx"的子目录中，并设置此目录为默认目录。在设置默认目录前，在磁盘中预先创建该目录。

【例 1.1】 利用"文件 | 选项"命令设置默认目录。

操作步骤如下：

（1）新建或打开一个数据库。

（2）选择"文件 | 选项"命令，弹出"Access 选项"对话框，单击左侧列表中"常规"选项。

（3）在"创建数据库"选项下的"默认数据库文件夹"文本框中输入"d:\acclx"，如图 1-20 所示，单击"确定"按钮。以后每次启动 Access，此目录都是系统的默认目录，直到再次设置默认目录为止。

微课1-3：设置文件保存的默认目录

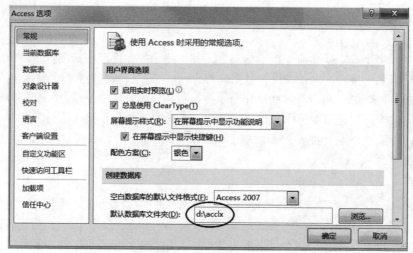

图 1-20　设置默认目录对话框

1.5　创建数据库

1.5.1　设计示例——教学管理数据库

在 Access 中，用数据库设计的方法创建教学管理数据库，可按如下步骤进行设计。

1. 进行需求分析，确定数据库的目的

在这个数据库中有如下的信息需求以及相关的管理维护需求：学校有哪些学生及其基本情况；学生选学了哪些课程以及课程的学分、学时、成绩等情况；学校有哪些学院及其联系电话、学院主任等；学校有哪些教师及其基本情况；学校开设哪些课，开课的时间、学分、学时，属选修课还是必修课等。确定教学管理数据库的目的是对学生、教师、课程、学院、成绩进行管理。教学管理系统模块如图 1-21 所示。

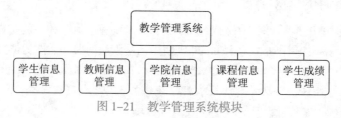

图 1-21　教学管理系统模块

2. 确定库中需要的数据表

确定数据库中的表就是把需求信息划分为各个独立的实体，每个实体设计为数据库中的一个表，且每个表必须具有关系数据库的特点。而学生和课程实体的多对多联系要变成两个一对多的联系，即产生一个新的关系模式，其关系名定为选课。最后确定数据库中有学生表、教师表、课程表、选课表、学院表。用 E-R 图表示出来，如图 1-22 所示。

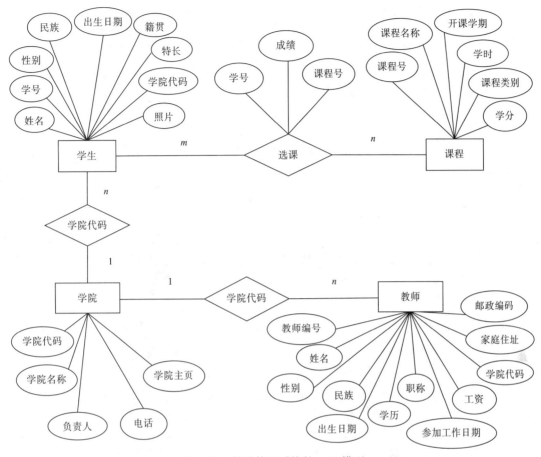

图 1-22　教学管理系统的 E-R 模型

3. 确定每个表中需要的字段

确定每个表中需要的字段就是把所得到的 E-R 图转换为关系数据模型，并用关系规范化理论对关系模式进行优化。确定每个实体的属性即每个表所需的字段，用关系模式表示如下：

学生 (学号, 姓名, 性别, 民族, 出生日期, 籍贯, 特长, 学院代码, 照片)

课程 (课程号, 课程名称, 开课学期, 学时, 学分, 课程类别)

学院 (学院代码, 学院名称, 负责人, 电话, 学院主页)

教师 (教师编号, 姓名, 性别, 民族, 出生日期, 职称, 学历, 工资, 学院代码, 参加工作日期, 家庭住址, 邮政编码)

选课 (学号, 课程号, 成绩)

说明：带有下画线字段或组合字段为主关键字。

4. 确定表间的关系

要建立两个表之间一对一联系或一对多联系，就是将一方表的主关键字加入另一方对应表或多方对应表的关系模式中，两个表都有该字段，就可以通过共同的字段建立联系。例如，将学院表的"学院代码"主键加入学生表和教师表中，建立学院表和学生表一对多的联系、学院表和教师表一对多的联系。

多对多联系要变成两个一对多的联系，即产生一个新的关系模式，该关系模式由联系所涉

及的表的关键字加上联系的属性组成。例如，将学生表
的"学号"关键字和课程表中的"课程号"关键字加入
选课表中，选课表的主关键字就是"学号"与"课程号"
字段的组合。这样就建立了学生表和选课表、课程表和
选课表两个一对多的联系，即建立了学生表和课程表多
对多的联系。

如图 1-23 所示，主关键字可以是一个字段，也可
以是多个字段的组合。表和表之间用折线连接起来，表
示它们之间按关键字建立关联。

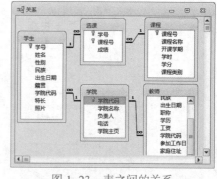

图 1-23　表之间的关系

5. 优化设计

重新检查设计方案，查看各个表以及表之间的关系，对不足之处进行修改。一般的做法
是：创建表，向表中输入一些实际数据记录，并创建所需的查询、报表及窗体等其他数据库对
象以进行实际的检验，看能否从表中得到想要的结果，如果不能达到预期的效果，则还需进一
步修改。只有经过反复的修改，才能设计出一个完善的数据库，进而开发出较好的数据库应用
系统。

1.5.2　建立空数据库

Access 提供了两种创建数据库的方法。一是根据模板新建数据库。此方法是利用系统提供
的多个比较标准的数据库模板，在数据库向导的提示下，进行一些简单的操作，就可以快速地
创建一个数据库，并在数据库中创建特定的所需的表、查询、窗体和报表等数据库对象。这种
方法简单，适合初学者。二是先新建一个空数据库，然后再根据需要向数据库中添加表、查询
及窗体等对象。这种方法灵活，可以创建出用户所需的各种数据库，但操作较为复杂。无论
采用哪种方法，在创建数据库之后，都可以在任何时候对数据库进行编辑与修改。数据库文件
的扩展名是 .accdb。

空数据库即没有任何数据库对象的数据库。在空数据库中可根据实际需要用灵活设计的方
法创建各种数据库对象。在 Access 中，可创建桌面数据库和 Web 数据库。本书只介绍桌面数
据库的创建和设计。

创建空数据库有两种方法：一是选择"文件｜新建"命令；二是在指定目录位置右击空白处，
在弹出的快捷菜单中选择"新建｜Microsoft Access 数据库"命令。

【例 1.2】创建一个名为"教学管理"的空数据库。

操作步骤如下：

（1）启动 Access。

（2）选择"文件｜新建"命令，从打开的窗口中单击"空数据库"按钮，
如图 1-24 所示。

（3）在右侧"文件名"文本框中输入"教学管理"，单击"创建"按钮，
打开名为"教学管理"的数据库窗口，如图 1-25 所示。此时已完成"教学管理"
空数据库的建立，在数据表视图中打开一个名为表 1 的空表（数据表视图：以
行列格式显示来自表、窗体、查询、视图或存储过程中的数据的视图。在数据
表视图中，可以编辑字段、添加和删除数据，以及搜索数据。）。

操作步骤（2）时，可直接双击"空数据库"按钮，系统自动创建文件名为"Database 序号"

的数据库,如图 1-26 所示。操作步骤(3)改为选择"文件 | 数据库另存为"命令,弹出"另存为"对话框,输入"教学管理"文件名。

图 1-24 创建"教学管理"空数据库

图 1-25 "教学管理"空数据库窗口

图 1-26 创建"Database 序号"数据库窗口

　　说明:本书设置的默认目录是"D:\acclx",它会自动显示在"文件名"文本框下面。如果要更改文件存放位置,可单击"文件名"文本框右侧的"浏览"按钮,通过弹出的对话框选择指定的位置。

1.5.3 利用模板建立数据库

利用模板建立数据库，就是利用 Access 系统提供的多个比较标准的数据库模板建立数据库。Access 模板提供"样本模板""我的模板""最近打开的模板""Office.com 模板"几种选择方式。模板是 Access 收集了大部分行业通用的数据需求而制作的，它不一定符合用户的实际要求，但对其进行简单的修改，即可快速建立一个符合要求的数据库。

【例 1.3】利用"样本模板"中的"教职员"模板，建立一个名为"教职员工管理"的数据库。

微课1-5：利用样本模板创建数据库

操作步骤如下：

（1）启动 Access。

（2）选择"文件｜新建"命令，单击"样本模板"按钮，打开"样本模板"的选项，如图 1-27 所示。

（3）单击"教职员"按钮，在"文件名"文本框中输入"教职员工管理"，单击"创建"按钮，屏幕显示创建数据库的进度对话框，如图 1-28 所示。如果这时单击"取消"按钮，可取消该数据库的创建。完成后打开"教职员工管理"的数据库，同时打开"教职员列表"窗体，如图 1-29 所示。

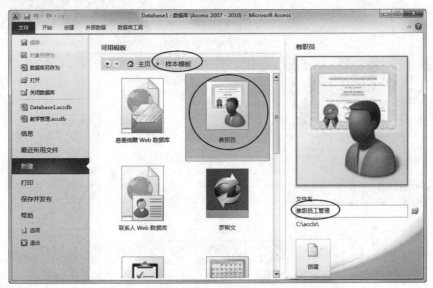

图 1-27 用模板创建"教职员工管理"数据库

图 1-28 创建数据库的进度对话框

从导航窗格中能看到利用模板自动生成的各种数据库对象，如"教职员"表、"教职员扩展信息"查询、"教职员列表"窗体等多个对象。可通过打开的"教职员列表"窗体操作使用数据库。

注意：利用 Access 提供的模板和数据库向导创建数据库较为简单、便捷，但有时得到的数据库不能满足实际要求，需要进行修改。因此，更多的情况是根据具体需求直接创建数据库。

图 1-29 "教职员工管理"数据库窗口

1.5.4 打开已有的数据库

打开已有数据库的常用方法是选择"文件｜打开"命令，打开其对话框进行选择操作。

【例 1.4】打开"教职员工管理"数据库文件。

操作步骤如下：

（1）启动 Access。

（2）选择"文件｜打开"命令，弹出"打开"对话框，如图 1-30 所示。

（3）双击"教职员工管理"数据库文件，或单击"教职员工管理"数据库文件，在"文件名"文本框中显示"教职员工管理"，单击"打开"按钮，即以默认方式打开该数据库。如果要打开的数据库文件不在默认目录中，就需要在对话框中查找文件所在的磁盘及目录。

如果单击"打开"按钮右侧下拉列表按钮，显示出打开方式列表（见图 1-30），可根据实际需要选择打开数据库的命令。

图 1-30 在"打开"对话框中选择"教职员工管理"数据库

- "打开"命令：系统默认的打开方式，被打开的数据库文件可与多个用户共享。
- "以只读方式打开"命令：只能查看数据库但不能编辑数据库。
- "以独占方式打开"命令：打开数据库后只能自己编辑使用数据库，任何其他用户都不能使用它。
- "以独占只读方式打开"命令：只能查看数据库，不能编辑数据库，其他用户不能使用它。

1.5.5 存储并关闭数据库

存储数据并关闭数据库窗口，但不关闭 Access 主窗口的操作方法：选择"文件 | 关闭数据库"命令（见图 1-27）。

1.6 数据库的管理

在创建数据库和数据表后，需要对数据库进行可靠性管理，以防止不合法的使用或意外发生所造成的数据泄露、更改或破坏。数据的安全性能否得到保证是衡量一个数据库系统的重要指标。Access 提供了保障数据库的安全运行的功能，包括为数据库设置密码、数据库的备份与还原、压缩与修复数据库等。

1.6.1 设置和撤销数据库密码

1. 设置数据库密码

对数据库进行安全保护的最简单方法就是为数据库设置密码。设置密码后，只有知道密码的用户才能打开数据库。

微课1-6：设置数据库打开密码

【例 1.5】设置"教学管理"数据库的打开密码为"123"。

操作步骤如下：

（1）选择"文件 | 关闭数据库"命令，关闭"教学管理"数据库，不要退出 Access 窗口。如果在网络下共享数据库，则应确保其他用户都已经关闭了该数据库。

（2）选择"文件 | 打开"命令，在弹出的"打开"对话框中选择"教学管理"数据库文件，如图 1-31 所示。

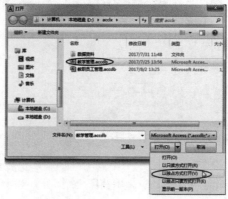

图 1-31 "打开"对话框

（3）单击"打开"按钮右侧的下拉按钮，从弹出的下拉列表中选择"以独占方式打开"打开数据库。

（4）单击"文件 | 信息 | 用密码进行加密"按钮，弹出"设置数据库密码"对话框。

（5）在"设置数据库密码"对话框的"密码"文本框中，输入指定的密码"123"；在"验证"文本框中再次输入指定的密码"123"，单击"确定"按钮，完成对数据库密码的设置，如图 1–32 所示。

当再次打开该数据库时，将弹出一个"要求输入密码"对话框，如图 1–33 所示，提示用户输入该数据库的密码，只有输入正确的密码，才可能打开数据库。如果输入的密码不正确，将提示用户密码无效，需要重新输入，如图 1–34 所示。

图 1–32　"设置数据库密码"对话框　　图 1–33　"要求输入密码"对话框　　图 1–34　密码无效提示框

2. 撤销数据库密码

如果要撤销数据库的密码保护，操作步骤如下：

（1）选择"文件 | 关闭数据库"命令，关闭设置了密码的数据库。如果在网络下共享数据库，则应确保其他用户都已经关闭了该数据库。

（2）以独占方式打开要撤销密码的数据库。

（3）单击"文件 | 信息 | 解密数据库"按钮，弹出"撤销数据库密码"对话框，如图 1–35 所示。

（4）在"密码"文本框中，输入数据库的密码，然后单击"确定"按钮，即可删除数据库的密码。

图 1–35　"撤销数据库密码"对话框

再次打开数据库就不需要密码了。

1.6.2　备份和还原数据库

1. 备份数据库

定期备份数据库很重要，如果没有备份副本，则无法还原损坏或丢失的对象，也无法还原对数据库设计所做的任何更改。

Access 数据库作为一个 .accdb 文件存在于 Windows 系统中，可以在操作系统下直接复制数据库文件到备份目录。也可以用 Access 系统提供的备份数据库的功能备份。

【例 1.6】在 Access 中制作"教学管理"数据库的备份文件。

操作步骤如下：

（1）打开"教学管理"数据库。

微课1-7：制作数据库备份文件

（2）选择"文件 | 保存并发布"命令，从弹出的选项中选择"数据库另存为 | 备份数据库"。如图 1–36 所示，弹出"另存为"对话框。

（3）在"另存为"对话框中，指定文件保存的位置和输入要保存的文件名，否则系统自动选定设置的默认目录和默认的文件名（注意默认文件名带日期，以方便知道何时做的备份文件），如图 1–37 所示，将文件命名为"教学管理_2017–08–23.accdb"，单击"保存"按钮。

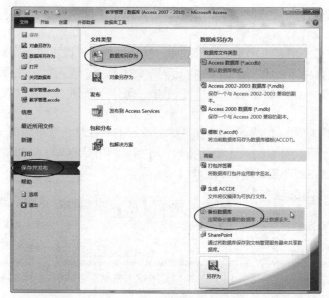

图 1-36   选择"备份数据库"

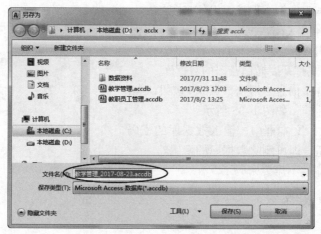

图 1-37   指定"备份数据库"文件名

步骤（2）（3）也可合并，直接选择"文件｜数据库另存为"命令，从弹出的"另存为"对话框中指定备份文件存放的位置和备份文件名。

2. 还原数据库

当 Access 数据库因各种原因受到损坏，或者要把数据库放到其他计算机上运行，就需要还原数据库。具体操作是：在 Windows 中，找到备份数据库文件，将其复制到应替换损坏或丢失数据库的位置并改文件名。如果提示替换现有文件，选择"是"即可。

1.6.3   压缩和修复数据库

由于对数据库进行频繁的数据更新，会使数据库存储空间中存在大量的碎片，使得数据库占据较大的存储空间，响应时间变长。压缩数据库文件，将重组数据库文件，释放已删除数据占用的空间，清除数据库文件不连续的问题，优化数据库的运行性能。压缩数据库有两种方式：自动压缩方式和手动压缩方式。

1. 设置关闭数据库时自动压缩

操作步骤如下：

（1）打开要压缩和修复数据库。

（2）选择"文件|选项"命令，弹出"Access 选项"对话框。

（3）单击左侧窗格中"当前数据库"按钮，在右侧窗格中，选中"关闭时压缩"复选框，单击"确定"按钮，如图 1–38 所示。

图 1–38　选中"关闭时压缩"复选框

2. 手工压缩和修复数据库

操作步骤如下：

（1）打开要压缩和修复数据库。

（2）选择"文件|信息"命令，在右侧窗格中单击"压缩和修复数据库"按钮，如图 1–39 所示。系统会自动完成压缩和修复数据库的工作。

图 1–39　单击"压缩和修复数据库"按钮

1.6.4 将数据库另存为 ACCDE 文件

数据库文件是 ACCDB 格式，Access 提供了把数据库文件转换成 ACCDE 格式的功能。由 ACCDB 格式转换成 ACCDE 文件的实质就是对数据库的 VBA 代码进行编译，删除所有可编辑的源代码，并压缩目标数据库后得到的文件。在打开的 ACCDE 文件中，不可以更改窗体、报表对象的设计，不可以查看或编辑 VBA 代码，提高了数据库系统的安全性。

生成 ACCDE 文件的操作步骤如下：

（1）打开要生成 ACCDE 文件的数据库。

（2）选择"文件 | 保存并发布"命令，从弹出的选项中选择"数据库另存为 | 生成 ACCDE"，如图 1-40 所示，弹出"另存为"对话框。

（3）在"另存为"对话框中，指定文件保存的位置和输入要保存的文件名即可。

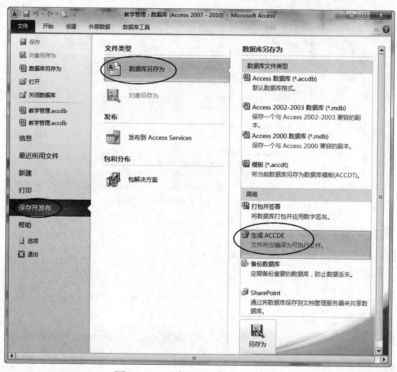

图 1-40 选择"生成 ACCDE"

注意： ACCDE 文件不可恢复为 ACCDB 文件。如果需要修改窗体等对象，修改 VBA 代码，必须在 ACCDB 文件中进行。因此，生成 ACCDE 文件之前，一定要对 ACCDB 文件备份。

习　　题

一、选择题

（1）数据库、数据库管理系统和数据库系统三者之间的关系是（　　）。

　　A. 数据库包括数据库管理系统和数据库系统

　　B. 数据库管理系统包括数据库和数据库系统

C. 数据库系统包括数据库和数据库管理系统

D. 数据库管理系统就是数据库，也是数据库系统

（2）按照一定的组织结构方式存储在计算机存储设备上，并能为多个用户所共享的相关数据的集合称为（　　　）。

  A. 数据库   B. 数据库管理系统

  C. 数据库系统   D. 数据结构

（3）用二维表结构来表示实体与实体之间联系的数据模型称为（　　　）。

  A. 网状模型   B. 关系模型   C. 层次模型   D. 混合模型

（4）Access 是一种关系数据库管理系统，所谓关系是指（　　　）。

  A. 各个字段之间有一定的关系

  B. 各条记录中的数据之间有一定的关系

  C. 一个数据库文件与另一个数据库文件之间有一定的关系

  D. 数据模型是满足一定条件的二维表格式

（5）下列关于数据库系统的叙述中不正确的是（　　　）。

  A. 数据库系统中的数据是有结构的

  B. 数据库系统减少了数据冗余

  C. 系统提供数据的安全性和完整性功能控制

  D. 数据库系统避免了数据冗余

（6）数据库系统的核心是（　　　）。

  A. 数据库   B. 文件   C. 数据库管理系统   D. 操作系统

（7）根据规范化理论，设计数据库可分为四个阶段，以下不属于这四个阶段的是（　　　）。

  A. 需求分析   B. 逻辑结构设计

  C. 物理设计   D. 开发数据库应用系统

（8）有三个关系 R、S 和 T 如下所示，通过 R 和 S 运算得到 T 的是（　　　）。

R		
X	Y	Z
a	2	m
b	5	n

S		
X	Y	Z
p	8	k
a	2	m
c	d	6

T		
X	Y	Z
a	2	m

  A. $T = R \cup S$ B. $T = R \times S$ C. $T = R \cap S$ D. $T = R - S$

（9）在 E-R 图中，用来表示实体的图形是（　　　）。

  A. 菱形   B. 矩形   C. 椭圆形   D. 三角形

（10）在数据库设计中，将 E-R 图转换为关系数据模型的过程属于（　　　）。

  A. 需求分析阶段   B. 逻辑设计阶段

  C. 概念设计阶段   D. 物理设计阶段

（11）Access 数据库中用户组的用户不具有的对数据库操作的权限是（　　　）。

  A. 读取数据   B. 更新数据

  C. 打开或运行窗体或查询   D. 修改表的定义

（12）为消除对数据库进行频繁的数据更新带来的大量存储碎片，可以对数据库实施的操作是（　　　）。

　　　A．压缩　　　　　B．另存为　　　　　C．同步复制　　　　D．导出

二、填空题

（1）常用的数据库类型有＿＿＿＿、＿＿＿＿和＿＿＿＿。

（2）数据库系统的三级模式分别是＿＿＿＿、＿＿＿＿和＿＿＿＿。

（3）数据模型是由＿＿＿＿、＿＿＿＿和＿＿＿＿三部分组成的。

（4）E-R 图的三个要素是＿＿＿＿、＿＿＿＿和＿＿＿＿。

（5）关系模式的格式是＿＿＿＿。

（6）Access 是一种＿＿＿＿数据库管理系统。

（7）用二维表的形式来表示实体之间联系的数据模型称为＿＿＿＿。

（8）一个关系就是＿＿＿＿；二维表中的列称为关系的＿＿＿＿；二维表的行称为关系的＿＿＿＿。

（9）Access 的数据库中有＿＿＿＿种对象，它们分别是＿＿＿＿。

（10）实体间的关系有＿＿＿＿、＿＿＿＿和＿＿＿＿三种类型。

（11）数据管理技术经历了＿＿＿＿、＿＿＿＿和＿＿＿＿三个阶段。

（12）在为数据库设置密码时，数据库必须以＿＿＿＿打开。

三、思考题

（1）简述数据、信息和数据处理的概念。

（2）什么是数据库、数据库管理系统和数据库系统？

（3）怎样理解现实世界、概念世界和数据世界？

（4）怎样理解关系、属性、元组、域、主关键字和外部关键字？

（5）简述两个实体（实际上是两个实体集）之间的三种联系类型。

（6）简述关系模型的完整性约束。

（7）怎样理解数据库系统的三级模式结构？

（8）数据库的安全性是指什么？

（9）Access 为数据库提供了哪些安全保护措施？

（10）如何对数据库进行压缩？

（11）在 ACCDE 文件中，可以更改窗体、报表、模块和编辑 VBA 代码吗？

四、上机练习题

1. 练习目的

　　掌握启动和退出 Access 系统的常用方法；熟悉 Access 的主窗口界面，并会对导航窗格进行折叠和展开；会设置默认磁盘目录；会用不同的方法建立空数据库，会利用模板建立数据库；会用不同的方法打开和关闭数据库；会为数据库设置密码，对数据库实施压缩操作。

2. 练习内容

（1）通过"开始"菜单启动 Access。

（2）通过 Access 的快捷方式启动 Access。如果没有快捷方式图标，请自己在桌面上或快速启动栏中建立一个 Access 的快捷方式图标。

（3）通过单击导航窗格右上角的"百叶窗开 / 关"按钮来折叠或展开导航窗格。

（4）在 E 盘根目录下创建一个名为"姓名 LX"的文件夹（"姓名"处写上自己的姓名），然后通过 Access 的"文件 | 选项"命令设置"姓名 LX"目录为默认磁盘目录。

（5）在"姓名 LX"目录中建立一个名为"教学管理"的空数据库。

（6）利用数据库的"样本模板"中的"营销项目"模板，在"姓名 LX"目录中建立一个名为"营销项目管理"的数据库。

（7）用不同的方法打开"教学管理"数据库；关闭"教学管理"数据库。

（8）用不同的方法退出 Access。

（9）对（6）生成的"营销项目管理"数据库设置密码，密码自定。

（10）对"营销项目管理"数据库进行压缩操作并生成为 ACCDE 格式的文件。

第 2 章

表

本章介绍 Access 数据库中最重要的对象——表，以及表的结构和表中使用的数据类型；表的设计原则；创建表，表的各种字段属性及其设置方法；设置主键及索引的方法；表与表之间关系的设置方法；修改表的结构；保存表的方法等。如何在表中进行添加、修改和删除记录的操作，如何对列进行隐藏与显示、冻结与解冻的操作；介绍设置表的行高和列宽的方法，查找或替换表中数据的方法，对记录进行排序和筛选的方法，以及对表进行更名、删除表、复制表、打印表的方法；介绍插入和删除子数据表，以及对子数据表进行展开与折叠的方法；介绍数据的导入、导出和链接方法。

2.1 表 的 简 介

2.1.1 表的概念

表是收集和存储信息的基本单元，它是 Access 数据库中最重要的对象，是查询、窗体、报表、宏和模块所有对象的基础。一个 Access 数据库中至少应包含一个以上的表。

一个表在形式上就是一个二维表，这在日常生活中经常遇到，如图 2-1 所示的学生表。

学号	姓名	性别	民族	出生日期	籍贯	学院代码	特长	照片
14150226	王楠	女	汉	94-07-11	北京	15	绘画，摄影，舞蹈	Bitmap Image
14150236	李鹏飞	男	汉	95-07-11	广西	15	相声，小品，唱歌	Bitmap Image
14150356	夏天	女	苗	96-07-11	江苏	15	旱冰，舞蹈，登山	
15050412	张美仙	女	蒙古	97-07-11	辽宁	5	登山，长跑，摄影，	
15070111	成文	女	满	96-07-11	河北	7	绘画，舞蹈，书法	
15070213	韦建杰	男	汉	97-11-22	广西	7	相声，小品，语言类	
15130415	李芳	女	壮	96-01-19	山东	13	旱冰，舞蹈，乒乓球	
15131343	冯啸天	男	汉	95-05-30	贵州	13	绘画，摄影，动漫社	
15150123	俞洋	男	藏	96-01-20	四川	15	健身，唱歌，登山	
16040147	邰维献	女	回	98-08-02	云南	4	善于交际，善于沟通	
16040212	刘英	女	藏	97-07-11	青海	4	舞蹈，摄影	
16040217	刘莹	女	蒙古	97-02-04	河北	4	工作能力强，爱好旅	
16070126	叶寅	男	汉	96-07-11	天津	7	组织能力强，善于交	
16070321	马凌凌	女	回	98-09-14	宁夏	7	相声，书法，健身	
16150134	张颖	女	汉	97-01-02	福建	15	书法，旱冰，舞蹈	

图 2-1　学生表

在 Access 中，表的每一列称为一个字段（属性），除标题行外的每一行称为一条记录。每一列的标题称为该字段的字段名称，列标题下的数据称为字段值，同一列只能存放类型相同的数据。所有的字段名构成表的标题行（表头），标题行称为表的结构。一个表就是由表结构和记录两部分组成的。

创建表就必须先定义表的结构，即确定表中所拥有的字段以及各字段的字段名称、数据类型、字段大小、主键和其他字段属性。下面主要介绍字段名称和数据类型，这是建表时必须定义的，其他属性参见字段属性的设置。

1. 字段名称

字段名称用来标识表中的字段。它的命名规则是：必须以字母或汉字开头，可以由字母、汉字、数字、空格以及除句号、惊叹号、方括号和左单引号以外的所有字符组成。字段名最长为 64 个字符。如图 2-1 中所示的字段名称"学号""姓名"等。

2. 字段的数据类型

字段的数据类型决定了存储在此字段中的数据的类型，字段的数据类型决定了对该字段所允许的操作。例如，"姓名"字段的数据值只能是汉字或字母，"出生日期"字段的数据值只能是日期。Access 提供了十二种数据类型，如表 2-1 所示。

表 2-1　字段数据类型与大小

数据类型	说　明	大　小
文本	系统默认的数据类型，存放任何可显示或打印的文字或文字和数字的组合，以及不用于计算的数字，如学号、姓名、电话号码	最多为 255 个字符或长度小于字段大小属性的设置值。系统不会为文本字段中未使用的部分保留空间
备注	存放长文本字符或文本和数字的组合，如简历、摘要等	最多为 63,999 个字符。备注字段的大小受数据库大小的限制
数字	存放用于计算的数值数据。具体又分字节、整型、长整型、单精度型、双精度型和同步复制 ID、小数。系统默认为长整型，如成绩、工资等	系统根据具体的字节型、整型、长整型等设置其长度。有 1 字节、2 字节、4 字节或 8 字节
日期 / 时间	存放日期和时间数据，具体又分常规日期、长日期、中日期、短日期、长时间、中时间、短时间。从 100 到 9999 年的日期与时间值，如出生日期、参加工作日期	8 字节
货币	存放货币类型的数据。数据可精确到小数点左边 15 位和小数点右边 4 位，如工资、津贴等	8 字节
自动编号	存放递增数据或随机数据。当新增一条记录时，由系统自动输入一个唯一的顺序号（每次递增 1）或随机编号。自动编号字段不能更新	4 字节
是 / 否	存放只有"是"和"否"两个值的逻辑型数据，如合格否、婚否等	1 位
OLE 对象	存放链接或嵌入的由其他程序创建的图片、声音、文档、电子表格等多种数据对象	最大长度为 1 GB
超链接	存放超链接地址。 文本或文本和存储为文本的数字的组合，用作超链接地址。超链接地址最多包含四部分：显示的文本（在字段或控件中显示的文本）；地址（指向文件（UNC 路径或页）URL 的路径）；子地址（位于文件或页中的地址）；屏幕提示（作为工具提示显示的文本）	超链接数据类型的每个部分最多只能包含 2048 个字符
附件	任何支持的文件类型	可以将图像、电子表格文件、Word 文档、图表和其他类型的文件附加到记录中
计算	存放根据同一表中的其他字段计算而得到的结果值。可使用表达式生成器创建计算字段	8 字节
查阅向导	创建可以使用列表框或组合框从另一个表或值列表中选择值的一个字段	与用于执行查阅的主键字段大小相同，通常为 4 字节

对于某一个数据来说，可以使用的数据类型有多种，如"学号""电话号码"这样的字段，其类型可以使用数字型也可以使用文本型，但只有一种是最合适的。选择字段的数据类型时应注意以下几方面：

（1）字段可以使用什么类型的值。

（2）是否需要对数据进行计算以及需要进行何种计算。例如，文本型的数据不能进行统计运算，数字型的数据可以进行统计运算。

（3）是否需要索引字段。类型为备注、超链接和 OLE 对象数据类型的字段不能进行索引操作。

（4）是否需要对字段中的值进行排序，如文本型字段中存放的数字，将按字符串性质进行排序，而不是按大小排序。

（5）是否需要在查询或报表中对记录进行分组。类型为备注、超链接和 OLE 对象的字段不能用于分组记录。

2.1.2　表的设计原则

设计表是数据库系统设计中最重要的一个内容。表的合理性和完整性是一个数据库是否成功的关键，表中各个字段设计得合适与否，对于以后表的维护以及查询、窗体和报表等数据库对象有着直接的影响。因此，在设计表时，必须遵循以下几个原则：

（1）每一个表只包含一个主题信息，如学生表只能包含学生的基本情况。

（2）每一个表中不能有相同的字段名，即不能出现相同的列，如学生表中不能有两个"学号"字段。

（3）每一个表中不能有重复的记录，即不能出现相同的行，如学生表中一个学生的基本情况信息不能出现两次。

（4）表中同一列的数据类型必须相同，如学生表中的"姓名"字段，在此字段中只能输入代表学生姓名的字符型数据，不能输入学生的出生日期。

（5）每一个表中记录的次序和字段次序可以任意交换，不影响实际存储的数据。

（6）表中每一个字段必须是不可再分的数据单元，即一个字段不能再分成两个字段。

2.1.3　教学管理系统中的表

参见第 1.5.1 小节，教学管理系统中用学生表、选课表、课程表、学院表和教师表来存放相关的数据信息。根据表的设计原则，确定五个表的结构分别如表 2-2 ~ 表 2-6 所示。

表 2-2　"学生"表结构

字 段 名 称	类　　　型	字 段 大 小	是 否 主 键
学号	文本	8	主键
姓名	文本	10	
性别	文本	2	
民族	文本	10	
出生日期	日期 / 时间		
籍贯	文本	10	
学院代码	文本	2	
特长	文本	255	
照片	OLE 对象		

表 2-3 "选课"表结构

字 段 名 称	类 型	字 段 大 小	是 否 主 键
学号	文本	8	主键
课程号	文本	10	主键
成绩	数字	整型	

表 2-4 "课程"表结构

字 段 名 称	类 型	字 段 大 小	是 否 主 键
课程号	文本	10	主键
课程名称	文本	20	
开课学期	文本	12	
学时	数字	整型	
学分	数字	整型	
课程类别	文本	10	

表 2-5 "学院"表结构

字 段 名 称	类 型	字 段 大 小	是 否 主 键
学院代码	文本	2	主键
学院名称	文本	20	
负责人	文本	10	
电话	文本	16	
学院主页	超链接		

表 2-6 "教师"表结构

字 段 名 称	类 型	字 段 大 小	是 否 主 键
教师编号	文本	6	主键
姓名	文本	10	
性别	文本	2	
民族	文本	10	
出生日期	日期 / 时间		
职称	文本	8	
学历	文本	10	
工资	货币		
学院代码	文本	2	
参加工作日期	日期 / 时间		
家庭住址	文本	20	
邮政编码	文本	6	

2.2 创 建 表

　　一般情况下，在设计好表的结构之后，就可以使用 Access 提供的功能，在已建立的数据库或空的数据库中创建表，然后以表为基础再添加其他各种数据库对象。创建表工作包括构造表中的字段、字段命名、定义字段的数据类型和设置字段的属性等内容，然后再往表中输入数据。

　　Access 提供四种创建表的方法：使用数据表视图创建表、使用设计视图创建表、使用 SharePoint 列表创建表和从其他数据源（如 Excel 工作簿、Word 文档、文本文件或 ODBC 数据库等多种类型的文件）导入或超链接到表。本书不介绍使用 SharePoint 列表创建表的方法。

　　操作方法是使用"创建"选项卡的"表格"组中"表"、"表设计"或"SharePoint 列表"按钮创建表，如图 2-2 所示。也可以通过"外部数据"选项卡中的"导入并链接"组提供的方法来创建表，如图 2-3 所示。

图 2-2　"创建"选项卡的"表格"组　　　　图 2-3　"外部数据"选项卡"导入并链接"组

2.2.1　用数据表视图创建新表

　　用数据表视图窗口创建新表就是通过直接输入数据来建立表。此方法适合于没有确定表的结构，但有要存储的数据的情况。另外，使用数据表视图也可创建编辑表的结构，从而创建新表。

　　当创建一个空数据库完成时，工作区中会自动显示一个名为"表 1"的空白表，其视图为数据表视图，用户可以立即输入数据，Access 自动在后台生成表的结构。字段名称将按数字方式进行分配（字段 1、字段 2 等），并且 Access 将根据所输入的数据的类型来设置字段数据类型。也可单击"创建 | 表格 | 表"按钮，打开数据表视图进行创建。

　　【例 2.1】在"教学管理"数据库中，用数据表视图窗口通过直接输入记录数据创建名为"课程"的表。"课程"表的记录数据如表 2-7 所示。

表 2-7　"课程"表

课 程 号	课 程 名 称	开课学期	学 时	学 分	课 程 类 别
TC01	大学英语	一	72	4	必修
TC02	高等数学	一	72	4	必修
TC03	电路基础	一	72	4	必修
TC04	计算机文化基础	一	64	3	公选
TC05	计算机组成原理	二	72	4	必修
TC06	C 程序设计	二	64	3	必修
TC07	计算机技术基础	二	72	4	必选
TC08	大学物理	二	36	2	公选
TC09	离散数学	三	64	3	必修
TC10	数据结构	三	72	4	必修
TC11	操作系统	三	64	3	必修
TC12	形体艺术	三	36	2	公选
TC13	计算机网络	四	64	3	必修
TC14	微机接口技术	四	64	3	必修
TC15	多媒体技术基础及应用	四	64	3	限选
TC16	VB 程序设计	四	40	2	限选
TC17	美术鉴赏	四	36	2	公选
TC18	信号处理原理	五	64	3	限选
TC19	数据库系统概论	五	64	3	限选
TC20	软件工程	五	64	3	限选
TC21	网页制作与发布	五	40	2	限选
TC22	毕业设计	六		5	实践

操作步骤如下：

（1）打开"教学管理"数据库。

（2）单击"创建 | 表格 | 表"按钮，打开数据表视图，光标自动放在"单击以添加"列中的第一个空单元格中，如图 2-4 所示。

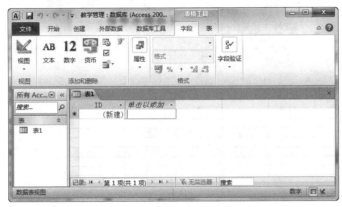

图 2-4　数据表视图

（3）从光标处开始，将记录数据依次输入表中。按照表 2-7 所示从第 2 行开始的数据输入，效果如图 2-5 所示。

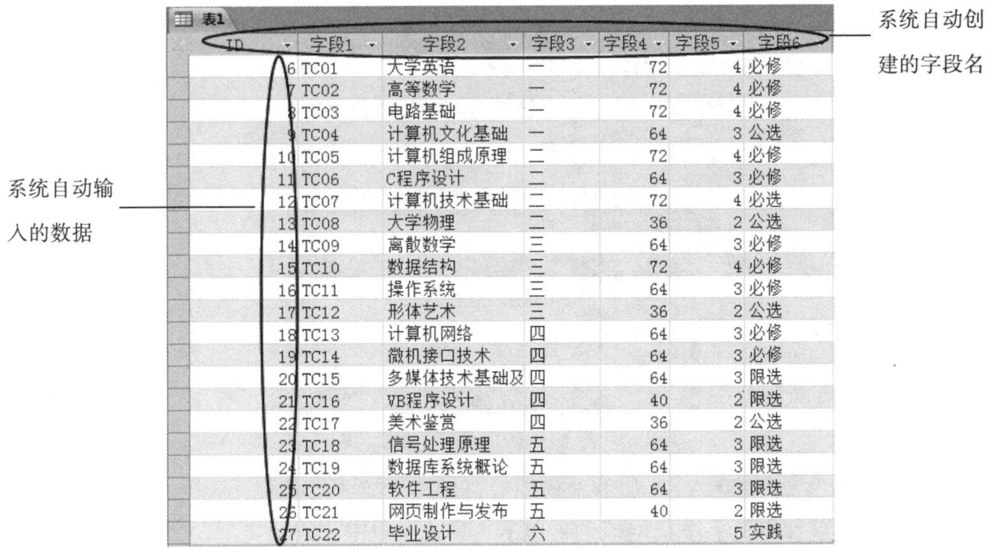

图 2-5　输入选课表数据记录

在输完第一个单元格数据后，可直接按【Enter】键添加新字段列，也可单击"单击以添加"列或使用"字段"选项卡上的"添加和删除"组中的命令来添加新字段。

注意：数据表视图建立表的结构是系统默认的字段名称："ID""字段 1""字段 2""字段 3"……若要重新命名字段名称，可双击对应的字段名称，然后输入新名称。如双击"字段 1"，"字段 1"被选上，输入"课程号"即可；也可以在输入完数据记录后，通过设计视图修改为需要的字段名称及其数据类型。具体在后面介绍。"ID"是系统创建的自动编号类型的主键，其值随数据的输入系统自动输入。

（4）单击"表 1"窗口的"关闭"按钮，弹出是否保存对表的设计的更改提示对话框，如

图 2-6 所示。单击"是"按钮，弹出"另存为"对话框，在"表名称"文本框中输入"课程"，如图 2-7 所示，单击"确定"按钮。也可以选择"文件｜保存"命令或单击快速访问工具栏中的"保存"按钮，弹出"另存为"对话框进行保存。

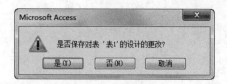 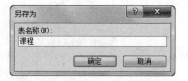

图 2-6　是否保存对表的设计的更改提示对话框　　　　图 2-7　"另存为"对话框

此时创建的课程表从表面上看多了一个 ID 字段，其他字段属性也是由系统创建的，不完全符合实际的要求，可以在设计视图中进行删除、修改。

【例 2.2】在"教学管理"数据库中，用数据表视图窗口创建名为"学院"的表。"学院"表的结构如表 2-5 所示。

操作步骤如下：

（1）打开"教学管理"数据库。

（2）单击"创建｜表格｜表"按钮，打开数据表视图。

（3）单击"ID"字段选定该列，单击"字段｜属性｜名称和标题"按钮，弹出"输入字段属性"对话框，如图 2-8 所示。

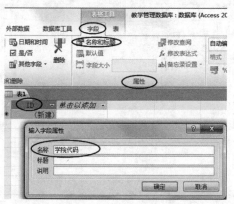

图 2-8　"输入字段属性"对话框

（4）在"名称"文本框中输入"学院代码"，单击"确定"按钮。

（5）单击"学院代码"字段选定该列，单击"格式"组中"数据类型"右侧下拉列表按钮，选择"文本"选项，在"字段大小"文本框中输入"2"，如图 2-9 所示。

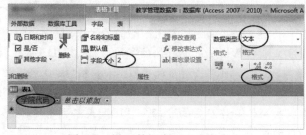

图 2-9　设置数据类型和字段大小

（6）单击"单击以添加"列右侧下拉列表按钮，从打开的数据类型列表中选择"文本"，如图 2-10 所示。系统自动定义该字段名称为"字段 1"，并被选中，如图 2-11 所示。

图 2-10　数据类型列表　　　　　　　　　　图 2-11　添加新字段

（7）输入"学院名称"，按【Enter】键确认。或单击"字段 | 属性 | 名称和标题"按钮，在"名称"框中输入"学院名称"。再次单击选定"学院名称"列，在"属性"组的"字段大小"文本框中输入"20"。

（8）按照"学院"表的结构，重复（6）（7）步骤，添加完"学院"表的其他字段，如图 2-12 所示。

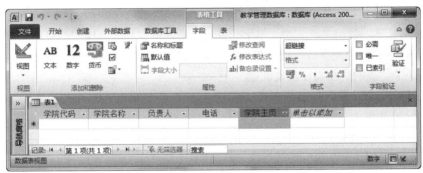

图 2-12　用数据库视图创建的表结构

（9）选择"文件 | 保存"命令或单击快速访问工具栏中的"保存"按钮，弹出"另存为"对话框，输入表的名称"学院"，单击"确定"按钮，保存"学院"表结构的创建。

创建完表结构后就可以直接向表中输入记录数据。

虽然在数据表视图中，可以直接定义字段名称，数据类型、字段大小；可以对表中的记录数据进行增、删、改操作，但是对于设置字段的属性具有一定的局限性，如不能设置多字段主键；对于数字字段，数据表视图默认其字段大小为"长整型"，不能设置字段的大小为"整型""单精度型""双精度型"等。因此需要用更灵活的设计视图对表的结构进行修改以满足实际需要。

2.2.2　用设计视图创建表

利用 Access 提供的设计视图窗口不仅可以设计一个表的结构，而且还可以对一个已有表的结构进行编辑和修改。这种方法是使用最多的方法。打开设计视图窗口的操作：单击"创建 | 表格 | 表设计"按钮，如图 2-13 所示。

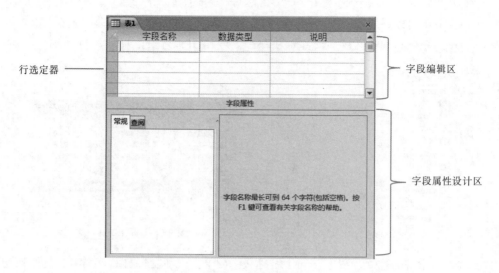

图 2-13　设计视图窗口

表的设计视图由两部分构成：上半部分为字段编辑区，它包括行选定器、字段名称列、数据类型列和说明列。行选定器用来选定一行或多行，单击行选定器选定一行，拖动行选定器选定连续多行，或按住【Ctrl】键，再单击行选定器，选定不连续的多行；字段名称列用于输入编辑表的字段名称；数据类型列指定相应字段的数据类型；说明列用来输入对该字段进行的注释，以提高可读性，一般情况可不填。下半部分为字段属性设计区，用于设置相应字段的属性，如字段大小、标题、格式及有效性规则等内容。它包含"常规"和"查阅"两个选项卡。具体将在第 2.3.1 小节"表的字段属性及其设置"介绍。

【例 2.3】在"教学管理"数据库中，用设计视图窗口创建名为"学生"的表，其结构如表 2-2 所示。

微课2-1：使用设计视图创建表

操作步骤如下：

（1）打开"教学管理"数据库。

（2）单击"创建 | 表格 | 表设计"按钮，打开表的设计视图窗口，光标自动放在"字段名称"列第一个空单元格中。

（3）按表 2-2 所示，在设计视图窗口的"字段名称"第一列中输入字段名"学号"，按【Enter】键或【Tab】键，将光标定位在对应的"数据类型"列，单击右侧下拉列表按钮，从弹出的列表框中选择"文本"，在"说明"列可输入对该字段的说明，在此不输入信息。在字段属性设计区的"字段大小"文本框中输入数值 8，否则取系统默认值 255，其他字段照此输入，如图 2-14 所示。

（4）将光标定位在"学号"字段行或单击其"行选定器"，然后单击"工具"组中的"主键"按钮 🔑，设置"学号"为主键字段。也可右击"学号"字段行，从弹出的快捷菜单中选择"主键"命令。

（5）单击快速访问工具栏中的"保存"按钮 🔙 或选择"文件 | 保存"命令，弹出"另存为"对话框，输入表的名称"学生"，单击"确定"按钮，保存"学生"表。也可以直接关闭设计视图窗口，在弹出的对话框中单击"是"按钮（见图 2-6），弹出"另存为"对话框，输入文件名。

此时可切换到数据表视图进行记录数据的输入。

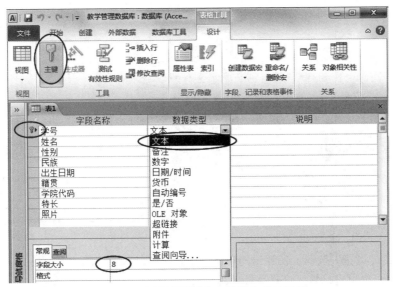

图 2-14　在设计视图中定义学生表的结构

注意：如果不定义主键，则在保存表时会弹出一个"尚未定义主键"的提示对话框，如图 2-15 所示，可根据需要进行选择。

图 2-15　尚未定义主键提示对话框

2.2.3　用获取外部数据来创建表

在 Access 中，可以利用数据的导入、导出和链接功能将其他类型文件，如文本文件、Excel 文件、ODBC 数据库、XML 文件、其他 Access 数据库等外部文件数据导入到当前的数据库中，也可以将当前数据库的对象导出生成其他格式的数据文件，以达到数据共享的目的。

微课2-2：用获取外部数据来创建表

1. 导入表

导入表就是将其他格式的源数据文件导入，成为当前数据库的一个新表或将其数据追加到现有的表中。操作方法是：单击"外部数据"选项卡，在"导入并链接"组中选择要导入的源数据文件类型按钮进行操作。也可右击导航窗格空白处，从弹出的快捷菜单中，单击"导入"按钮进行操作。

【例 2.4】将 Excel 创建的名为"教师 .xlsx"的文件导入"教学管理"数据库中，成为该数据库的一个表对象。

（1）打开"教学管理"数据库。

（2）单击"外部数据 | 导入并链接 |Excel"按钮，如图 2-16 所示，弹出"选择数据源和目标"对话框，如图 2-17 所示。

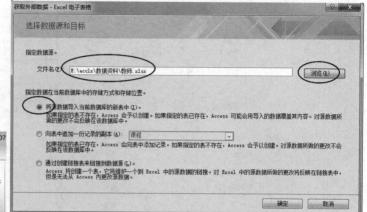

图 2-16 "导入并链接"组　　　　　　　　图 2-17 "选择数据源和目标"对话框

（3）单击"浏览"按钮，在弹出的对话框中指定"教师 .xlsx"文件所在的目录，选择"教师 .xlsx"文件，也可直接输入文件路径（见图 2-17）。

（4）单击选中"将源数据导入当前数据库的新表中"单选按钮（系统默认选中），单击"确定"按钮，弹出"导入数据表向导"对话框，如图 2-18 所示。

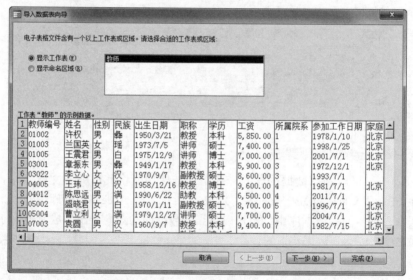

图 2-18 "导入数据表向导"对话框

（5）单击"下一步"按钮，在弹出的对话框中选中"第一行包含列标题"复选框，确认将 Excel 表的列标题作为该数据表的字段名称，如图 2-19 所示。

（6）单击"下一步"按钮，弹出字段选项设置对话框，如图 2-20 所示。在对话框中按要求可对字段名称、数据类型等进行相应的修改。在此不作任何更改设置。表的字段名称和工作表标题完全一样，其数据类型系统根据数据自动确定。

（7）单击"下一步"按钮，弹出设置主键对话框。在此选中"我自己选择主键"单选按钮，并单击右侧的下拉列表按钮，选择"教师编号"字段为主键，如图 2-21 所示。

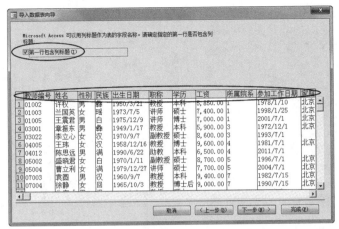

图 2-19　选择第一行为表的字段名称

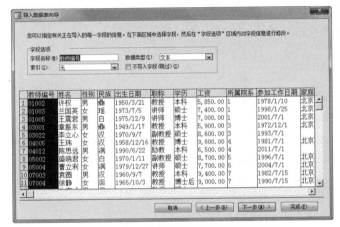

图 2-20　修改导入表的字段属性对话框

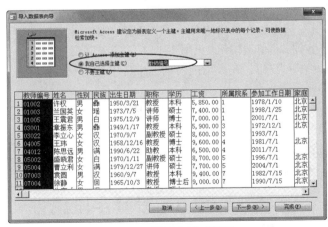

图 2-21　设置主键对话框

（8）单击"下一步"按钮，弹出设置表名对话框，在其"导入到表"文本框中输入表名。在此选择用原文件名"教师"，如图 2-22 所示。

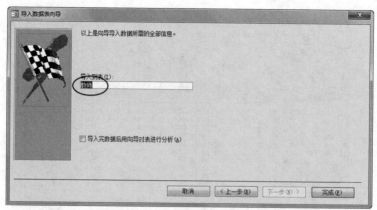

图 2-22 设置表名对话框

（9）单击"完成"按钮，弹出"保存导入步骤"对话框，再单击"关闭"按钮，即可在数据库中创建一个名为"教师"的表。

注意：由于外部数据源的类型不同，导入的步骤也有所不同。源数据文件的修改不会反映在当前数据库的表中。

2. 链接表

链接表就是将源数据文件链接到当前数据库，在当前数据库中对数据的修改会保存到源数据文件中，同时对源数据文件的修改也会反映到数据库中。

创建链接表的操作与导入表的操作基本相同，不同之处是在"选择数据源和目标"对话框中，选中"通过创建链接表来链接到数据源"单选按钮，即可创建链接表。

【例 2.5】将名为"联系人 .xlsx"的文件链接到"教学管理"数据库中。

操作步骤如下：

（1）打开"教学管理"数据库。

（2）单击"外部数据 | 导入并链接 |Excel"按钮，弹出"选择数据源和目标"对话框（见图 2-17）。

（3）单击"浏览"按钮，在弹出的对话框中选定 "联系人 .xlsx"文件。单击选中"通过创建链接表来链接到数据源"单选按钮（见图 2-17），单击"确定"按钮。

（4）单击"下一步"按钮，在弹出的对话框中选中"第一行包含列标题"复选框，确认表的字段名。

（5）单击"下一步"按钮，在弹出的对话框中指定链接表的名字，单击"完成"按钮即可。

（6）在导航窗格中，链接表的图标如图 2-23 所示。

图 2-23 链接表对象

 ## 2.3 设置字段属性

2.3.1 表的字段属性及其设置

字段的属性是描述字段的特征，用于控制数据在字段中的存储、输入或显示方式等。在

Access 中创建表的结构时，定义完字段名称和数据类型后，还要定义字段的其他属性，如字段大小、显示格式、显示标题及有效性规则等，否则按系统默认的属性进行设置。不同的数据类型有不同的字段属性。

1. 字段大小

字段大小是指定存储在文本型字段中的信息的最大长度或数字型字段的取值范围。只有文本型、数字型和自动编号型字段有该属性。

（1）文本型字段的大小可以定义在 1 ～ 255 个字符之间，默认值是 255 个字符。如在图 2-1 中，"姓名"字段实际存储的数据最多为 10 个汉字，字段大小设为 10 即可。

（2）数字型字段的大小可通过单击"字段大小"右边的下拉按钮，打开其下拉列表进行选择，如图 2-24 所示。共有字节、整型、长整型、单精度型、双精度型、同步复制 ID 和小数七种可选择的数据种类，即七种字段大小。它们的取值范围各不相同，所用的存储空间也各不相同，如表 2-8 所示。系统的默认值是长整型。如在课程表的设计视图中，定义"学时"字段为数字型，在其"字段大小"下拉列表中选择"整型"，如图 2-24 所示。

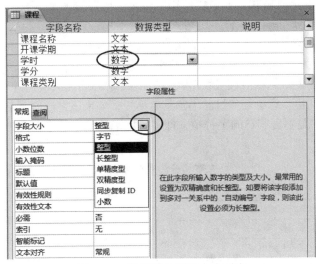

图 2-24　数字型的字段大小列表

表 2-8　数字型字段的种类及其字段大小

种　　类	说　　明	小数精度	字段大小
字节	存储 0 ～ 255 的数字（不包括小数）	无	1 字节
整型	存储 –32,768 ～ 32,767 的数字（不包括小数）	无	2 字节
长整型	存储 –2,147,483,648 ～ 2,147,483,647 的数字（不包括小数）（默认）	无	4 字节
单精度型	存储 –3.402823E38 ～ –1.401298E–45 的负数和 1.401298E–45 ～ 3.402823E38 的正数	7	4 字节
双精度型	存储 –1.79769313486231E308 ～ –4.94065645841247E–324 的负数和 4.94065645841247E–324 ～ 1.79769313486231E308 的正数	15	8 字节
同步复制 ID	全局唯一标识符（GUID）	不适用	16 字节
小数	存储 –10^38–1 ～ 10^38–1 的数字（.adp） 存储 –10^28–1 ～ 10^28–1 的数字（.mdb、.accdb）	28	2 字节

注意：如果文本字段中已有数据，则减少字段大小可能会丢失数据，系统会自动截取超出

部分的字符。如果在数字字段中包含小数，则将字段大小改为整型时，系统自动将小数四舍五入取整。

2. 格式

格式属性用于定义数据的显示或打印的格式。它只改变数据的显示格式而不改变保存在数据表中的数据。用户可以使用系统的预定义格式，也可使用格式符号来创建自定义格式，不同的数据类型有着不同的格式。

1）文本型和备注型的格式

对于文本型和备注型字段，系统没有预定义格式，但可以使用表 2-9 所示的格式符号创建自定义格式。自定义格式为：

<格式符号>;<字符串>

说明：

- <格式符号>用来定义文本字段的格式，<字符串>用来补充定义字段是空字符串或是 Null 值时的字段格式。如果要使用字符串，则字符串要用双引号括起来。
- 设置格式时括号 "<>" 本身不用写入，分号不能省略（以下相同）。

空字符串和 Null 值是两种不同类型的空值，其物理含义是不同的。在某些情况下，字段为空（Null）可能是因为数据尚无法获得，或者它不适用于某一特定的记录。如在学院表中，某位负责人的电话可能没安装，也可能没有告诉其号码，总之尚无法得知其号码。因此，若在"电话"字段中输入 Null 值，意思是"目前不知其电话"；如果该字段值是空字符串，意思是"没有电话"。空字符串是不含字符的字符串，即零长度字符串。其输入方法是输入两个彼此之间没有空格的双引号 ("")。

表 2-9 文本和备注数据类型的格式符号

格 式 符 号	说　明	设 置 格 式	输 入 的 数 据	显 示 的 数 据
@	要求是文本字符（字符或空格）	(@@)-@-@@@	ABCDEF	(AB)-C-DEF
&	不要求是文本字符	&&-&&&	11002	11-002
<	把所有英文字符变为小写	<	ABCde	abcde
>	把所有英文字符变为大写	>	ABCde	ABCDE
!	把数据向左对齐	!	讲师	讲师
-	把数据向右对齐	-	讲师	讲师

微课2-3：设置字段的格式属性

【例 2.6】设置"学生"表各个字段的格式属性，要求如下：

（1）设置"学号"字段的数据靠右对齐。

（2）设置"学院代码"字段的显示格式为"__ - 学院"，其中的"__"代表已输入的数据。

（3）设置"特长"字段的显示为当字段中没有具体特长或是 Null 值时，要显示出字符串"没有"，当字段中有数据时按原样显示。

操作步骤如下：

（1）打开"教学管理"数据库。

（2）双击导航窗格中的"学生"表，打开其数据表视图，如图 2-25 所示（已输入数据记录）。

学号	姓名	性别	民族	出生日期	籍贯	学院代码	特长
14150226	王楠	女	汉	94-07-11	北京	15	绘画，摄影，舞蹈，书法
14150236	李鹏飞	男	汉	95-07-11	广西	15	相声，小品，唱歌，健身
14150356	夏天	女	苗	96-07-11	江苏	15	旱冰，舞蹈，登山
15050412	张美仙	女	蒙古	97-07-11	辽宁	5	登山，长跑，摄影，组织能力引
15070111	成文	女	满	96-07-11	河北	7	
15070213	韦建杰	男	汉	97-11-22	广西	7	相声，小品，语言沟通能力强
15130415	李芳	女	壮	96-01-19	山东	13	旱冰，舞蹈，乒乓球
15131343	冯啸天	男	汉	95-05-30	贵州	13	绘画，摄影，动漫制作
15150123	俞洋	男	藏	96-01-20	四川	15	
16040147	郜维献	女	回	98-08-02	云南	4	善于交际，善于沟通，组织能
16040212	刘英	女	藏	97-07-11	青海	4	舞蹈，摄影
16040217	刘莹	女	蒙古	97-02-04	河北	4	工作能力强，爱好绘画，摄影，

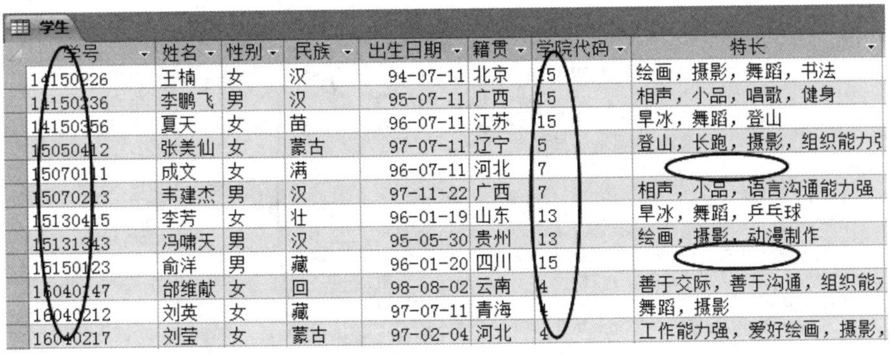

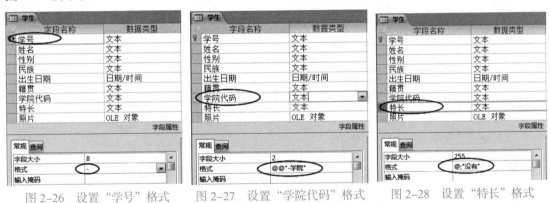

图 2–25　“学生”表数据表视图

（3）单击“开始 | 视图 | 设计视图”按钮，切换到设计视图窗口，或右击“学生”表标题，从弹出的快捷菜单中选择“设计视图”命令。

（4）光标定在“学号”字段行，在其“字段属性”的“常规”选项卡的“格式”框中输入“–”，如图 2–26 所示。

（5）单击“学院代码”行选定器，在其“字段属性”的“格式”框中输入“@@"– 学院 "”，如图 2–27 所示。

（6）单击“特长”行选定器，在其“字段属性”的“格式”框中输入“@;" 没有 "”，如图 2–28 所示。

图 2–26　设置“学号”格式

图 2–27　设置“学院代码”格式

图 2–28　设置“特长”格式

（7）单击快速访问工具栏的“保存”按钮，单击“数据表视图”按钮，切换到数据表视图，如图 2–29 所示。也可在设置完格式后，关闭设计视图窗口，弹出“是否保存对表‘学院’的设计的更改？”对话框，单击“是”按钮，保存所做的格式设置，再打开其数据表视图。

图 2–29 和图 2–25 相比，“学号”字段的数据已靠右对齐；“学院代码”字段的数据后面均附加了“– 学院”字符；“特长”字段数据原来为空的，现在显示为“没有”。

注意：在设置格式中，用“@”或“&”符号，既可代表一个字符，又可代表一串字符串。如“学号”字段大小为 8，设置为“@@" 年级 "@@" 学院 "@@@@" 号 "”，精确设置每一位，输入数据不满 8 个字符时对应位置显示为空格占位；设置为“@" 号 "”，无论输入几位数据字符，显示时只显示输入的数据和“号”，不用空格占位。

学号	姓名	性别	民族	出生日期	籍贯	学院代码	特长
14150226	王楠	女	汉	94-07-11	北京	15-学院	绘画，摄影，舞蹈，书法
14150236	李鹏飞	男	汉	95-07-11	广西	15-学院	相声，小品，唱歌，健身
14150356	夏天	女	苗	96-07-11	江苏	15-学院	旱冰，舞蹈，登山
15050412	张美仙	女	蒙古	97-07-11	辽宁	5-学院	登山，长跑，摄影，组织能力引
15070111	成文	女	满	96-07-11	河北	7-学院	没有
15070218	韦建杰	男	汉	97-11-22	广西	7-学院	相声，小品，语言沟通能力强
15130415	李芳	女	壮	96-01-19	山东	13-学院	旱冰，舞蹈，乒乓球
15131348	冯啸天	男	汉	95-05-30	贵州	13-学院	绘画，摄影，动漫制作
15150123	俞洋	男	藏	96-01-20	四川	15-学院	没有
16040147	邰维献	女	回	98-08-02	云南	4-学院	善于交际，善于沟通，组织能力
16040212	刘英	女	藏	97-07-11	青海	4-学院	舞蹈，摄影
16040217	刘莹	女	蒙古	97-02-04	河北	4-学院	工作能力强，爱好绘画，摄影，

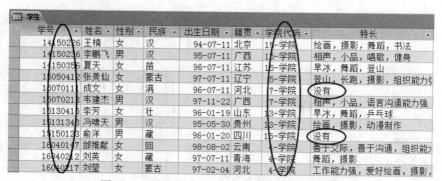

图 2-29 设置格式后的“学生”表数据表视图

2）数字和货币型字段的格式

系统提供了数字和货币型字段的预定义格式，如图 2-30 所示，共有七种格式，系统默认格式是“常规数字”，即以输入的方式显示数字。

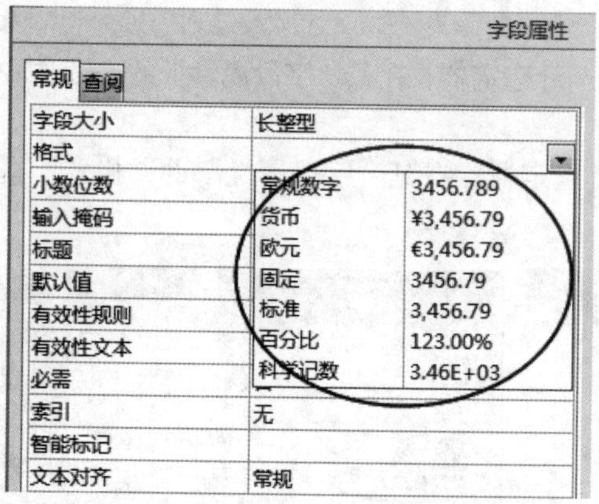

图 2-30 数字和货币型字段的预定义格式

以下是预定义数字格式的示例：

设置格式	输入的数据	显示的数据
常规数字	5456.789 -5456.789 ¥613.21	5456.789 -5456.789 ¥613.21
货币	5456.789 -5456.789	¥5,456.79 (¥5,456.79)
固定	5456.789 -5456.789 5.56645	5456.79 -5456.79 5.57
标准	5456.789	5,456.79
百分比	5 0.45	500% 45%
科学记数	5456.789 -5456.789	5.46E+03 –5.46E+03

用户也可以使用表 2–10 所示的符号创建自定义格式。自定义的数字格式可以有一到四个节，每一节都包含不同类型数字的格式设置。

表 2-10　数字和货币数据类型的格式符号

格 式 符 号	说　　明	设 置 格 式	输入的数据	显示的数据
.	小数分隔符	00.00	85	85.00
,	千位分隔符	#,000.00	1560	1,560.00
0	数字占位符，显示一个数字或 0	000.00	98	098.00
#	数字占位符，显示一个数字或不显示	#,###.##	980.5	980.5
$	显示字符"$"	$#,##0.00	865	$865.00
%	用百分比显示数据	###.##%	.856	85.6%
E+ 或 e+ E- 或 e-	用科学记数显示数据，在负数指数后面加一个减号，正数不加。该符号必须与其他符号一起使用	###E+00	78654321.456	787E+05

自定义格式为：

< 正数格式 >;< 负数格式 >;< 零值格式 >;< 空值格式 >

说明：格式中共有四部分，每一部分都可以省略。未指明格式的部分将不显示任何信息。

【例 2.7】设置"教师"表的"工资"字段格式，当输入"6543.21"时，显示"$6,543.21"；当输入"-150.00"时，显示"($150.00)"；当输入"0"时，显示字符"零"；当没有输入数据时，显示字符串"Null"。

操作步骤如下：

（1）打开"教师"表的设计视图窗口。

（2）单击"工资"字段行选定器，在其"字段属性"的"格式"框中输入"$#,##0.00;($#,##0.00);"零";"Null"，如图 2-31 所示。

（3）单击快速访问工具栏的"保存"按钮，再单击"数据表视图"按钮，切换到数据表视图，结果如图 2-32 所示。

微课2-4：设置
字段格式

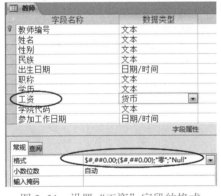

图 2-31　设置"工资"字段的格式　　　　图 2-32　"工资"字段数据的显示结果

输入新记录时，如果在"工资"字段中输入"-320"，则显示为"($320.00)"；如果输入"0"，则显示为"零"，如图 2-33 所示。

3）日期 / 时间型字段的格式

系统提供了日期 / 时间型字段的预定义格式，如图 2-34 所示，共有七种格式，系统默认格式是"常规日期"格式。

图 2-33 "工资"字段的多种显示格式　　　　图 2-34 日期/时间型字段的预定义格式

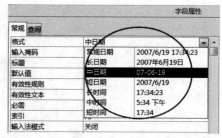

用户也可以使用表 2-11 所示的格式符号创建自定义格式。

表 2-11　日期/时间数据类型的格式符号

格 式 符 号	说　　　明
:	时间分隔符
/	日期分隔符
C	与常规日期的预定义格式相同
d 或 dd	月中的日期，一位或两位表示（1 ~ 31 或 01 ~ 31）
Ddd	英文星期名称的前 3 个字母（Sun ~ Sat）
Dddd	英文星期名称的全名（Sunday ~ Saturday）
ddddd	与短日期的预定义格式相同
dddddd	与长日期的预定义格式相同
w	一周中的日期（1 ~ 7）
ww	一年中的周（1 ~ 53）
m 或 mm	一年中的月份，一位或两位表示（1 ~ 12 或 01 ~ 12）
mmm	英文月份名称的前三个字母（Jan ~ Dec）
mmmm	英文月份名称的全名（January ~ December）
q	一年中的季度（1 ~ 4）
y	一年中的天数（1 ~ 366）
yy	年度的最后两位数（01 ~ 99）
yyyy	完整的年（0100 ~ 9999）
h 或 hh	小时，一位或两位表示（0 ~ 23 或 00 ~ 23）
n 或 nn	分钟，一位或两位表示（0 ~ 59 或 00 ~ 59）
s 或 ss	秒，一位或两位表示（0 ~ 59 或 00 ~ 59）
tttt	与"长时间"的预定义格式相同
AM/PM 或 A/P	用大写字母 AM/PM 或 A/P 表示上午/下午的 12 小时的时钟
am/pm 或 a/p	用小写字母 am/pm 或 a/p 表示上午/下午的 12 小时的时钟
AMPM	有上午/下午标志的 24 小时时钟。标志在 Windows 区域设置的上午/下午设置中定义

说明：
- 自定义格式根据 Windows 控制面板中"区域和语言选项"对话框所指定的设置来显示。
- 自定义格式中可以添加逗号或其他分隔符，但分隔符必须用双引号引起来。

【例 2.8】设置"教师"表的"出生日期"字段的显示形式为"英文月份的前三个字母，日，年"，如 Jan,15,2003。

操作步骤如下：

（1）打开"教师"表的设计视图窗口。

（2）单击"出生日期"字段行选定器，在其"字段属性"的"格式"框中输入"mmm"，"dd"，"yyyy"，如图 2-35 所示。

微课2-5：设置字段属性

（3）单击快速访问工具栏的"保存"按钮，再单击"数据表视图"按钮，切换到数据表视图，"出生日期"字段的显示已变为所需的形式，结果如图 2-36 所示。

图 2-35　设置"出生日期"的格式

图 2-36　"出生日期"字段数据的显示结果

4）是 / 否型字段的格式

在 Access 中，是 / 否型字段保存的值并不是"是"或"否"。"是"数据用 –1 存储，"否"数据用 0 存储。如果没有格式设定，则必须输入 –1 或 0，存储和显示也是 –1 和 0。如果设置了格式，则可以用更直观的形式显示其数据。是 / 否型字段在不输入数据时一律显示"否"值数据。

图 2-37　是 / 否型字段的预定义格式

系统提供了是 / 否型字段的预定义格式，如图 2-37 所示，共有三种格式：是 / 否（Yes/No）、真 / 假（True/False）和开 / 关（On/Off）。"是、真、开"都存储成 –1，"否、假、关"都存储成 0。系统默认格式是"真 / 假"。

自定义格式为：

```
;<真值>;<假值>
```

说明：真值代表"是"显示的信息，假值代表"否"显示的信息。

注意：是 / 否型数据的输入和显示形式还要受到"查阅"选项卡中的"显示控件"属性的限制。"显示控件"属性的下拉列表框中提供了三个预定义选项：复选框、文本框和组合框。系统默认为复选框，如图 2-38 所示。如果选择了"复选框"选项，则无论其格式设定为预定义的、自定义的，还是没有定义的，字段的真值都用"√"符号显示，假值用"□"符号显示。输入数据时，可以用鼠标单击或按【Space】键，选择复选框的"√"（是）或取消选择复选框"□"（否）。

【例 2.9】首先在"教师"表中增加一个数据类型为"是 / 否"的"婚否"字段，查看其数据显示形式；其次设置"婚否"字段的"显示控件"属性为"文本框"，格式为"已婚"代表真值、"未婚"代表假值。

操作步骤如下：

（1）打开"教师"表的设计视图窗口。

（2）单击字段名称列最后的空白行，输入字段名称"婚否"，选择其数据类型为"是/否"，单击"查阅"选项卡，其"显示控件"属性默认为"复选框"，如图 2-39 所示。单击"保存"按钮，再单击"数据表视图"按钮，看到"婚否"字段值均以空白复选框显示，单击已婚的教师的"婚否"字段，出现"√"符号表示已婚，否则表示未婚，如图 2-38 所示。

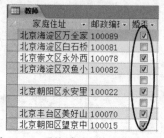
图 2-38　系统默认"复选框"显示

图 2-39　"婚否"字段以复选框显示

（3）单击"设计视图"按钮，切换到设计视图，先选择"婚否"字段，在"婚否"字段的"格式"框中输入"；"已婚"；"未婚""，如图 2-40 所示。

（4）单击"查阅"选项卡，从"显示控件"的下拉列表框中选择"文本框"选项，单击"保存"按钮，再单击"数据表视图"按钮，切换到数据表视图，"婚否"字段的显示已变为所需的形式，如图 2-41 所示。

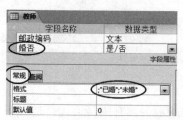
图 2-40　设置"婚否"字段的格式

图 2-41　"婚否"字段以设置的文本显示

5）超链接型字段的格式

对于超链接型字段，系统没有预定义格式，但可以创建自定义格式。

自定义格式为：

<显示文本>#<地址>#<子地址>#屏幕提示

说明：格式中共有四部分，各部分之间用"#"分隔，每一部分都可以省略。
- 显示文本：显示在字段或控件中的可见文本。
- 地址：指向 Internet 上某个网页（URL）或文件（UNC）的路径。
- 子地址：网页或文件中的特定地址。
- 屏幕提示：作为工具提示显示的文本。

当地址和子地址隐藏时，显示文本在字段和控件中仍然是可见的，如格式设为：

搜狐主页 #http://www.sohu.com

3. 小数位数

小数位数属性只能用于数字型和货币型的字段，是设定小数点右边的位数。它只影响显示的小数位数，不影响所保存的小数位数。小数位数可在 0 ~ 15 位，系统的默认值是两位小数，在一般情况下都使用"自动"设定值。小数位数的设定要视数字或货币型数据的字段大小而定。

如果字段大小为字节、整型或长整型，则小数位数设为 0；如果字段大小为单精度型，则小数位数可设为 0 ～ 7；如果字段大小为双精度型，则小数位数可设为 0 ～ 15。

【例 2.10】设置"教师"表的工资字段数据为 1 位小数。

操作步骤如下：

（1）打开"教师"表的设计视图窗口。

（2）单击"工资"字段行选定器，单击"小数位数"右侧下拉列表按钮，从下拉列表中选择"1"设为位小数，如图 2-42 所示。

（3）单击"保存"按钮，再单击"数据表视图"按钮 ▦ ，切换到数据表视图，结果如图 2-43 所示。

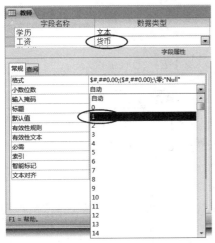

图 2-42　设置"工资"的小数位数为 1

图 2-43　教师表"工资"字段显示格式

注意观察"工资"字段显示的数据保留到小数点后 1 位。

4. 输入掩码

输入掩码属性是用来设置用户输入字段数据时的格式（称掩码）。它和格式属性的区别是：格式属性定义数据显示的方式，而输入掩码属性定义数据的输入方式，并可对数据输入做更多的控制以确保输入正确的数据。输入掩码属性用于文本、日期 / 时间、数字和货币型字段。

自定义输入掩码格式为：

< 输入掩码的格式符号 >；<0、1 或空白 >；< 任何字符 >

说明：输入掩码的定义最多可有三部分，各部分之间用"；"分隔。

- < 输入掩码的格式符号 > 定义字段的输入数据的格式。输入掩码的格式符号如表 2-12 所示。
- <0、1 或空白 > 用来确定是否把原样的显示字符存储到表中。如果是 0，则将原样的显示字符（如括号、连字号等占位符）和输入值一起保存；如果是 1 或空白，则只保存输入非空格字符。
- < 任何字符 > 用来指定如果在输入掩码中输入字符的地方输入空格时显示的字符。可以使用任何字符，默认字符是下画线；如果要显示空格，应使用双引号将空格括起来。

注意：对同一个字段，定义了输入掩码属性又定义了格式属性，则在显示数据时，格式属性优先。

表 2-12　输入掩码的格式符号

格式符号	说　明
0	必须输入数字（0 ~ 9，必选项），不允许用加号（+）和减号（-）
9	可以输入数字或空格（非必选项），不允许用加号（+）和减号（-）
#	可以输入数字或空格（非必选项），空白转换为空格，允许用加号（+）和减号（-）
L	必须输入字母（A ~ Z，必选项）
?	可以输入字母（A ~ Z，可选项）
A	必须输入字母或数字（必选项）
a	可以输入字母或数字（可选项）
&	必须输入任何字符或空格（必选项）
C	可以输入任何字符或空格（可选项）
<	把其后的所有英文字符变为小写
>	把其后的所有英文字符变为大写
!	使输入掩码从右到左显示，而不是从左到右显示。可以在输入掩码中任何地方包括感叹号
\	使接下来的字符以原样显示
. , : ; - /	小数点占位符及千位、日期与时间分隔符。分隔符由控制面板的区域设置确定

微课2-6：输入掩码

【例 2.11】设置"教师"表的"教师编号"字段的输入掩码为"__ 系－第 ___ 号"，其中的"__"分别代表必须输入的两位和三位数字符号。

操作步骤如下：

（1）打开"教师"表的设计视图窗口。

（2）单击"教师编号"字段行选定器，在"输入掩码"文本框中输入"00" 系 "– 第 "000" 号 ""，如图 2-44 所示。

（3）单击"保存"按钮，再单击"数据表视图"按钮，切换到数据表视图，结果如图 2-45 所示。

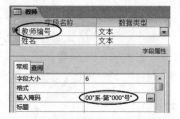

图 2-44　设置"教师编号"字段的输入掩码

图 2-45　"教师编号"字段输入数据的格式

注意：在输入新的数据时，"教师编号"字段内的占位符号用下画线代替，只要输入教师编号（如 05006）即可，此时输入的数据将替换掉下画线。

输入掩码还可用"输入掩码向导"对话框设置，方法为：单击输入掩码右边的按钮，弹出"输入掩码向导"对话框，如图 2-46 所示。用户可以从列表中选择需要的掩码，也可以单击"编辑列表"按钮，弹出"自定义'输入掩码向导'"对话框创建自定义的输入掩码。

从图 2-46 看到，将"输入掩码"设置为"密码"可创建密码输入显示。即在该字段中输入的任何字符都将以原字符保存，但显示为星号 (*)。使用"密码"输入掩码可以避免在屏幕上显示输入的字符。

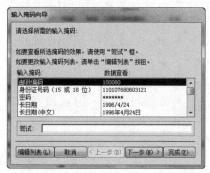

图 2-46　"输入掩码向导"对话框

5. 标题

使用标题属性可以指定字段名的别名（显示名称），即它在表、窗体或报表中显示时的标题文字。如果没有为字段设置标题，就显示相应的字段名。在实际应用中，为了操作的方便和输入快速，人们喜欢使用英文或汉语拼音作为字段名称，通过设置标题来实现在显示窗口中用汉字显示列标题。标题可以是字母、数字、空格和符号的任意组合，长度最多为 2 048 个字符。

6. 默认值

默认值属性用于指定在输入新记录时系统自动输入到字段中的值。默认值可以是常量、函数或表达式。类型为自动编号和 OLE 对象的字段不可设置默认值。

【例 2.12】把"教师"表"性别"字段的标题设置"XB"；把"性别"字段的默认值设置为"男"。

操作步骤如下：

（1）打开"教师"表的设计视图窗口。

（2）单击"性别"字段行选定器，在"标题"文本框中输入"XB"；在"默认值"文本框中输入"男"，如图 2-47 所示。

（3）单击"保存"按钮，再单击"数据表视图"按钮，切换到数据表视图，结果如图 2-48 所示。

图 2-47　设置"性别"字段的标题和默认值

图 2-48　"性别"字段的显示结果

7. 有效性规则与有效性文本

设置字段有效性规则，就是设置输入到字段中的数据的值域。设置有效性文本是指定当输入了字段有效性规则不允许的值时显示的错误提示信息，用户必须对字段值进行修改，直到正确时光标才能离开此字段。如果不设置有效性文本，出错信息为系统默认显示信息。

有效性规则可以直接在"有效性规则"文本框中输入表达式，也可以单击其右边的按钮，弹出"表达式生成器"对话框来编辑生成，如图 2-49 所示。

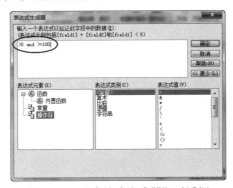

图 2-49　"表达式生成器"对话框

"表达式生成器"对话框包含表达式框和表达式元素两部分，如图 2-49 所示。可以通过单击将表达式元素粘贴到表达式框中，也可在表达式框中直接输入表达式。

【例 2.13】设置"教师"表"性别"字段的有效性规则为只能输入"男"或"女"；其有效性文本为"性别字段的值只能是'男'或'女'，其他无效！"，并将其数据表的第一条记录的"性别"字段值改为"M"观察结果。

微课2-7：有效性规则与有效性文本

操作步骤如下：

（1）打开"教师"表的设计视图窗口。

（2）单击"性别"字段行选定器，在"有效性规则"文本框中输入""男" Or "女""，如图 2-50 所示；也可以单击其右边的按钮[...]，弹出"表达式生成器"对话框来编辑生成（见图 2-49）。

（3）在"有效性文本"文本框中输入：""性别"字段的值只能是"男"或"女"，其他无效！"，如图 2-50 所示。

（4）单击"保存"按钮，再单击"数据表视图"按钮，切换到数据表视图，将第一条记录的性别值改为"M"，并按【Enter】键或单击"保存"按钮，弹出一个提示对话框，提示用户只能输入符合规则的数据，如图 2-51 所示。

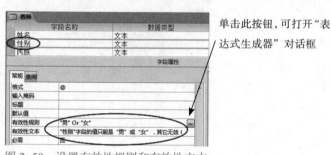

单击此按钮，可打开"表达式生成器"对话框

图 2-50 设置有效性规则和有效性文本

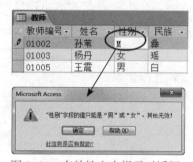

图 2-51 有效性文本提示对话框

8. 必需

使用必需字段属性可以指定字段中是否必须有值。如果设置该属性为"是"，则必须在该字段中输入数据，而且该数值不能为 Null。系统默认为"否"。

9. 允许空字符串

使用允许空字符串属性可以指定在表字段中长度为零的字符串（""）是否为有效输入项，系统默认为"是"。

注意：允许空字符串属性只能应用于文本、备注和超链接类型的字段。

10. 索引

使用索引属性可以设置单一字段的索引，也可以设置多个字段的索引。系统默认为"无"。索引有助于快速查找记录。具体将在第 2.3.3 小节介绍。

11. Unicode 压缩

该属性可以设定是否对"文本"、"备注"或"超链接"字段（MDB）中的数据进行压缩。目的是为了节约存储空间。系统默认为"是"。

12. 输入法模式

使用输入法模式属性可以设置当向表中输入数据，且插入点定位在字段中时，自动使用的的输入法。系统默认为"开启"。输入法模式有多种选择，如图 2-52 所示。

常用的有三种模式：

- 随意：输入法不自动打开或关闭，根据其他字段的使用状态而定。
- 开启：输入法自动打开。
- 关闭：输入法自动关闭。

13. 输入法语句模式

使用输入法语句模式属性可以设置当向表中输入数据，且插入点定位在字段中时，自动使用输入法语句模式。系统默认为"无转化"。输入法语句模式有多种选择，如图 2-53 所示。

14. 文本对齐

使用文本对齐属性可以设置当向表中输入数据后数据在文本框内的对齐方式。文本对齐方式有五种选择，如图 2-54 所示。

图 2-52　设置输入法模式

图 2-53　设置输入法语句模式

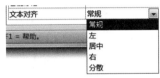

图 2-54　设置文本对齐

15. 智能标记

使用智能标记可以执行通常需要打开其他程序才能完成的操作，从而节省时间。通过设置智能标记属性可将智能标记添加到字段或控件中。添加完之后，当激活字段或控件中的单元格时，将显示"智能标记操作"按钮。

2.3.2　主键

1. 主键的概念

前面已介绍过主键（又称主关键字），是表中唯一能标识一条记录的字段（单字段）或字段的组合（多个字段组合）。指定了表的主键后，当用户输入新记录到表中时，系统将检查该字段是否有重复数据，如果有则禁止把重复数据输入到表中。同时，系统也不允许在主键字段中输入 Null 值。

2. 定义主键的方法

一般在创建表的结构时，就需要定义主键，否则在保存操作时系统将询问是否要创建主键。如果选择"是"，系统将自动创建一个"自动编号（ID）"字段作为主键。该字段在输入记录时会自动输入一个具有唯一顺序的数字。

注意：一个表只能定义一个主键，主键由表中的一个字段或多个字段组成。

定义主键只能在表的设计视图中进行，操作方法是：先选定要设为主键的一个字段或多个字段，再单击"设计|工具|主键"按钮即可；也可选定字段后右击，在弹出的快捷菜单中选择"主键"命令。设为主键的字段可取消，取消操作同设置操作。

【例 2.14】用设计视图方法按表 2-3 所示的"选课"表结构创建"选课"表，并定义表的

"学号"和"课程号"字段为复合主键。

微课2-8：设置
复合主键

操作步骤如下：

（1）打开"教学管理"数据库。

（2）单击"创建 | 表格 | 表设计"按钮，打开表的设计视图窗口。

（3）按表 2-3 所示的"选课"表结构，在"字段名称"第一列中输入字段名"学号"，选择其数据类型为"文本"，在其字段大小框中输入"8"。同样的操作输入字段名"课程号"，选定数据类型为"文本"，字段大小为"10"；输入字段名"成绩"，选定数据类型为"数字"，设置其字段大小为"整型"。

（4）单击"学号"字段行选定器，再按住【Ctrl】或【Shift】键（字段相邻）不放，单击"课程号"字段行选定器，"学号"和"课程号"两个字段被同时选定，如图 2-55 所示。

（5）单击"工具"组中的"主键"按钮🔑，设定"学号"和"课程号"两个字段为表的主键，如图 2-55 所示。

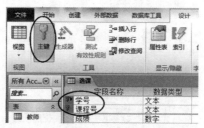

图 2-55 定义"学号"和"课程号"两个字段为主键

（6）单击"保存"按钮，从弹出的对话框中输入表的名称"选课"即可保存该表。

2.3.3 索引

1. 索引的概念

索引实际上是数据表的一种逻辑排序，它并不改变表中数据的物理顺序。建立索引的目的是加快查询数据的速度。因此，在对表的数据查询操作中经常要用到的字段或字段组合，通常应该为之建立索引，以提高查询的效率。

索引有三种类型：

- 主索引：在 Access 中，定义为主键的字段或字段组合，系统将自动设置其为主索引。
- 唯一索引：设置为唯一索引的字段，其值必须是唯一的，不能有重复值。在 Access 的表中，主索引只有一个，唯一索引可以有多个。例如，在学生表中增加一个"身份证号"字段，如果定义"学号"为主索引，就可以定义"身份证号"字段为唯一索引。
- 忽略空值：设置为忽略空值的字段，排除在索引字段中具有空值的记录。

2. 建立索引的方法

在一个表中可根据对记录的处理需要创建一个或多个索引，可用单个字段创建一个索引，也可以用多个字段（字段组合）创建一个索引。使用多个字段索引进行排序时，一般按索引中的第一个字段进行排序，当第一个字段有重复值时，再按第二个字段排序，依此类推。在多字段索引中最多可以包含 10 个字段。在表中更改或添加记录时，索引自动更新。

在表设计视图的"字段属性"部分中只能设置单个字段索引，其属性有如下三种取值：

- 无：表示无索引（默认值）。

- 有（有重复）：表示有索引但允许字段中有重复值。
- 有（无重复）：表示有索引但不允许字段中有重复值。

注意：如果表的主键为单一字段，系统自动为该字段创建索引，索引值为"有（无重复）"。

如果要设置多字段索引，则须在"索引"窗口中进行。打开"索引"窗口的操作是：在"设计"选项卡的"显示/隐藏"组中，单击"索引"按钮 ⚡，如图 2-56 所示。在此按实际要求设置索引名称、字段名称，排序次序（升序，降序），系统默认为升序。

【例 2.15】 为"学生"表设置索引。要求如下：

（1）为"姓名"字段建立单字段索引，允许有相同的姓名。

（2）用"学院代码"和"出生日期"字段建立一个索引，按升序将同一个学院的学生排在一起时，再按出生日期降序排列，索引名称命名为"学院生日"。

操作步骤如下：

（1）打开"教学管理"数据库，打开"学生"表的设计视图。

（2）单击"姓名"字段，单击其"索引"属性右边的下拉按钮，从下拉列表框中选择"有（有重复）"选项，如图 2-57 所示。

（3）单击"设计|显示/隐藏|索引"按钮，弹出"索引"对话框。在"索引名称"列的第一个空白行中输入索引名称"学院生日"（如果在字段属性中设置"索引"，系统默认索引名称与字段名称相同）。在对应的"字段名称"列的下拉列表框中选择索引的第一个字段"学院代码"，对应的"排序次序"为升序；在"字段名称"列的下一行选择索引的第二个字段"出生日期"，该行的"索引名称"列为空，对应的"排序次序"为降序，如图 2-56 所示。

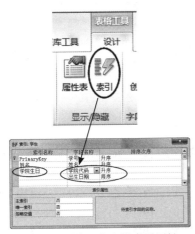

图 2-56　设置多字段索引属性

图 2-57　设置"姓名"字段的索引属性

（4）单击"保存"按钮保存设置。

说明：升序为按字段值由低到高排列。降序为按字段值由高到低排列。当一个表设置了多个索引时，打开数据表后按主键的索引顺序排序记录。如果某个索引生效时，主键的排序会改变。创建的索引按需求也可删除它。

注意：对于数据类型为备注、超链接和 OLE 对象的字段不能建立索引。

2.4　表与表之间的关系

2.4.1　表间关系的概念

在数据库中每个表都表示一个主题信息，为了能同时查找显示来自多个表中的数据，需要先定义表和表之间的关系，再创建查询、窗体和报表等对象。通过创建表之间的关系，可以将数据库中的多个表连接成一个有机的整体。表间关系的主要作用是使多个表之间产生关联，通过关联字段建立起关系，以便快速地从不同表中提取相关的信息。

表间关系指的是两个表中都有一个数据类型相同、字段名称不一定相同的字段，该字段就是关联字段，以其中一个表的关联字段与另一个表的关联字段建立两个表之间的关系。

特殊情况：主键是"自动编号"型的字段可以与"数字"型的字段建立关联，但是必须满足它们的"字段大小"属性一定相同，即同为"长整型"或同为"同步复制 ID"。

数据表之间的关系有三种。

1. 一对一关系

一对一关系是指 A 表中的一条记录只能对应 B 表中的一条记录，并且 B 表中的一条记录也只能对应 A 表中的一条记录。

两个表之间要建立一对一关系，首先定义关联字段为每个表的主键或建立索引属性为"有（无重复）"，然后确定两个表具有一对一的关系。此种关系使用较少。

2. 一对多关系

一对多关系是指 A 表中的一条记录能对应 B 表中的多条记录，但是 B 表中的一条记录只能对应 A 表中的一条记录。

两个表之间要建立一对多关系，首先定义关联字段为一个表的主键或建立索引属性为"有（无重复）"，然后设置关联字段在另一个表中的索引属性为"有（有重复）"，最后确定两个表具有一对多的关系。简单地说，一个表的外键是另一个表的主键，这两个表就可创建一对多的关系。此种关系常用。

3. 多对多关系

多对多关系是指 A 表中的一条记录能对应 B 表中的多条记录，而 B 表中的一条记录也可以对应 A 表中的多条记录。

由于现在的数据库管理系统不直接支持多对多的关系，因此在处理多对多的关系时需要将其转换为两个一对多的关系，即创建一个连接表，将两个多对多表中的主关键字段添加到连接表中，则这两个多对多表与连接表之间均变成了一对多的关系，这样就间接地建立多对多的关系。

2.4.2　建立表间关系

数据库中的多个表之间要建立关系，必须先给各个表建立主键或索引。还要关闭所有打开的表，否则不能建立表间关系。可以设置管理关系记录的规则。只有建立了表间关系，才能设置参照完整性，设置在相关联的表中插入、删除和修改记录的规则。

创建表间关系的操作方法：单击"数据库工具｜关系｜关系"按钮，打开"关系"窗口，如果是首次创建关系，还会同时弹出"显示表"对话框，否则单击"设计｜显示表"按钮，打开"显示表"对话框，从"显示表"对话框中选择要创建关系的表进行连接操作。

微课2-9：设置表间关系

注意：处于打开状态的表是不能创建关系的，所以要创建关系的表必须全部关闭。

【例2.16】在"教学管理"数据库中，建立"学生"表和"选课"表之间一对多的关系；"课程"表与"选课"表之间一对多的关系。（说明：在"教学管理"数据库中，已建立"学生"表的主键是"学号"字段；"课程"表的主键是"课程号"字段；"选课"表的主键是"学号"和"课程号"的组合字段。）

操作步骤如下：

（1）打开"教学管理"数据库窗口。

（2）单击"数据库工具 | 关系 | 关系"按钮，打开"关系"窗口。如果数据库中没有定义任何关系，还会同时弹出"显示表"对话框，如图2-58所示。如果没有"显示表"对话框，可单击"设计 | 关系 | 显示表"按钮🖼，或右击"关系"窗口空白位置，从弹出的快捷菜单中选择"显示表"命令，弹出"显示表"对话框。

（3）在"显示表"对话框中，分别选择"学生"表、"选课"表和"课程"表，通过单击"添加"按钮，把它们添加到"关系"窗口中，如图2-59所示。单击"关闭"按钮，关闭"显示表"对话框。

图 2-58　"显示表"对话框

图 2-59　"关系"窗口

（4）拖动"学生"表的"学号"字段到"选课"表的"学号"字段上，释放鼠标，即可弹出"编辑关系"对话框，如图2-60所示。从图2-60中可看出，"学生"表（父表）和"选课"表（子表）通过"学号"字段建立一对多的关系，即"学生"表中的一条记录对应"选课"表中的多条记录。也可以通过单击"设计 | 工具 | 编辑关系"按钮，弹出"编辑关系"对话框来创建关系。

在"编辑关系"对话框中，可以根据需要选择"实施参照完整性"、"级联更新相关字段"以及"级联删除相关记录"复选框。在此选中"实施参照完整性"复选框，然后单击"创建"按钮创建一对多的关系，结果如图2-61所示。

在关系图中，关系是通过一条折线来联系两个表，当选中"实施参照完整性"复选框后，连线上有1、∞符号，说明和1相连表的一条记录对应和∞相连表的多条记录（一对多），并且确保不会意外地删除和修改相关的数据。

图 2-60　"编辑关系"对话框

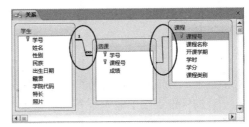

图 2-61　"关系"窗口

（5）拖动"课程"表的"课程号"字段到"选课"表的"课程号"字段上，在"编辑关系"对话框中，不选中"实施参照完整性"复选框，单击"创建"按钮，创建"课程"表和"选课"表之间一对多的关系，如图2-61所示。

（6）单击"关闭"按钮，关闭"关系"窗口，弹出保存对话框，如图2-62所示。单击"是"按钮，保存布局。

注意：如果不保存布局，则在"关系"窗口中看不到图2-61所示的具体表之间的关系，但所创建的关系已保存在数据库中。

图2-62 保存提示对话框

2.4.3 编辑和删除表间关系

表之间的关系创建后，在使用过程中，如果不符合要求，如需级联更新字段、级联删除记录，可重新编辑表间关系，也可删除表间关系。

【例2.17】修改图2-61中"课程"表和"选课"表之间的关系，选中"实施参照完整性"、"级联更新相关字段"和"级联删除相关记录"复选框。

操作步骤如下：

（1）打开"教学管理"数据库窗口。

（2）单击"数据库工具｜关系｜关系"按钮，打开"关系"窗口（见图2-61）。

（3）右击"课程"表和"选课"表之间的连线弹出快捷菜单，选择"编辑关系"命令，如图2-63所示，弹出"编辑关系"对话框，选中"实施参照完整性"、"级联更新相关字段"和"级联删除相关记录"复选框，如图2-64所示，单击"确定"按钮。也可单击连线使之变粗，再单击"设计｜工具｜编辑关系"按钮，弹出"编辑关系"对话框编辑关系。

图2-63 选择"编辑关系"命令　　　　　图2-64 选中复选框

删除表间关系的操作：在"关系"窗口中，右击两表之间的连线使之变粗并弹出快捷菜单，选择"删除"命令（见图2-63）。

2.4.4 实施参照完整性

在"编辑关系"对话框中，有"实施参照完整性"、"级联更新相关字段"和"级联删除相关记录"三个复选框。只有先选中"实施参照完整性"复选框，才能再选中"级联更新相关字段"和"级联删除相关记录"复选框。

1. 实施参照完整性

参照完整性是一个规则，用它可以确保有关系的表中的记录之间关系的完整有效性，并且不会随意地删除或更改相关数据。即不能在子表的外键字段中输入不存在于主表中的值，但可以在子表的外键字段中输入一个Null值来指定这些记录与主表之间并没有关系。如果在子表中存在着与主表匹配的记录，则不能从主表中删除这个记录，同时也不能更改主表的主键值。

例如，学生表和选课表建立了一对多的关系，并选中"实施参照完整性"复选框，则在选课表的学号字段中，不能输入一个学生表中不存在的学号值。如果在选课表中存在着与学生表相匹配的一个记录，则不能从学生表中删除这个记录，也不能更改学生表中这个记录的学号值。

参照完整性的操作严格基于表的关键字段。无论主键还是外键，每次在添加、修改或删除关键字段值时，系统都会检查其完整性。

2. 级联更新相关字段

选中"级联更新相关字段"复选框，即设置在主表中更改主键值时，系统自动更新子表中所有相关记录中的外键值。例如，把学生表中的一个学生的学号"14150236"改为"14160236"，则选课表中所有学号为"14150236"的记录都将被系统自动更改为"14160236"。

3. 级联删除相关记录

选中"级联删除相关记录"复选框，即设置删除主表中的记录时，系统自动删除子表中所有相关的记录。例如，删除学生表中学号为"14150356"的一个记录，则选课表中所有学号为"14150356"的记录都将被系统自动删除。

2.4.5　关系连接类型

在"编辑关系"对话框中，参见图 2-64，单击"联接类型"按钮，打开"联接属性"对话框，如图 2-65 所示。在该对话框中有三个单选按钮，选中其中之一来定义表间关系的连接类型。

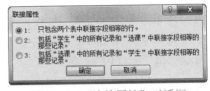

图 2-65　"连接属性"对话框

（1）单选按钮"1"（默认值），定义表间关系为内部连接。它只包括两个表的关联字段相等的记录。如学生表和选课表通过"学号"定义为内部连接，则两个表中学号值相同的记录才会被显示。

（2）单选按钮"2"，定义表间关系为左外部连接。它包括主表的所有记录和子表中与主表关联字段相等的那些记录。如学生表和选课表通过"学号"定义为左外部连接，则学生表的所有记录以及选课表中与学生表的"学号"字段值相同的记录才会被显示。

（3）单选按钮"3"，定义表间关系为右外部连接。它包括子表的所有记录和主表中关联字段相等的那些记录。如学生表和选课表通过"学号"定义为右外部连接，则选课表的所有记录以及学生表中与选课表的"学号"字段值相同的记录才会被显示。

2.4.6　在表设计中使用查阅向导

在一般情况下，表中大多数字段的数据都来自用户输入的数据，或从其他数据源导入的数据。但在有些情况下，表中某个字段的数据也可以取自于其他表或查询中的数据，或者取自于一组固定的数据，以加快数据输入的速度和准确性，这就是字段的查阅功能。该功能可以在表设计过程中，通过选择字段数据类型中的"查阅向导"来实现，该向导将为对应的字段（又称查阅字段）创建一个查阅列，以后，为此字段输入数据时可显示一系列数值供选择进行输入。

1. 创建来自表或查询的查阅字段

以下通过一个实例来介绍如何利用"查阅向导"为表创建一个数据来自于其他表或查询的查阅字段。

【例 2.18】创建一个查阅列表，使输入"选课"表的"课程号"字段的数据时不必直接输

微课2-10：创建查阅列表

入，而是通过下拉列表选择来自于"课程"表中"课程号"字段的数据。

操作步骤如下：

（1）打开"教学管理"数据库。

（2）右击"选课"表，从弹出的快捷菜中选择"设计视图"命令，打开"选课"表的设计视图，单击"课程号"字段的数据类型列，再单击其右边的下拉按钮，从下拉列表中选择"查阅向导"选项，如图2-66所示，弹出"查阅向导"对话框，如图2-67所示。

图2-66　选择"查阅向导"选项

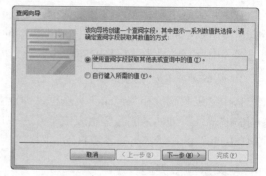

图2-67　"查阅向导"对话框

注意：如果"选课"表的"课程号"字段已经和其他表建立了关系，则系统会弹出一个提示用户删除该关系的对话框，如图2-68所示。可根据提示先删除关系，再选择"查阅向导"选项弹出"查阅向导"对话框。

图2-68　提示用户删除已有关系的对话框

（3）在图2-67所示的对话框中，选中"使用查阅字段获取其他表或查询中的值"单选按钮（系统默认），单击"下一步"按钮，打开为查阅字段提供数值的表或查询的对话框，如图2-69所示。可根据要求选中"视图"选项区域中的"表"、"查询"或"两者"单选按钮。在此选中"表"单选按钮，并选择列表框中的"表：课程"选项。单击"下一步"按钮，打开为查阅列提供数值的字段的对话框，如图2-70所示。

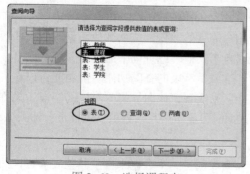

图2-69　选择课程表

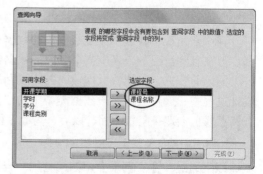

图2-70　选择"课程号"和"课程名称"字段

（4）从"可用字段"列表框中选择"课程号"和"课程名称"到"选定字段"列表框中，

如图 2-70 所示。单击"下一步"按钮，打开确定列表排序次序的对话框，如图 2-71 所示。

（5）从第一个下拉列表框中选择"课程号"字段，并按系统默认的"升序"排序。单击"下一步"按钮，打开指定查阅字段中列的宽度对话框，如图 2-72 所示。在此取消选中"隐藏键列"复选框，则可显示全部选定的两个字段列。定好宽度后，单击"下一步"按钮，打开指定查阅列中用来执行操作的字段，在此选择"课程号"字段，如图 2-73 所示。

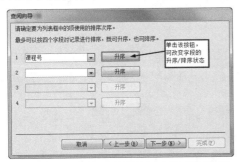

图 2-71　选择按"课程号"字段升序排序

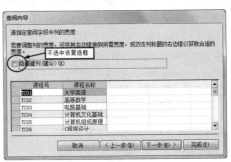

图 2-72　指定查阅字段列的宽度

（6）单击"下一步"按钮，打开为查阅列指定标签的对话框，用选定的"课程号"字段作为标签（也可输入自定的标签），如图 2-74 所示。单击"完成"按钮，弹出提示保存表的对话框，如图 2-75 所示，单击"是"按钮，进行保存。

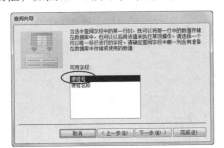

图 2-73　指定"课程号"字段值来执行操作

图 2-74　指定查阅列

（7）打开"选课"表的数据表视图窗口，单击"课程号"列右边的下拉按钮，打开其下拉列表，如图 2-76 所示，"课程号"字段的数据可通过查阅列表进行选择输入。

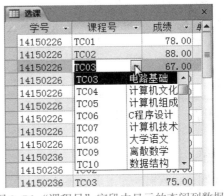

图 2-75　提示保存表的对话框

图 2-76　"课程号"字段中显示的查阅列数据

思考：此例选两个字段为查阅字段中的数值列有什么优点？

2. 创建来自固定值的查阅字段

以下通过一个实例来介绍如何利用"查阅向导"为表创建一个数据来自于一组固定值的查阅字段。

【例2.19】创建一个查阅列表，使输入"教师"表的"职称"字段的数据时不必直接输入，而是从一列固定值中进行选择，固定值为"助教""讲师""副教授""教授"。

操作步骤如下：

（1）打开"教学管理"数据库。

（2）打开"教师"表的设计视图，单击"职称"字段的数据类型列，再单击其右边的下拉按钮，从下拉列表中选择"查阅向导"选项，如图2-77所示，弹出"查阅向导"对话框，如图2-78所示。

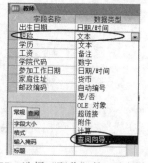

图 2-77　选择"职称"的"查阅向导"

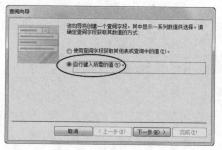

图 2-78　选中"自行键入所需的值"单选按钮

（3）单击选中"自行键入所需的值"单选按钮，单击"下一步"按钮，弹出图2-79所示的对话框，输入固定值"助教""讲师""副教授""教授"。

（4）单击"下一步"按钮，打开为查阅列指定标签的对话框，用选定的"职称"字段作为标签。单击"完成"按钮，弹出提示保存表的对话框，单击"是"按钮保存。

（5）打开"教师"表的数据表视图窗口，单击"职称"列右边的下拉按钮，弹出一列固定值，"职称"字段的数据可通过这列值进行选择输入，如图2-80所示。

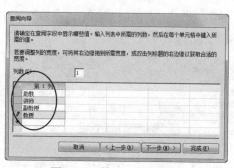

图 2-79　输入一组固定值

图 2-80　"职称"字段中显示的查阅列数据

2.4.7　表间关系与子数据表

表间创建关系后，在主表的数据表视图中能看到左边新增了带有"+"的一列，这说明该表与另外的表（子表）建立了关系。通过单击"+"按钮可以看到子表中的关系记录。

【例2.20】打开"学生"表，并查看学号为"15070111"和"15131343"的学生的相关记录。

操作步骤如下：

（1）打开"教学管理"数据库，双击"学生"表对象，打开其数据表视图窗口，如图 2-81 所示。

（2）单击学号为"15070111"和"15131343"左边的"+"按钮，显示其子数据表选课表中的相关记录，如图 2-82 所示。

图 2-81　具有相关表的数据表视图　　　　　　　　图 2-82　显示子数据表

另外，还可以通过单击"开始|记录|其他"按钮，从弹出的级联菜单中选择"子数据表|全部展开"或"全部折叠"命令来实现全部展开和全部折叠子数据表，如图 2-83 所示。有关子数据表的使用请参见第 2.12 节。

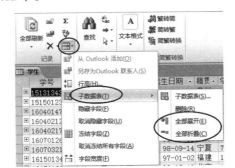

图 2-83　选择全部展开或全部折叠子数据表

2.5　修改表的结构

当发现一个数据表的表头有错或令人不满意时，随时都可以修改此表的结构。修改数据表的结构包括增加新字段、删除已有字段和更改已有字段的属性等。修改数据表的结构在数据表的设计视图中进行。

2.5.1　修改字段名及其属性

修改数据表的字段名及其属性就是把原字段名改为指定的字段名，把原属性改为指定的属性。具体操作就是打开数据表的设计视图窗口，选择要修改的原字段名将其改为指定的字段名，并按要求重新设置其各种属性。具体请参见第 2.3 节"设置字段属性"。

2.5.2　插入字段

插入字段就是在原数据表中增加新的字段。操作方法是打开数据表的设计视图窗口，选择要插入字段的行，单击"设计|工具|插入行"按钮，或右击选择快捷菜单中的"插入行"命令，

插入新的空行并输入新的字段名称和设置其属性。

2.5.3　删除字段

删除字段就是把原数据表中的指定字段及其数据删除。操作方法是打开数据表的设计视图窗口，选择要删除的字段行，选择"设计 | 工具 | 删除行"命令，或右击选择快捷菜单中的"删除行"命令即可。

【例 2.21】修改"学生"表的结构，要求如下：

（1）把"性别"字段名改为"xb"字段名。

（2）在"籍贯"和"学院代码"字段之间增加"简历"字段，其类型为备注型。

（3）删除"照片"字段。

（4）保存修改的结构，并在数据表视图窗口中查看结构。

（5）把结构改为原结构。

操作步骤如下：

（1）打开"教学管理"数据库。

（2）右击"学生"表，在弹出的快捷菜单中选择"设计视图"命令，打开其设计视图。

（3）选定"性别"字段名称，将其改为"xb"，如图 2-84 所示。

（4）单击"学院代码"字段行，单击"设计 | 工具 | 插入行"按钮，或右击该行，在弹出快捷菜单中选择"插入行"命令，此时设计视图中出现一空行，在空行的字段名称中输入"简历"，选择其数据类型为"备注"，如图 2-84 所示。

（5）单击"照片"字段行，单击"设计 | 工具 | 删除行"按钮，或从右键快捷菜单中选择"删除行"命令，弹出"是否永久删除选中的字段及其所有数据"提示框，如图 2-85 所示，单击"是"按钮，删除"照片"字段。

图 2-84　修改学生表的结构

图 2-85　删除字段确认提示框

（6）单击快速访问工具栏中的"保存"按钮，弹出保存更改提示框，如图 2-86 所示，单击"是"按钮保存数据表结构的修改。单击"数据表视图"按钮，打开其数据表视图窗口，结果如图 2-87 所示。增加了"简历"字段，原"性别"字段改成了"xb"，删除了"图片"字段及其信息。

图 2-86　保存更改结构提示框

图 2-87　修改表结构后的数据表

（7）把"xb"改为"性别"，把"简历"字段删除，增加"照片"字段，并保存更改（结构改为原结构）。

2.6　保存表的内容

前面已介绍过表的保存，这里再强调并总结表的保存方法。当表的结构设计、修改完成或已完成数据的输入，就可以保存该数据表。常用方法有如下五种：

方法一：单击快速访问工具栏中的"保存"按钮■或按【Ctrl+S】组合键，直接保存。

方法二：单击表名称标题栏的"关闭"按钮 ✕ ，弹出是否保存提示框，单击"是"按钮。

方法三：选择"文件|保存"命令，直接保存。或右击标题名称，从弹出的快捷菜单中选择"保存"命令。

方法四：按【Ctrl+W】或【Ctrl+F4】组合键，弹出是否保存提示框，单击"是"按钮。

如果是第一次保存表，系统将弹出"另存为"对话框，如图 2-88 所示。输入表名，单击"确定"按钮即可。

如果以前已经保存过该表，而现在想用不同的名字保存它，可选择"文件｜对象另存为"命令，系统将打开另一种方式的"另存为"对话框，如图 2-89 所示。输入所需的表名，单击"确定"按钮可创建一个新的表，同时以原表名保存原数据表。

图 2-88　"另存为"对话框

图 2-89　不同方式的"另存为"对话框

2.7　向表中添加新记录

2.7.1　打开表

打开表就是在数据表视图窗口中显示出数据表的数据信息。

方法一：双击要打开的表的表名。

方法二：右击要打开的表名，在弹出的快捷菜单中选择"打开"命令。

方法三：如果在表的设计视图中，可单击"数据表视图"按钮，切换到数据表视图。

【例 2.22】打开"教学管理"数据库中的"学院"表。

操作步骤如下：

（1）打开"教学管理"数据库。

（2）双击导航窗格中的"学院"表；也可右击"学院"表，在弹出的快捷菜单中选择"打开"命令。

2.7.2　输入新记录

表结构设计好后，可以立即切换到数据表视图窗口输入数据记录，也可以在空数据表或有记录的表中添加一些新记录。向表中输入新记录的前提是此表必须在数据表视图窗口。记录数据直接在对应的网格中输入。

【例 2.23】假设"学生"表是一个只有结构没有记录的空数据表，按照图 2-1 所示的记录数据，向"学生"表中输入记录。

操作步骤如下：

（1）打开"学生"表，当前记录为第一行新纪录，如图 2-90 所示。

图 2-90　空学生数据表

（2）光标在第一个字段"学号"上，输入数据"14150226"；再把光标移动到下一个字段"姓名"上，输入数据"王楠"；然后把光标移动到下一个字段继续输入，直到把数据输入完毕。如果某个字段暂时不输入数据，可将光标移到下一个字段输入。

说明：在输入第一个数据时，记录指针变成了"铅笔"形，表示该记录正在被编辑。同时，还会自动出现下一空行，且其左侧按钮上显示"*"标记，表示该行为新记录，如图 2-91 所示。在编辑数据时可使用鼠标、【Tab】键和箭头键移动光标。

图 2-91　输入记录数据

输入记录数据时，应注意以下几个要点：

（1）当输入的数据未填满字段大小长度时，按【Enter】键（也可单击下一个字段或按【Tab】或【→】键）将光标移到下一个字段。当字段大小长度被数据填满时，光标停留在该数据后边并发出一响声，提示不能继续输入数据，光标不会自动移到下一个字段。

（2）当光标在自动编号型字段上时，只需将光标移到下一个字段，系统自动为该字段输入一个数据。

（3）输入日期 / 时间型数据时，系统会自动弹出日期选择器按钮 供用户选择日期数据输入使用。也可按完整日期输入或按简便日期输入，系统会自动按设计表的结构时在格式属性中定义的格式来显示日期数据。例如，在出生日期字段中输入"2014-08-25"或"14-08-25"，该字段都会显示为"14-08-25"。如果其格式属性定义为"长日期"，则显示为"2014 年 8 月 25 日"。

（4）输入是 / 否型数据时，在网格中会显示一个复选框（系统默认，也可设为文本框和组合框），选中则表示输入"是（True）"，不选则表示输入"否（False，系统默认）"。

（5）输入 OLE 对象型数据时，用插入对象的方式来输入声音、图形和图像等多媒体数据，并且可以用嵌入或链接的方式插入。

操作方法如下：将光标移到王楠的"照片"字段上时，右击"照片"字段，从弹出的快捷菜单中选择"插入对象"命令，打开插入对象对话框，如图 2-92 所示。

如果选中"新建"单选按钮，则可以用已有的程序创建新的对象。在此选中"由文件创建"单选按钮，在"文件"文本框中输入"E:\学生照片\王楠.BMP"；或单击"浏览"按钮，选择"王楠.BMP"文件，然后单击"确定"按钮，王楠的照片即插入该字段中。该字段显示为"Bitmap Image"或"画笔图片"（双击打开图片时），如图 2-93 所示。如果插入的是 JPG 文件，字段显示为"Package"或"程序包"（双击打开图片时）。如果在插入对话框中选中"链接"复选框，照片就以链接的方式插入该字段中。双击该字段，可打开显示和编辑照片的窗口，如图 2-93 所示。插入不同的多媒体数据，在字段中会显示不同的信息。

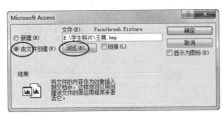

图 2-92 插入对象对话框

图 2-93 图片字段中存放的照片

（6）输入超链接型数据时，可直接输入超链接地址，也可用"插入超链接"对话框来实现。

用"插入超链接"对话框的操作方法如下：将光标移到超链接字段上，右击超链接字段，从弹出的快捷菜单中选择"超链接 | 编辑超链接"命令，弹出"插入超链接"对话框，如图 2-94 所示。

图 2-94 "插入超链接"对话框

从对话框中可以选择三种超链接：现有文件或网页、电子邮件地址和超链接生成器。例如，在学生表中增加一个"E-mail 地址"字段，其数据类型为超链接型。在"王楠"的"E-mail 地址"字段中打开"插入超链接"对话框，在图 2-94 所示的电子邮件地址框中输入"wangnan@ sohu.com"，通过单击"屏幕提示"按钮还可以输入提示信息。最简便的方法是在"地址"字段中直接输入链接地址。

（7）备注型字段可输入长度不超过 63 999 的文本字符。如果输入少许字符，同字符型字段数据一样可直接输入；如果要输入长文本字符，可按【Shift+F2】组合键，弹出"缩放"文本编辑对话框，如图 2-95 所示。在此编辑框中输入数据时，可按【Ctrl+ Enter】组合键换行，通过"字体"按钮打开"字体"对话框，可设置备注字段的字体、字号等。按【Enter】键或单击"确定"按钮可关闭对话框。

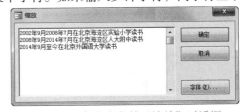

图 2-95 备注字段的"缩放"对话框

（8）输入查阅向导型数据时，从查阅值列表中选择所需的数据即可。

2.7.3 保存记录

当一条记录的数据输入完以后，通常把光标移到下一条新记录。这种操作系统会自动保存该记录。无论何时移动到一条不同的记录上，最近操作的记录都被保存。还可通过以下的方法保存记录。

方法一：单击"开始|记录|保存"按钮📧或按【Shift+Enter】组合键。

方法二：单击快速访问工具栏中的"保存"按钮🖫或按【Ctrl+S】组合键。

方法三：单击"文件|保存"按钮。

方法四：单击窗口中的"关闭"按钮。

注意：当输入的数据违反数据的有效性规则或数据完整性时，系统将给出错误提示信息，并且记录不能存盘。

2.7.4　添加新记录

在已有记录的表中再添加一些新记录的方法有以下四种。

方法一：单击数据表中记录指针为"*"号的行，并输入新记录数据。

方法二：单击"开始|记录|新建"按钮📑或按【Ctrl ++】组合键，并输入新记录数据。

方法三：单击导航按钮中的"新（空白）记录"按钮▶，并输入新记录数据。

方法四：单击"开始|查找|转至"右侧下拉列表按钮，从弹出的快捷菜单中选择"新建"命令，并输入新记录数据。

2.8　修 改 记 录

在实际输入记录的数据时，可能因发生输入错误而需要修改。一次可以修改一个数据，也可以修改一批数据。

2.8.1　修改记录数据

最常用的改错方法是：在数据表视图窗口中把光标移动到有错误的数据上，进行修改即可。

【例 2.24】将"学生"表中学号为"14150236"的学生的"籍贯"字段内容"广西"改为"广东"。

操作步骤如下：

（1）打开"学生"表，用拖动光标的方式选定学号为"14150236"的学生的"籍贯"字段内容"西"，如图 2-96 所示。

（2）输入"东"即可。

图 2-96　选定要修改的内容"西"

2.8.2　替换记录数据

如果要整体替换表中的一批数据，可用菜单命令实现。

【例 2.25】将"学生"表中学院代码为"15"的数据全部改为"25"。

操作步骤如下：

（1）打开"学生"表，并把光标定在"学院代码"字段列上。

（2）单击"开始|查找|替换"按钮，弹出"查找和替换"对话框，如图 2-97 所示。在"查找内容"文本框中输入"15"，在"替换为"文本框中输入"25"，最后单击"全部替换"按钮，弹出图 2-98 所示的对话框，单击"是"按钮执行全部替换操作，并回到"查找和替换"对话框。

说明："查找和替换"对话框中的使用方法和在 Word 中的使用方法相似。

图 2-97　"查找和替换"对话框

图 2-98　替换操作提示对话框

（3）单击"关闭"按钮或按【Esc】键，关闭"查找和替换"对话框。

说明：在"查找范围"下拉列表框中选择查找替换的范围；在"匹配"下拉列表框中选择匹配方式——字段任何部分、整个字段和字段开头；根据需要选择"区分大小写"和"按格式搜索字段"复选框。

另外，还可以利用表中的数据通过复制、粘贴的方法修改数据。可按【Esc】键取消对整条记录的修改。

注意：自动编号字段、计算字段（在窗体或查询中创建的字段）、被锁定或被禁用的字段（在窗体中设置的属性不允许输入指定字段的值）及多用户锁定记录中的所有字段（其他用户锁定该记录），这些字段都不能编辑修改。

2.9　删　除　记　录

在数据表视图窗口中删除记录的操作是：先选定记录，再进行删除。

【例 2.26】删除"学生"表中学号为"14150236"的记录。

操作步骤如下：

（1）打开"学生"表，单击学号为"14150236"的记录的最左列按钮（记录选择器），选定该记录，如图 2-99 所示。

说明：如果按住【Shift】键再单击记录选择器或拖动记录选择器，可选定连续的多条记录，如图 2-100 所示。

（2）按【Delete】键或单击"开始|记录｜删除"按钮✖删除，也可右击从弹出的快捷菜单中选择"删除记录"命令，弹出一个确认删除记录的对话框，如图 2-101 所示。

图 2-99　选定一条记录

图 2-100　选定连续多条记录

图 2-101　确认删除记录对话框

说明：单击"开始|记录｜删除"按钮✖删除右侧下拉列表按钮，从弹出的下拉菜单中选择"删除记录"命令，可删除光标所在记录，而不必先选定记录。

（3）单击"是"按钮或按【Enter】键，删除记录；单击"否"按钮，则放弃删除记录。

注意：表之间如果建立了关系并且选中了"实施参照完整性"复选框，则不能删除记录（除非同时选中了"级联删除相关记录"复选框）。否则，删除时会弹出一个因表包含关系而不能删除的提示对话框。

2.10　查询表中信息

在数据表视图窗口中，除了添加记录、修改记录和删除记录以外，还可以进行其他操作，如浏览记录、改变字段显示顺序、设置表中字体的格式、设置行高和列宽、隐藏列或显示列、冻结列或解冻列，以及对记录进行排序和筛选等操作。

2.10.1　浏览记录

打开数据表后，可以在数据表视图窗口中浏览和查看记录。图 2-102 所示就是学生表的数据表视图，窗口底部靠左为导航按钮，单击各按钮光标可在记录之间移动，即可定位当前记录，拖动垂直滚动条可滚动显示各个记录，拖动水平滚动条可滚动显示各个字段。单击记录选择器（光标在此变为"➡"）可选定表的记录，单击字段选择器（光标在此变为"⬇"）可选定表的字段列。

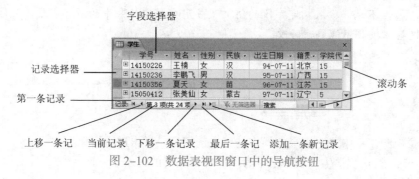

图 2-102　数据表视图窗口中的导航按钮

2.10.2　隐藏字段或显示字段

在数据表视图窗口中，可以将暂时不用的字段隐藏起来，需要时再显示。

【例 2.27】打开"学生"表，把"籍贯"、"学院代码"及"照片"三个字段隐藏起来，之后再重新显示"籍贯"和"学院代码"列。

操作步骤如下：

（1）打开"学生"表。

（2）单击"籍贯"字段选择器，选定该列，然后按住【Shift】键单击"照片"字段选择器，则选定连续的"籍贯"、"学院代码"及"照片"三列，如图 2-103 所示。也可将光标定位在"籍贯"字段选择器中，然后按住【Shift】键再单击相应"学院代码"和"照片"字段选择器，选定这三个字段。

图 2-103　选择连续的三列并隐藏

（3）单击"开始|记录|其他"按钮右侧下拉列表按钮,从下拉列表中选择"隐藏字段"选项。也可右击选定列的字段名称,从弹出的快捷菜单中选择"隐藏字段"命令,即可隐藏选定的三列,如图 2-104 所示。

（4）单击"开始|记录|其他"按钮右侧下拉列表按钮,从下拉列表中选择"取消隐藏字段"按钮,弹出"取消隐藏列"对话框,选中"籍贯"和"学院代码"复选框,如图 2-105 所示,单击"关闭"按钮,则重新显示被隐藏的两列,如图 2-106 所示。也可右击字段名称,从弹出的快捷菜单中选择"取消隐藏字段"命令,弹出"取消隐藏列"对话框,操作同。

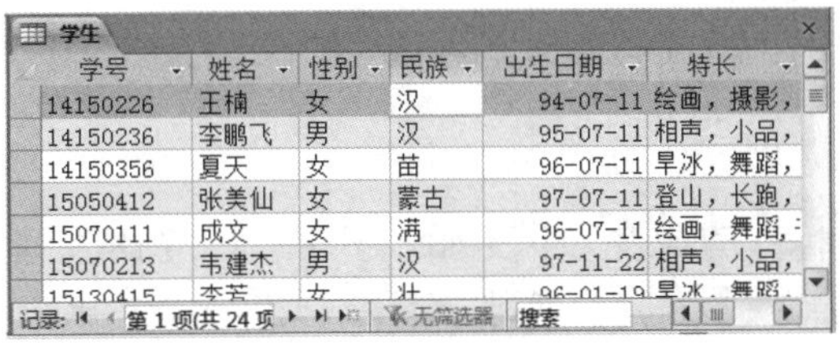

图 2-104 隐藏列后的数据表视图　　图 2-105 选中"籍贯"和"学院代码"字段

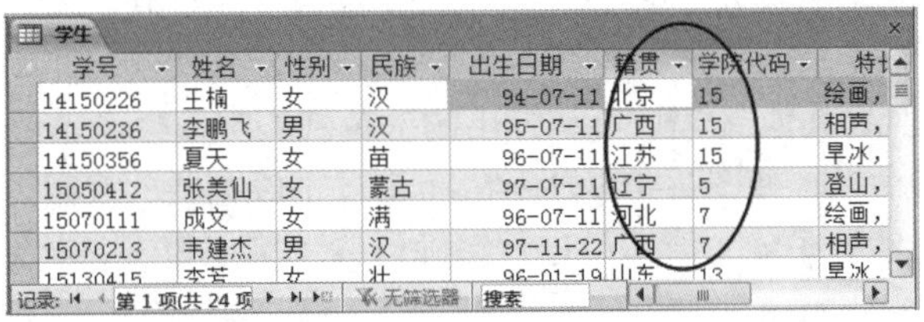

图 2-106 重新显示"籍贯"和"学院代码"字段

2.10.3　冻结字段或解冻字段

如果想在许多字段中滚动但又要使某些字段始终可见时,就可使用冻结字段功能。保持可见的字段被冻结在数据表的最左边,而其他字段可水平滚动。当然也可解除冻结的字段。

【例 2.28】在"学生"表中,将"姓名"和"性别"字段冻结起来,在各字段之间移动光标,体会其他字段的移进和移出,最后再解冻列。

操作步骤如下:

（1）在"学生"表的数据表视图中,单击"姓名"字段选择器,选定该列,然后按住【Shift】键再单击"性别"字段选择器,则选定连续的"姓名"和"性别"两列。

（2）右击选定列的字段名称,从弹出的快捷菜单中选择"冻结字段"命令,即可冻结"姓名"和"性别"两个字段,如图 2-107 所示。也可单击"开始|记录|其他"按钮右侧下拉列表按钮,从下拉列表中选择"冻结字段"选项。

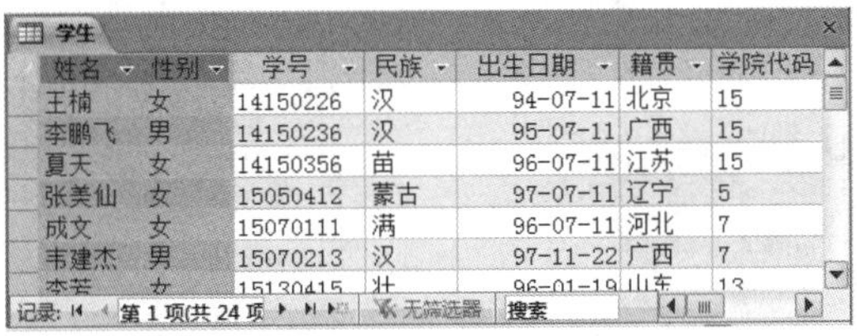

图 2-107 冻结"姓名"和"性别"字段

（3）光标在各字段之间移动时，"姓名"和"性别"字段始终在数据表的最左边，而其他字段如"学号"字段移出视线，"学院代码"字段移进视线。

（4）右击字段选择器，从弹出的快捷菜单中选择"取消冻结所有字段"命令，即可解除"姓名"和"性别"字段的冻结。

2.10.4 调整行高和列宽

创建表时系统采用默认的行高和列宽，但有时由于数据太多不能全部显示，可以通过拖动鼠标或使用对话框进行设置，调整行高和列宽使数据能显示出来。最简单的操作就是双击列或行的分隔线，使其自动调整到最佳匹配的宽度和高度。

【例 2.29】在"学生"表中，调整各字段的列宽使其数据完全显示，增加行高和列宽显示数据表。

操作步骤如下：

（1）在"学生"表的数据表视图中，将鼠标移动到表头字段列的分隔线上，当鼠标变成水平的双箭头时，按住鼠标左键向左或向右拖动，改变列宽，直到各字段数据完全显示出来。

（2）将鼠标移动到记录选择器上记录行的分隔线上，当鼠标变成垂直的双箭头时，按住鼠标左键向上或向下拖动，改变行高。在此向下拖动以增加行高。调整行高和列宽后的表如图 2-108 所示。

如果单击"开始|记录|其他"按钮，可从弹出的下拉列表中选择设置行高和列宽。单击"行高"按钮，弹出"行高"对话框，如图 2-109 所示。单击"字段宽度"按钮，弹出"列宽"对话框，如图 2-110 所示。在对话框中输入值即可进行精确设置（单位为磅）。

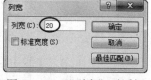

图 2-108　调整行高和列宽后的表　　　　图 2-109　"行高"对话框　　　　图 2-110　"列宽"对话框

通过"开始 | 文本格式"组中各个按钮可设置字体和字号等格式，方法与在 Word 中的使用方法相同，在此不再详细介绍。

2.10.5 查找表中数据

在数据表视图中查找指定的数据，可以在导航按钮右侧的"搜索"栏中输入要查找的数据，系统自动把光标定位在与之匹配的第一条记录数据上，按【Enter】键，光标会定位在下一条匹配的记录数据上，如图 2-111 所示。

另外，可单击"开始|查找|查找"按钮，弹出"查找和替换"对话框，如图 2-112 所示，在对话框中可设定查找范围、匹配方式和查找方向。示例使用参见 2.8.2 小节"替换记录数据"。

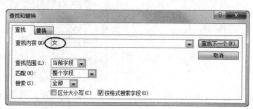

图 2-111　使用"搜索"栏查找　　　　　　　图 2-112　"查找"选项卡

2.10.6　排序记录

在一般情况下，打开数据表时，系统根据主键字段中的值自动对记录进行排序。用户也可以根据需要按指定字段的数据对记录重新排序。如果排序记录的字段上设置了索引，则会加快排序过程。排序分升序和降序。升序是按字母顺序（从 A ～ Z）排列英文文本，按拼音字母顺序排列汉字，按日期先后顺序排列日期 / 时间值，从最小到最大排列数字型和货币型数值。降序则按相反顺序进行排列。可以对一个或多个字段进行排序。

【例 2.30】按"出生日期"字段对"学生"表中的记录按升序进行排序。

操作步骤如下：

（1）在"学生"表的数据表视图中，将鼠标定位在"出生日期"字段中或选定"出生日期"字段，如图 2-113 所示。

（2）单击"开始 | 排序和筛选 | 升序"按钮 ，也可右击从弹出的快捷菜单中选择"升序"命令，即可按"出生日期"升序排序，如图 2-114 所示。

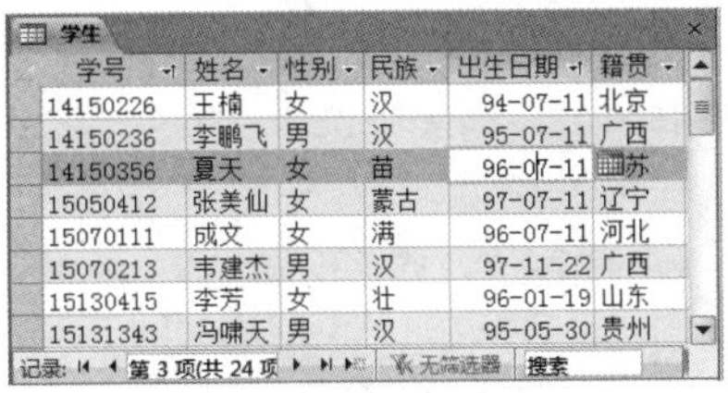

图 2-113　排序前的表　　　　　图 2-114　按出生日期升序排序后的表

另外，还可对多个字段进行排序。对多个字段排序最简单的操作是将多个字段列移动到相邻位置，再排序。排序时，系统按从左到右的顺序排序，即记录先按左列字段的值排序，如果字段值相同，再按右边的字段值进行第二次排序，依此类推。

【例 2.31】在"学生"表中，先按"性别"字段升序排序，再按"出生日期"升序排序。

操作步骤如下：

（1）在"学生"表的数据表视图中，选定"性别"列，并拖动"性别"列到"出生日期"列左边，再选定"出生日期"列，如图 2-115 所示。

（2）单击"开始 | 排序和筛选 | 升序"按钮，结果如图 2-116 所示。

单击"开始 | 排序和筛选 | 高级"按钮，从弹出的下拉菜单中选择"高级筛选 / 排序"命令，在打开的筛选窗口中进行多字段排序设置。

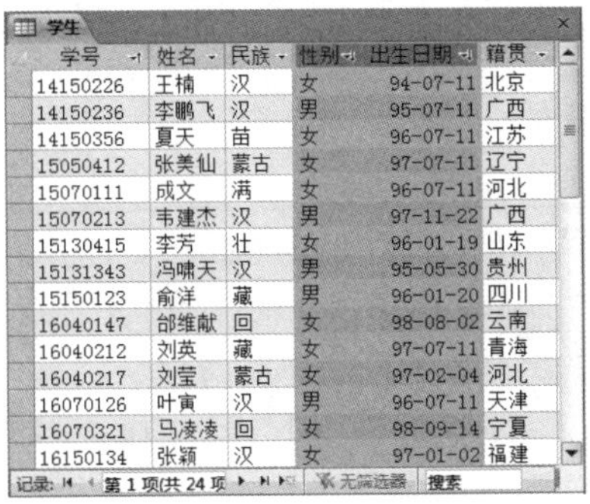

图 2-115　使两个字段相邻并选定　　　　图 2-116　两个字段的排序结果

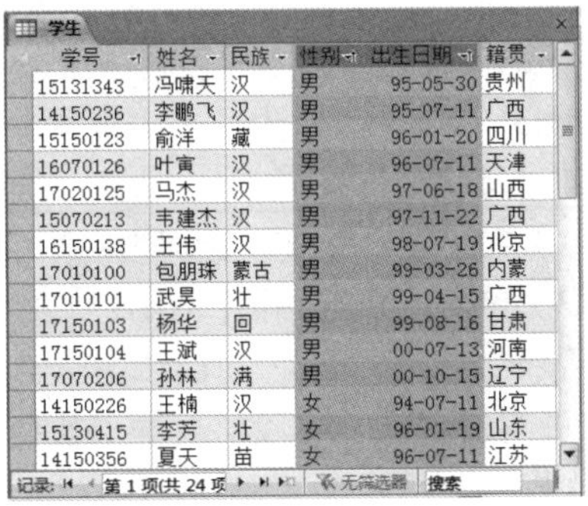

2.10.7　筛选记录

筛选记录指的是从表中将满足条件的记录查找并显示出来，以便用户查看。筛选与查找有所不同，它所查找到的信息是一个或一组满足条件的记录而不是具体的数据项。筛选并不改变表中的记录数据，可以通过取消筛选来显示原表的所有记录。筛选的操作方法有四种：筛选器、选择筛选、按窗体筛选和高级筛选 / 排序。

1. 筛选器

用筛选器可列出选定字段中所有无重复的值，从列表中选择要显示的记录的数据值。筛选器对不同数据类型的字段提供不同的筛选器，有文本筛选器、数字筛选器、日期筛选器等，不同的筛选器提供如"等于""不等于""大于""包含"等逻辑关系筛选方式。它是筛选中最常用的方法。

【例 2.32】在"学生"表中查找出女学生的记录。

操作步骤如下：

（1）在"学生"表的数据表视图中，将鼠标定位在性别是"女"的字段中。

（2）单击"开始 | 排序和筛选 | 筛选器"按钮，从弹出的下拉列表中选中"女"复选框，如图 2-117 所示。

（3）单击"确定"按钮，结果显示出所有女学生的记录，如图 2-118 所示。

图 2-117　选中"女"复选框

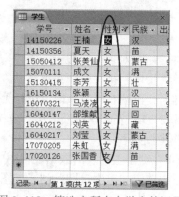

图 2-118　筛选出所有女学生的记录

2. "选择"筛选

用"选择"筛选是按选定的内容筛选出记录。"选择"提供"等于""不等于""包含""不包含"等逻辑关系筛选方式。它是筛选中最简单的方法。

【例 2.33】从"学生"表中查找少数民族学生的记录。

操作步骤如下：

（1）在"学生"表的数据表视图中，将鼠标定位在民族是"汉"的单元格中。

（2）单击"开始 | 排序和筛选 | 选择"按钮，如图 2-119 所示，从弹出的下拉菜单中选择"不等于"汉""命令，结果显示出所有少数民族学生的记录，如图 2-120 所示。

也可右击"汉"字段值后弹出快捷菜单，如图 2-121 所示，选择"不等于"汉""命令，结果同图 2-120 所示。

图 2-119 从"选择"菜单中选择

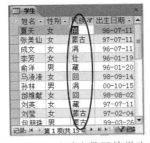

图 2-120 显示少数民族学生的记录

图 2-121 从右键快捷菜单中选择

3. 按窗体筛选

按窗体筛选是在表的"按窗体筛选"窗口中设置两个及以上比较复杂的筛选条件，然后找出那些满足条件的记录。窗体筛选是以字段的窗口的形式设置条件，操作不直观，适合数据量大的表筛选。

【例 2.34】从"学生"表中查找学院代码为"15"并且是少数民族的男同学的记录。

操作步骤如下：

（1）在"学生"表的数据表视图中，单击"开始 | 排序和筛选 | 高级"按钮，如图 2-122 所示，从弹出的下拉菜单中选择"按窗体筛选"命令，打开"按窗体筛选"窗口，如图 2-123 所示。

图 2-122 选择"按窗体筛选"

图 2-123 在"按窗体筛选"窗口设置查找条件

（2）单击"查找"选项卡，在"民族"字段中输入条件表达式"<>"汉""（表示非汉族，即少数民族）；在"学院代码"字段中输入 15（也可从下拉列表中选择"15"）；在"性别"字段下拉列表中选择"男"，如图 2-123 所示。关于表达式的用法请参见第 3.3.3 小节"查询条件表达式的设置"。

在"查找"选项卡中输入的多个表达式之间表示"与"（And）的关系，在"或"选项卡中输入的多个表达式之间也表示"与"的关系。不同选项卡之间表示"或"（Or）的关系。单击"或"选项卡时，会自动出现新的"或"选项卡。

（3）单击"开始 | 排序和筛选 | 切换筛选"按钮，或选择"高级 | 应用筛选 / 排序"命令，切换到数据表视图，即可显示学院代码为"15"的少数民族男同学的记录。结果如图 2-124 所示。

图 2-124 显示学院代码为"15"的少数民族男同学的记录

4. 高级筛选

高级筛选/排序可以对数据库中的一个或多个表查询并进行筛选，还可以在一个或多个字段上进行排序。它不仅保留了按窗体筛选的特征，而且还能为表中的不同字段规定混合的排序次序。

【例2.35】在"学生"表中，先按"学院代码"字段升序排序，再按"性别"字段升序排序，最后按"出生日期"字段降序排序。

操作步骤如下：

（1）在"学生"表的数据表视图中，单击"开始|排序和筛选|高级"按钮 🗗，从弹出的下拉菜单中选择"高级筛选/排序"命令，打开"学生筛选1"窗口，如图2-125所示。

窗口分两部分，上半部分是表、查询对象显示区，下半部分是设计网格区。

（2）双击"学生"表的"学院代码"字段，该字段自动显示在网格区的字段单元格中，对应排序单元格自动显示为"升序"，可单击其右侧下拉按钮，从弹出的列表中可选择"升序"或"降序"。用同样的方法选择"性别"字段，"升序"排序；选择"出生日期"字段，"降序"排序，如图2-125所示。

（3）单击"开始|排序和筛选|切换筛选"按钮 ▼，或选择"高级|应用筛选/排序"命令，切换到数据表视图，结果如图2-126所示。

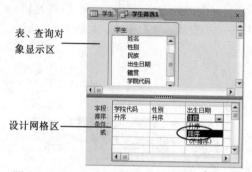

图2-125 在高级筛选窗口中设置排序顺序

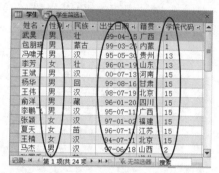

图2-126 多字段排序结果

首先按学院代码（文本型）升序同一个学院的排在一起，其次在同一个学院中按性别升序把男生和女生排在一起，最后在同一个学院、同一性别中再按出生日期降序排序。

【例2.36】从"学生"表中查找出性别为"女"或学院代码为"5"或"7"的所有记录。

操作步骤如下：

（1）在"学生"表的数据表视图中，单击"开始|排序和筛选|高级"按钮 🗗，从弹出的下拉菜单中选择"高级筛选/排序"命令，打开"学生筛选1"窗口，如图2-127所示。

（2）从"学生"表中拖动"性别"字段到网格区的字段行上，在对应的"条件"网格中输入"女"；再拖动"学院代码"字段到网格区的字段行上，在对应的"或"网格中输入"5"，再在"5"的下一行输入"7"，如图2-127所示。

（3）单击"开始|排序和筛选|切换筛选"按钮 ▼，或选择"高级|应用筛选/排序"命令，切换到数据表视图，结果如图2-128所示。

说明：学院代码为"5"或"7"的所有记录不一定都是"女"性，所以有"男"性出现。

图 2-127　在高级筛选窗口中设置筛选条件

图 2-128　显示筛选结果

5. 清除筛选

对表设置使用筛选条件后，在保存表时，系统会保存筛选，在下次打开表时，可继续使用此次的筛选。具体操作方法是：单击"开始 | 排序和筛选 | 切换筛选"按钮 ▼，即可显示上次保存的筛选结果。再次单击此按钮可取消筛选，重新显示原表中所有的记录，但筛选条件还保留。如果要彻底清除筛选条件，最快捷的操作方法是：单击"开始 | 排序和筛选 | 高级"按钮 ⌐，从弹出的下拉菜单中选择"清除所有筛选器"命令。也可以单个字段逐个清除筛选条件，操作方法是：右击设置了筛选条件的字段值，如右击"性别"字段某个单元格，从弹出的快捷菜单中选择"从'性别'清除筛选器"命令，该字段的筛选条件即被清除。

2.10.8　数据汇总

数据汇总是对表中某个字段数据进行简单的汇总运算，从而得到需要的结果。系统对不同类型的字段提供不同计算方法，对文本型字段提供"计数"运算；对数字型字段提供"合计""平均值""最大值""最小值""方差"等运算；对日期型字段提供"计数""平均值""最大值""最小值"运算。

微课2-11：数据汇总

【例 2.37】对"教师"表进行汇总统计，要求：统计出总人数和总工资。

操作步骤如下：

（1）打开教学管理数据库，打开"教师"表的数据表视图。

（2）单击"开始 | 记录 | 合计"按钮 Σ，在表的底部出现"汇总"，如图 2-129 所示。

图 2-129　汇总设置

（3）单击"汇总"行右侧"姓名"字段对应单元格，再单击其下拉按钮，从弹出的下拉列表中选择"计数"，显示"22"；单击"工资"字段对应单元格下拉按钮，从弹出的下拉列表中选择"合计"，显示出合计值，如图 2-129 所示。

如果再次单击"合计"按钮可取消汇总计算，表恢复原样。

 **2.11　在导航窗格中操作表**

在导航窗格中可以对表进行重命名、复制和删除等操作。

2.11.1　表重命名

对表进行重命名非常简单，可用右键快捷菜单命令来实现。

【例2.38】把"教学管理"数据库中的"学生"表重命名为"学生基本信息"表。

操作步骤如下：

（1）打开"教学管理"数据库。

（2）右击"学生"表名，从弹出的快捷菜单中选择"重命名"命令，如图2–130所示。

（3）输入"学生基本信息"，并按【Enter】键。

注意：如果给表重命名，则必须修改所有引用该表的对象（包括查询、窗体和报表）中的表名。

图2–130　右键快捷菜单

2.11.2　复制表

复制表可以对已有的表进行全部复制，或只复制表的结构，或把表的数据追加到另一个表的尾部。使用组合键盘或用右键快捷菜单都能实现。

【例2.39】将【例2.38】的"学生基本信息"表复制一份，并命名为"学生"表。

操作步骤如下：

（1）单击"学生基本信息"表选定。

（2）按【Ctrl+C】组合键，再按【Ctrl+V】组合键，弹出"粘贴表方式"对话框，如图2–131所示。

（3）在"表名称"文本框中输入"学生"，并选中"粘贴选项"选项区域中的"结构和数据"单选按钮，最后单击"确定"按钮。

图2–131　"粘贴表方式"对话框

"粘贴选项"选项区域中的"仅结构"单选按钮表示只复制表的结构而不复制记录数据；"结构和数据"单选按钮表示复制整个表；"将数据追加到已有的表"单选按钮表示将记录数据追加到另一已有的表中，这对数据表合并很有用。

另外，可使用快捷菜单操作来复制，也可以用类似的方法把表复制到另一个数据库中。

2.11.3　删除表

可以把不需要的表删除。

【例2.40】删除"学生基本信息"表。

操作步骤如下：

（1）单击"学生基本信息"表选定。

（2）单击【Delete】键，或右击"学生基本信息"表，从弹出的快捷菜单中选择"删除"

命令，会弹出删除表确认对话框，单击"是"按钮执行删除操作。

2.11.4 预览表的内容

数据表的内容可通过预览在屏幕上观看打印结果。对不满意的地方再进行修改，直到达到要求再打印。预览表是单击快速访问工具栏中的"打印预览"按钮或选择"文件|打印"命令打开预览窗口。能实现预览表的前提是在 Windows 中已安装了打印机。

【例 2.41】预览"学生"表的内容。

操作步骤如下：

（1）打开"教学管理"数据库窗口，双击"学生"表，打开其数据表视图。

（2）单击快速访问工具栏中的"打印预览"按钮或选择"文件|打印|打印预览"命令，打开预览窗口，如图 2-132 所示。同时，工具栏中出现预览所使用的按钮，单击这些按钮可进行相应的设置和操作。

图 2-132 "学生"表的预览窗口

2.11.5 打印表

要打印设置好格式的数据表，可单击快速访问工具栏中的"打印"按钮🖨直接打印，也可选择"文件|打印|快速打印"命令直接打印。如果选择"文件|打印|打印"命令，则弹出"打印"对话框，如图 2-133 所示。

在"打印范围"选项区域中选择打印整个数据表、打印选定的页，或者打印选中的记录。

单击"设置"按钮，弹出"页面设置"对话框，如图 2-134 所示，在此设置页边距和打印标题。

图 2-133 "打印"对话框

图 2-134 "页面设置"对话框

单击"属性"按钮，弹出打印属性对话框，如图 2-135 所示，在此可进行打印方向、纸张规格等高级设置。

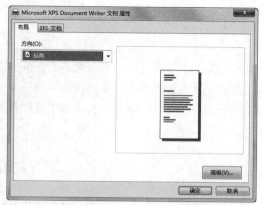

图 2-135　打印属性对话框

2.12　使用子数据表

当两个数据表建立了关系后，通过关联字段就建立了父表与子表的关系，当使用父表时，就可以方便地使用子表，浏览表中相关的记录数据。

2.12.1　展开与折叠子数据表

表间创建关系后，在主表的数据表视图中能看到左边新增了带有"+"号的一列，说明有相关联的子表。和树状目录一样可以通过单击"+"或"-"按钮来展开与折叠子数据表；也可以单击"开始|记录|其他"按钮，从弹出的级联菜单中选择"子数据表|全部展开"或"全部折叠"命令来实现全部展开和全部折叠子数据表，如图 2-136 和图 2-137 所示。

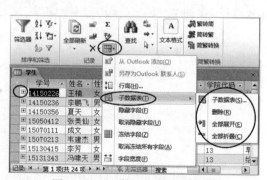

图 2-136　子数据表的级联菜单

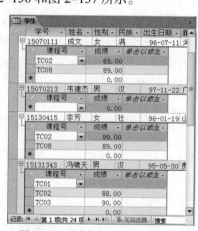

图 2-137　全部展开子表的结果

【例 2.42】"教学管理"数据库中已建立了"学生"表和"选课"表的关系，打开"学生"表，并全部展开其子表选课表的记录数据，最后再全部折叠子数据表。

操作步骤如下：

（1）打开"教学管理"数据库。

（2）双击"学生"表，打开其数据表视图。

（3）单击"开始|记录|其他"按钮，从下拉菜单中选择"子数据表|全部展开"命令。

说明：单击"+"按钮，使之变成"–"，只能显示该记录的相关记录。单击"–"按钮，使之变成"+"，只能折叠该记录的相关记录。

（4）单击"开始|记录|其他"按钮，从下拉菜单中选择"子数据表|全部折叠"命令，即可全部折叠子数据表。

2.12.2　删除子数据表

删除子数据表是删除在父数据表视图中的"+"列，即不显示子表的记录，但并不表示删除表间的关系，从关系窗口中仍可看到表之间的关系。

【例 2.43】删除"学生"表的子表。

操作步骤如下：

（1）打开"教学管理"数据库。

（2）双击"学生"表，打开其数据表视图。

（3）单击"开始|记录|其他"按钮，从下拉菜单中选择"子数据表|删除"命令，数据表视图中的"+"列消失，即删除子数据表。

如果打开关系窗口，一样能看到学生表和选课表的连线，说明删除子表并不表示删除表间的关系。

2.12.3　插入子数据表

两个表无论是否创建了关系，都可以通过打开"插入子数据表"对话框来使用子数据表。如果两表没有建立关系，此操作可帮助建立表间的关系，再使用子数据表。

【例 2.44】"教学管理"数据库中已建立"学生"表和"选课"表之间的关系，先在关系窗口中删除它们之间的关系，然后再打开"学生"表，并在"学生"表中使用"选课"表。

微课 2–12：插入子数据表

操作步骤如下：

（1）打开"教学管理"数据库。

（2）单击"数据库工具|关系|关系"按钮，打开"关系"窗口，如图 2–138 所示。

（3）右击"学生"表和"选课"表之间的连线，从弹出的快捷菜单中选择"删除"命令，弹出删除确认提示框，如图 2–139 所示，单击"是"按钮，即删除两表之间的关系。

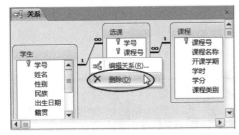

图 2–138　删除学生和选课表的关系

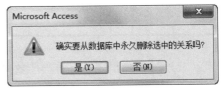

图 2–139　删除确认提示框

（4）单击"关闭"按钮，保存对关系布局的更改。

（5）双击"学生"表，打开其数据表视图，如图 2–140 所示，单击"开始|记录|其他"按钮，从弹出的级联菜单中选择"子数据表|子数据表"命令，弹出"插入子数据表"对话框，如图 2–141 所示。

图 2-140　"学生"数据表视图窗口

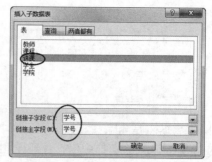

图 2-141　"插入子数据表"对话框

（6）在"表"选项卡中单击"选课"表名，链接主、子字段设为"学号"，单击"确定"按钮，弹出是否现在创建一个关系的提示框，如图 2-142 所示。

（7）单击"是"按钮，返回学生数据表视图窗口，左边出现"+"列，单击"+"按钮，可显示子表的记录，如图 2-143 所示。单击"保存"按钮保存。

如果重新打开关系窗口，能看到"学生"表和"选课"表之间有了关系连线。

图 2-142　创建一个关系的提示框

图 2-143　在"学生"表中显示选课的相关记录

2.13　数据的导入和导出

在 Access 中，为了达到数据共享的目的，可以通过导入和链接的方法把其他格式的数据文件导入或链接到当前库中。下面只介绍把将当前数据库的对象导出生成其他格式的数据文件的方法。

2.13.1　导入表

参见第 2.2.3 小节。

2.13.2　导出表

导出表就是将当前数据库的表对象导出生成其他格式的数据文件。操作方法是：单击"外部数据"选项卡，在"导出"按钮组中选择要导出的数据文件类型按钮进行操作。也可右击要导出的表对象，从弹出的快捷菜单中选择"导出"命令进行操作。

【例 2.45】将"教学管理"数据库中的"学生"表导出，生成一个名为"学生基本信息表"的文本文件。

操作步骤如下：

（1）打开"教学管理"数据库。

（2）单击"学生"表选定。

（3）单击"外部数据 | 导出 | 文本文件"按钮，如图 2-144 所示，弹出"选择数据导出操作的目标"对话框，如图 2-145 所示。

图 2-144　选择导出到"文本文件"类型

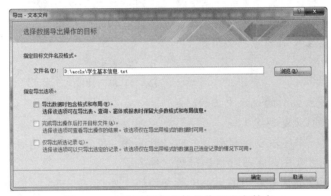

图 2-145　设置保存文件的位置和文件名

（4）在对话框中指定导出文件存放的目录，在"文件名"文本框中输入"学生基本信息表"，单击"确定"按钮，打开指定"导出格式"对话框，如图 2-146 所示。

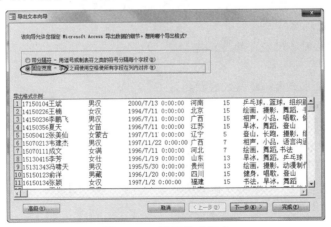

图 2-146　选择导出格式

（5）选中"固定宽度"单选按钮，单击"下一步"按钮，对字段的分隔位置作调整；单击"下一步"按钮，可接受"导出到文件"中的默认值，也可以重新指定导出文件的位置和文件名；最后单击"完成"按钮即实现了从数据库中的表到文本文件的数据导出。

2.13.3　链接表

参见第 2.2.3 小节。

习　　题

一、选择题

（1）下列有关表的设计原则的叙述中错误的是（　　　）。

　　A. 表中每一列必须是类型相同的数据

　　B. 表中每一字段必须是不可再分的数据单元

　　C. 表中的行、列次序不能任意交换，否则会影响存储的数据

　　D. 同一个表中不能有相同的字段，也不能有相同的记录

（2）下列不能建立索引的数据类型是（　　　）。

　　A. 文本　　　　　　　　　　　　B. 备注

　　C. 数字　　　　　　　　　　　　D. 日期 / 时间

（3）下列有关建立索引的说法中正确的是（　　　）。

　　A. 建立索引就是创建主键

　　B. 只能用一个字段创建索引，不可以用多个字段组合起来创建索引

　　C. 索引是对表中的字段数据进行物理排序

　　D. 索引可以加快对表中的数据进行查询的速度

（4）表之间的"一对多"的关系指的是（　　　）。

　　A. 一个表的一个字段与另一个表的多个字段相匹配

　　B. 一个表可以有多条记录

　　C. 一个表的一条记录与另一个表的多条记录相匹配

　　D. 一个数据库可以有多个表

（5）定义表结构时不用定义的内容是（　　　）。

　　A. 字段名　　　　　B. 索引　　　　　C. 数据内容　　　　　D. 数据类型

（6）两个表间关系为内部连接，它指的是（　　　）。

　　A. 包括两个表的所有记录

　　B. 包括主表的所有记录和子表中连接字段相等的记录

　　C. 包括子表的所有记录和主表中连接字段相等的记录

　　D. 包括两个表的连接字段相等的记录

（7）在数据库中，当一个表的字段数据取自于另一个表的字段数据时，最好采用（　　　）方法来输入数据才不会发生输入错误。

　　A. 直接输入数据

　　B. 把该字段的数据类型定义为查阅向导，利用另一个表的字段数据创建一个查阅列表，通过选择查阅列表的值进行输入数据

　　C. 不能用查阅列表值输入，只能直接输入数据

　　D. 只能用查阅列表值输入，不能直接输入数据

（8）定义字段的各种属性不包括的内容是（　　　）。

A. 表名 　　　　　　　　　　　　B. 输入掩码

C. 字段默认值 　　　　　　　　　D. 字段的有效性规则

（9）在数据库中实际存储数据的唯一地址的对象是（　　　）。

A. 表　　　　　B. 查询　　　　　C. 窗体　　　　　D. 报表

（10）关于主关键字的说法正确的是（　　　）。

A. 作为主关键的字段，其数据能够重复

B. 在每一个表中，都必须设置主键

C. 主关键字是一个字段

D. 主关键字段中不许有重复数据和空值

（11）如果想对某字段数据输入范围添加一定的限制，可以设置其字段属性的是（　　　）。

A. 格式　　　　　B. 有效性规则　　　　C. 字段大小　　　　D. 有效性文本

（12）不可以用"输入掩码"属性进行设置的字段的数据类型的是（　　　）。

A. 数字　　　　　B. 日期 / 时间　　　　C. 文本　　　　　D. 自动编号

（13）如果字段内容为声音文件，应定义该字段的数据类型为（　　　）。

A. 备注　　　　　B. OLE 对象　　　　C. 文本　　　　　D. 自动编号

（14）在数据表视图中，不可以（　　　）。

A. 删除一条记录 　　　　　　　　B. 删除一个字段

C. 修改字段的类型 　　　　　　　D. 修改字段的名称

（15）自动编号的字段，其字段大小可以是（　　　）。

A. 字节　　　　　B. 整型　　　　　C. 单精度　　　　　D. 长整型

（16）在 Access 中，表的组成是（　　　）。

A. 查询和字段 　　　　　　　　　B. 字段和记录

C. 窗体和记录 　　　　　　　　　D. 报表和字段

（17）在 Access 中，需要在主表修改记录数据时，其子表相关的记录随之自动更改，因此需要定义参完整性关系的（　　　）。

A. 级联更新相关字段 　　　　　　B. 级联删除相关字段

C. 级联修改相关字段 　　　　　　D. 级联插入相关字段

（18）如果表 A 中一条记录与表 B 中的多条记录项匹配，且表 B 中一条记录与表 A 中的多条记录项匹配，则表 A 与表 B 存在的关系是（　　　）。

A. 一对一　　　　B. 一对多　　　　C. 多对多　　　　　D. 多对一

（19）在 Access 中，可以定义三种主关键字，它们是（　　　）。

A. 单字段、双字段和自动编号 　　B. 单字段、双字段和多字段

C. 单字段、多字段和自动编号 　　D. 双字段、多字段和自动编号

（20）如果表 A 与表 B 建立了"一对多"关系，表 B 为"多"的一方则下述说法正确的是（　　　）。

A. 表 A 中一条记录能与表 B 中的多条记录匹配

B. 表 B 中一条记录能与表 A 中的多条记录匹配

C. 表 A 中一个字段能与表 B 中的多个字段匹配

D. 表 B 中一个字段能与表 A 中的多个字段匹配

（21）在关系窗口中，双击两个表之间的连线，会出现（　　）。

　　　A. 编辑关系对话框　　　　　　　　B. 数据关系图窗口

　　　C. 连接线粗细变化　　　　　　　　D. 数据表分析向导

（22）下列图标中表示正被编辑的记录按钮图标是（　　）。

　　　A. ▶＊　　　B. ✎　　　　　C. ＊　　　　　D. ▶

（23）下列图标中表示添加新记录的按钮图标是（　　）。

　　　A. ▶＊　　　B. ✎　　　　　C. ＊　　　　　D. ▶

（24）定位记录除了可以用导航按钮外还可以通过（　　）功能按钮组实现。

　　　A. 编辑　　　　B. 记录　　　　　C. 格式　　　　　D. "开始 | 查找"

（25）下列不能编辑修改数据的字段是（　　）。

　　　A. 文本字段　　　　　　　　　　　B. 数字字段

　　　C. 日期 / 时间字段　　　　　　　　D. 自动编号字段

（26）可以对一个或多个字段进行排序，对多个字段排序的前提是（　　）。

　　　A. 字段必须相邻　　　　　　　　　B. 字段必须不相邻

　　　C. 字段可相邻可不相邻　　　　　　D. 以上三种均可

（27）复制表不能完成的是（　　）操作。

　　　A. 对表进行全部复制　　　　　　　B. 只复制表的结构

　　　C. 把表的数据追加到另一个表的尾部　D. 按指定字段和记录进行复制

（28）下列不能对表记录进行筛选的方法是（　　）。

　　　A. 按窗体筛选　　　　　　　　　　B. 按选定内容筛选

　　　C. 按报表筛选　　　　　　　　　　D. 高级筛选

（29）要在表中使某些字段不移动显示位置，可用的方法是（　　）。

　　　A. 排序　　　　B. 筛选　　　　　C. 冻结　　　　　D. 隐藏

（30）筛选的结果是找出（　　）。

　　　A. 满足条件的记录　　　　　　　　B. 满足条件的字段

　　　C. 不满足条件的记录　　　　　　　D. 不满足条件的字段

（31）要在表中直接显示出想要看的所有姓"杨"的记录，可用的方法是（　　）。

　　　A. 排序　　　　B. 筛选　　　　　C. 冻结　　　　　D. 隐藏

（32）对数据表进行筛选操作，结果是（　　）。

　　　A. 只显示满足条件的记录，将不满足条件的记录从表中删除

　　　B. 显示满足条件的记录，并将这些记录保存在一个新表中

　　　C. 只显示满足条件的记录，不满足条件的记录被隐藏

　　　D. 将满足条件的记录和不满足条件的记录分为两个表进行显示

（33）下面的叙述中正确的是（　　）。

　　　A. 当导入到数据库中的数据对象发生改变时，源数据对象的数据也会随着发生改变

　　　B. 导入到数据库中的数据对象，其源数据对象是不可以删除的

　　　C. 当链接到数据库中的数据对象发生改变时，源数据对象的数据也会随着发生改变

　　　D. 当源数据对象的存储位置发生变化时，不会影响链接到数据库中的数据对象的使用

二、填空题

（1）文本型字段最多可存放＿＿＿＿＿＿＿个字符。

（2）数字型字段有_____种可选择的种类，分别是_____。

（3）格式属性用于设置_____，它不_____表中的数据。

（4）是 / 否型字段保存的值是_____；_____表示"是"，_____表示"否"；是 / 否型字段的预定义格式有_____、_____和_____三种。

（5）输入掩码属性用于设置_____，可设置输入掩码的字段的数据类型分别为_____、_____、_____和_____。

（6）标题属性用于设置_____，如果没有为字段设置标题，就显示相应的_____。

（7）默认值属性用于设置_____，类型为_____和_____的字段不可设置默认值。

（8）有效性规则属性用于设置_____。有效性规则可以直接在"有效性规则"文本框中输入表达式，也可以在_____编辑生成。

（9）有效性文本属性用于设置_____。

（10）必需字段属性用于设置_____。

（11）主键是_____。建立索引的目的是_____。

（12）索引字段有_____、_____和_____三种取值。

（13）在一个表中最多可建立_____个主键，可以建立_____个索引。

（14）表间关系创建后，在主表的数据表视图窗口中能看到左边增加了带有_____号的一列。

（15）在"编辑关系"对话框中，通过选中_____复选框，只设置参照完整性而不设置级联更新或删除相关记录的限制。

（16）OLE 对象型数据输入时，可以选择_____命令，也可以从右键快捷菜单中选择命令来进行，数据可以用_____或_____的方式插入。

（17）如果要整体替换表中的一批数据，可用_____命令实现。

（18）记录可按_____或_____排序。

（19）筛选记录指的是从表中将满足条件的记录_____。

（20）升序规则是文本字段按字母顺序_____排列，数字和货币字段按_____排列，日期 / 时间字段按_____排列。

三、思考题

（1）表的设计原则是什么？

（2）表的结构是什么？

（3）字段的命名规则是什么？

（4）表中字段的数据类型有多少种？

（5）怎样理解参照完整性、级联更新相关字段和级联删除相关记录？

（6）格式属性与输入掩码属性的区别是什么？

（7）字段的有效性规则属性和有效性文本属性指的是什么？

（8）用数据表视图、设计视图和获取外部数据来创建表的区别是什么？

（9）怎样修改表间的关系？

（10）打开表的方法有哪些？

（11）用哪些方法可以输入新记录？

（12）OLE 对象型字段能输入什么样的数据？怎样输入？

（13）在数据表视图窗口中当前记录的标记是什么？

（14）备注字段数据如何输入？

（15）怎样查找和替换表中的数据？

（16）怎样设置表的行高和列宽、字体和字号？

（17）记录的排序和筛选有什么区别？筛选有哪些方法？

（18）怎样显示子数据表的数据？

（19）导入表和链接表的区别是什么？

（20）怎样冻结和解冻列、隐藏和显示列？

（21）导入与链接的区别是什么？

四、上机练习题

上机练习题 1：

1. 练习目的

以"教学管理"数据库为练习实例，掌握用向导、设计视图及数据表视图方法创建表；掌握主键和索引的设置方法；掌握字段的格式、字段大小、输入掩码、标题、小数位数、默认值、有效性规则、有效性文本以及必填字段等属性的设置方法；掌握修改表结构的方法；掌握表间关系的设置与编辑方法；掌握使用查询向导创建查询列表值的方法；掌握预览和打印表的方法。

2. 练习内容

（1）分别用向导、设计视图以及数据表视图方法创建"教学管理"数据库中"学生"、"选课"、"课程"、"学院"和"教师"五个表，各个表的结构见表 2-2 ~ 表 2-6 所示。

（2）参照教材中 5 个表的记录数据在对应表中输入前 5 条记录数据。

（3）设置表的各种属性，要求如下：

① 设置"学生"表的"学院代码"字段的索引属性为"有（有重复）"，升序排列，索引名称是"XSXH"。

② 设置"学生"表的"学院代码"字段的格式为每个学院代码后面显示"学院"，如"15 学院"。

③ 设置"学生"表的"出生日期"字段的格式为"长日期"。

④ 设置"教师"表的"工资"字段格式属性，当输入"6543.5"时，显示"￥6,543.50"；当输入"-200"时，显示"退回 200.00"；当输入"0"时，显示字符"零"；当没有输入数据时，显示字符串"Null"。

⑤ 设置"学生"表的"出生日期"字段的输入掩码格式为中文短日期，即"＿＿ 年 ＿＿ 月 ＿＿ 日"，说明："＿＿"分别代表必须输入的两位数字符号。

⑥ 设置"选课"表的"成绩"字段的有效性规则是"成绩"字段的值域在 0 ~ 100；否则，显示提示信息"成绩只能是 0 ~ 100 的数值！"。

（4）修改"学生"表的结构，要求如下：

① 将"学生"表的"学号"、"姓名"、"性别"及"民族"字段分别改名为"XH"、"XM"、"XB"及"MZ"，并在数据表视图窗口中查看显示结果。

② 将字段"XH"、"XM"、"XB"及"MZ"的标题属性分别设为"学号"、"姓名"、"性别"及"民族"，并在数据表视图窗口中查看显示结果。

③ 在"出生日期"字段之前增加一个名为"党员否"的"是 / 否"型字段，并设置其字段的"显示控件"属性为"文本框"，格式属性"是"代表真值、"否"代表假值，并在数据表视图窗

口中输入几个值（–1 或 0），查看显示结果，再把"显示控件"属性改为"复选框"，查看显示结果。

④ 将"学院代码"字段改为数字型字段，并在数据表视图窗口中查看数据显示结果，再把"学院代码"改为文本型字段，字段大小为 2。

（5）设置表间的关系，结果如图 2–147 所示。要求如下：

① 设置"学生"表与"选课"表通过"学号"字段建立一对多的关系，并能实现"级联更新相关字段"和"级联删除相关记录"的操作。

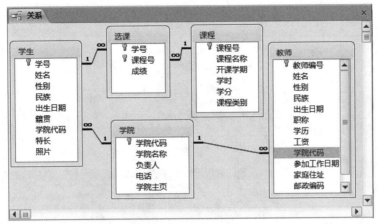

图 2–147 "教学管理"数据库中表之间的关系

② 设置"课程"表与"选课"表通过"课程号"字段建立一对多的关系，并能实现"级联更新相关字段"和"级联删除相关记录"的操作。

③ 设置"学院"表与"学生"表通过"学院代码"字段建立一对多的关系，并选中"实施参照完整性"复选框。

④ 设置"学院"表与"教师"表通过"学院代码"字段建立一对多的关系，并选中"实施参照完整性"复选框。

⑤ 打开"学生"表、"课程"表及"学院"表，通过某个记录查看一下相关的记录。

（6）创建查阅列表，要求如下：

① 将"学生"表的"性别"字段值的输入设置为"男""女"下拉列表选择。

② 创建"选课"表的"课程号"字段为列表选择，列表值来自于"课程"表的"课程号"字段的数据。

（7）设置"学生"表的字体为楷体、三号，并预览该表。如果安装了打印机，将该表打印出来。

上机练习题 2：

1. 练习目的

以"教学管理"数据库为练习实例，掌握数据记录的输入、修改和删除的方法；掌握表的格式的设置方法；掌握记录进行排序和筛选方法；掌握对表的改名、删除和复制方法；掌握删除、插入子数据表以及显示相关记录的方法。掌握对数据的导入、导出和链接的方法。

2. 练习内容

（1）按照以下"学生"表、"选课"表、"课程"表、"学院"表及"教师"表的数据输入记录。

说明：各表之间的关系在上机练习题中已经建立，在输入记录时能先输入选课表的数据，然后再输入学生表的数据吗？为什么？

（2）打开"学生"表，对记录进行如下操作：

① 在第 10 条记录的"图片"字段中输入一张图片，图片文件自选。

② 将姓名叫"王楠"的出生日期改为"1994 年 7 月 15 日"，再改为"1994 年 7 月 8 日"。

③ 查找姓"张"的记录，如果找到"张颖"，请把"颖"字改为"茵"字。

④ 将民族为"汉"的记录数据一次全部替换为"汉族"。

⑤ 删除姓名为"张茵"的记录。

⑥ 一次删除最后三条记录。

⑦ 再插入在第⑥步中删除的三条记录。

（3）打开"学生"表，并进行如下操作：

① 用记录的浏览按钮，把当前记录定位到最后一条、第 1 条及第 8 条记录上。

② 只显示"学号"、"姓名"和"性别"三个字段信息，然后再显示全部字段的信息。

③ 将"姓名"和"性别"字段冻结起来，然后移动光标，观察显示结果，最后再解冻列。

④ 设置记录的行高为 20 磅，每一列的列宽自己设置，字体为楷体三号字。

⑤ 按"性别"字段对表中的记录降序排序。

⑥ 先按"学院代码"字段升序排序，在学院代码值相同的情况下再按"出生日期"字段升序排序。

（4）打开"教师"表，并进行如下操作：

① 筛选出"男"教师的记录，然后取消筛选。

② 查找出工资不到 6 000 元的教师的所有记录，然后显示表的全部记录。

③ 查找出"女"教师并且工资多于 7 500 元的所有记录，然后显示表的全部记录。

④ 查找出工资多于 8 000 元或少于 6 000 元的"男"教师记录，然后显示表的全部记录。

（5）对"教师"表进行如下操作：

① 将"教师"表复制一份，并命名为"JS"表，打开"JS"表查看。

② 复制"教师"表的结构，并命名为"JSJG"表，打开"JSJG"表查看。

③ 将"教师"表的数据追加到"JSJG"表中，打开"JSJG"表查看。

④ 把"JS"表改名为"JSB"。

⑤ 把"JSB"表和"JSJG"表删除。

（6）打开"课程"表，并进行如下操作：

① 全部展开其"选课"子表的记录数据，然后再全部折叠子表。

② 删除"选课"子表。

③ 在"学生"表中插入"选课"表，并展开第 1 条和第 3 条记录的相关记录。

（7）打开"学生"表，查看学号为"14150226"记录；打开"选课"表查看学号为"14150226"的记录；删除"学生"表学号为"14150226"记录；查看"选课"表中该学号的记录删除了吗？为什么？如果两表的关系只设置了"实施参照完整性"，能从"学生"表中删除记录吗？

（8）把"学院"表导出，生成一个名为"XYB.XLS"的文件。

（9）新建一个名为"JXGL"的数据库，然后把第（8）题生成的"XYB.XLS"文件导入该数据库，表名为"XYB"。

（10）在"JXGL"数据库窗口中，链接"教学管理"数据库中的"选课"表文件。

（11）自己设计一些相关的实验练习上机实现。

第 3 章

数据查询

数据查询是数据管理的重要任务之一。本章介绍查询的概念和创建各种类型查询的方法、在查询字段中设置查询条件表达式及执行运算的方法、显示和打印查询结果的方法等。

3.1 查询简述

3.1.1 查询的概念

查询就是以数据表为数据源，按照给定的条件从指定的表中查找需要的数据，结果形成一个以数据表视图显示的虚表。从形式上看它和数据表一样，但本质不同，查询本身并不存储数据，它是一个对数据库的操作命令，只有运行查询时才能得到动态的记录集合。

在 Access 中，查询是一个重要的数据库对象，是数据库应用程序开发的重要组成部分。查询可以对数据库中的一个或多个表或其他查询中的数据信息进行查找、统计、计算和排序等。使用查询对象还可以创建表，以及对表中的数据做追加、删除和修改的操作。查询结果可以作为窗体、报表等其他数据库对象的数据源。

3.1.2 Access 的查询类型

Access 支持多种不同类型的查询：选择查询、参数查询、交叉表查询、操作查询和 SQL 查询等。

1. 选择查询

选择查询是最常用的查询类型，它可以从数据库的一个或多个表中检索数据，也可以在查询中对记录进行分组，并对记录做总和、计数、平均值及其他类型的综合计算。

2. 参数查询

参数查询在执行时将出现对话框，提示用户输入参数，系统根据所输入的参数找出符合条件的记录。它是一种交互式查询，可提高查询的灵活性。

3. 交叉表查询

使用交叉表查询可以计算并重新组织数据的结构，这样可以更加方便地分析数据。交叉表查询可以进行数据汇总、计数、求平均值或完成其他类型的综合计算。这种数据可分为两类信息：

一类作为行标题在数据表左侧排列；另一类作为列标题在数据表的顶端。

4. 操作查询

操作查询是仅在一个操作中更改许多记录的查询，共有四种类型：删除、更新、追加与生成表。

5. SQL 查询

在 Access 中，无论是创建选择查询、参数查询、交叉表查询还是操作查询，其实都是在使用 SQL 语句编写命令。使用查询"设计视图"这种可视化方式创建查询时，Access 自动将其转换为相应的 SQL 语句。SQL 查询是用户直接使用 SQL 语句创建的查询。结构化查询语言（SQL）在查询、更新和管理 Access 关系数据库方面有很强的功能。一般情况下，无法使用查询的"设计视图"创建的查询就必须用 SQL 语句创建。SQL 查询的特殊示例有联合查询、传递查询、数据定义查询和子查询。

3.1.3　查询视图

Access 查询提供五种视图：设计视图、数据表视图、数据透视表视图、数据透视图视图和 SQL 视图。打开一个查询后，单击"开始 | 视图"下拉列表按钮，可见所有视图命令列表，如图 3-1 所示。选择不同的命令可在不同的视图间切换。

（1）数据表视图是以数据表的形式来显示查询操作的结果。

（2）数据透视表视图是用来对查询结果快速汇总和建立交叉表列表的交互视图，能动态地更改查询的版面，从而以各种不同的方法分析数据。

（3）数据透视图视图是用来对查询结果以图形方式显示数据分析和汇总的交互视图，和数据透视表视图一样能动态地更改查询的版面，从而以各种不同的方法分析数据。

图 3-1　五种查询视图

（4）SQL 视图用于查看、修改已建立的查询所对应的 SQL 语句，或者直接创建 SQL 语句。

（5）设计视图又称 QBE（Query By Example，示例查询），是用来创建或修改查询的界面。

3.2　使用向导建立查询

Access 提供查询向导和查询设计两种方法创建查询。方法：单击"创建"选项卡，可从"查询"按钮组中进行选择，如图 3-2 所示。查询向导又提供多种向导以方便查询的创建，如图 3-3 所示。对于初学者来说，选择使用向导的帮助可以快捷地建立所需要的查询。

图 3-2　"查询"组

3.2.1　使用简单查询向导

这种方式建立的查询是最常用、最简单的查询。

【例 3.1】使用简单查询向导在"教学管理"数据库中新建教师信息的查询，保存查询的名称为"教师基本信息"。

操作步骤如下：

（1）打开"教学管理"数据库。

（2）单击"创建 | 查询 | 查询向导"按钮，弹出"新建查询"对话框，如

微课3-1：使用简单查询向导创建查询

图 3-3 所示。

（3）选择"简单查询向导"，单击"确定"按钮，或直接双击"简单查询向导"，打开"简单查询向导"对话框，在"表 / 查询"的下拉列表框中选择"教师"表，如图 3-4 所示。

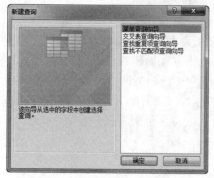

图 3-3 "新建查询"对话框

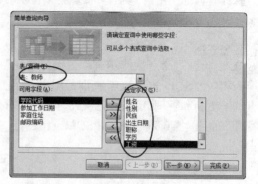

图 3-4 选择查询对象和查询字段

（4）在"可用字段"列表框中选择查询结果集所要显示的字段。选定的字段将出现在右侧的"选定字段"列表框中，如图 3-4 所示。

说明：

- 按钮 ＞ ，将"可用字段"列表框中选定的字段移动到"选定字段"列表框中。
- 按钮 ＞＞ ，将"可用字段"列表框中所有字段移动到"选定字段"列表框中。
- 按钮 ＜ ，将"选定字段"列表框中选定的字段移动到"可用字段"列表框中。
- 按钮 ＜＜ ，将"选定字段"列表框中所有字段移动到"可用字段"列表框中。

（5）在此选定所有字段，单击"下一步"按钮，打开图 3-5 所示的对话框确定采用明细查询还是汇总查询，选中"明细"单选按钮，单击"下一步"按钮，打开指定查询标题对话框。

（6）在文本框内输入"查询标题"标题，该标题即为查询对象的名称。在此输入"教师基本信息"，如图 3-6 所示。否则系统自动命名。如果要对查询进行一些修改，可选中"修改查询设计"单选按钮；系统默认选中"打开查询查看信息"单选按钮。单击"完成"按钮，系统保存该查询，并以数据表视图的形式显示该查询的结果，如图 3-7 所示。

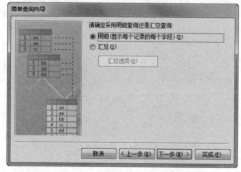

图 3-5 选择查询为明细查询

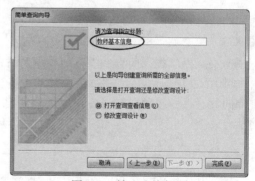

图 3-6 输入查询标题

当数据表视图窗口不能显示出查询结果集的所有记录或全部字段时，可以通过拖动垂直或水平滚动条来浏览记录，也可以拖动窗口边框以扩大整个视图窗口。

教师编号	姓名	性别	民族	出生日期	职称	学历	工资	学院代码	参加工作日	家庭住址	邮政编码
01002	孙菁	男	彝	61-03-21	教授	学士	¥9,125.00	1	83-01-10	北京海淀区万全家园345号	100089
01003	杨丹	女	瑶	75-07-05	副教授	博士	¥7,500.00	1	03-01-25	北京海淀区白石桥27号	100081
01005	王震	男	白	82-12-09	讲师	博士	¥6,850.00	1	10-07-01	北京崇文区永外西里25号	100078
03001	章振东	男	彝	68-01-17	教授	硕士	¥7,615.00	3	90-12-01	北京海淀区双鱼小区78号	100082
03022	李立新	女	汉	73-09-07	副教授	博士	¥7,700.00	3	98-07-01		
04005	王玮	女	汉	69-12-16	教授	博士	¥8,400.00	4	95-07-01	北京朝阳区永安里路3号	100022
04012	陈思远	男	满	89-06-22	助教	硕士	¥5,984.00	4	13-07-01		
05002	顾晓君	女	白	70-01-11	副教授	硕士	¥7,835.00	5	94-07-01	北京丰台区美好山庄34号	100070
05004	曹莉莉	女	满	84-12-27	讲师	博士	¥6,500.00	5	12-07-01	北京朝阳区望京中路3号	100015
07003	袁志斌	男	汉	72-09-07	副教授	博士	¥5,400.00	7	97-07-15	北京东城区方名小区215号	100009
07004	徐静	女	回	78-10-03	教授	博士后	¥8,238.00	7	06-07-15	北京崇文区永外西里25号	100077
07008	朱文昊	男	汉	62-03-25	教授	学士	¥8,895.00	7	85-07-01		
07024	董丽洁	女	苗	89-05-18	助教	硕士	¥5,850.00	7	13-07-01		
11001	戴伟翔	男	苗	67-03-11	教授	硕士	¥8,750.00	11	89-07-01	北京朝阳区丰润家园100号	100022
11002	朱佳铭	男	汉	83-11-03	副教授	博士	¥7,300.00	11	11-06-28	北京西城区车公庄大街甲1	100044
13001	赵国宝	男	满	66-04-07	副教授	硕士	¥8,000.00	13	88-07-01	北京宣武区富外大街10号	100051

记录: ◀ 第 1 项(共 22 项) ▶ ▶▶ ▶* 无筛选器 搜索

图 3-7　显示查询结果

从"导航窗格"的查询对象列表中选择创建好的查询，双击，即可执行查询，并得到查询的结果，也可右击，从弹出的快捷菜单中选择"打开"命令查看结果。选择"设计视图"命令，即可打开查询的设计视图，可以对查询进行修改。

3.2.2　使用交叉表查询向导

交叉表查询以水平方式和垂直方式对记录进行分组，并计算和重构数据，可以简化数据分析。交叉表查询可以进行数据汇总、计数、求平均值或完成其他类型的综合计算。

通过交叉表查询可以在一个数据表中以行标题将数据组成群组，按列标题来分别求得所需汇总的数据（如总和或平均值），然后在数据表中以表格的形式显示。

【例 3.2】　使用交叉表查询向导在"教学管理"数据库中创建一个查询：统计各民族男女学生人数，保存查询的名称为"各民族男女学生人数"。

操作步骤如下：

（1）打开"教学管理"数据库。

（2）单击"创建 | 查询 | 查询向导"按钮，弹出"新建查询"对话框（见图 3-3）。

微课3-2：使用交叉表查询向导创建查询

（3）双击"交叉表查询向导"选项，弹出"交叉表查询向导"对话框，如图 3-8 所示。

（4）在对话框上端的列表框中选择"表：学生"选项，作为查询的数据源，然后单击"下一步"按钮，打开选择行标题的向导对话框，如图 3-9 所示。

（5）在"可用字段"列表框中选择"民族"作为行标题到"选定字段"列表框中。注意，选择的字段不能超过 3 个。在"示例"区域，可以看到生成的交叉表的预览图，如图 3-9 所示。单击"下一步"按钮，打开选择列标题的向导对话框，如图 3-10 所示。

（6）选择"性别"作为列标题的字段。注意，只能选择一个字段作为列标题。单击"下一步"按钮，打开确定计算类型的向导对话框，如图 3-11 所示。

（7）在"字段"列表框中选择作为行列交叉点计算的字段"学号"，再在"函数"列表中选择适当的函数"Count"，并选择对每一行添加小计复选框。然后，单击"下一步"按钮，打开指定查询名称的对话框，如图 3-12 所示。

图 3-8　"交叉表查询向导"对话框

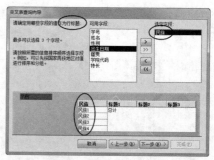

图 3-9　选择行标题

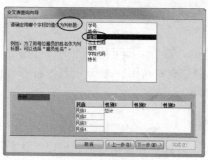

图 3-10　选择列标题

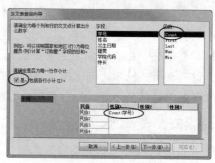

图 3-11　确定行列交叉点值

（8）在文本框中输入查询的名称"各民族男女学生人数"，单击"完成"按钮，系统保存查询并显示查询结果，如图 3-13 所示。

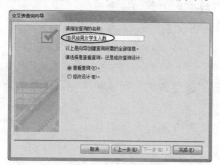

图 3-12　指定查询名称

图 3-13　交叉表查询结果

3.2.3　使用查找重复项查询向导

在 Access 中有时需要对数据表中某些具有相同字段值的记录进行统计计数，如统计学历相同的人数等。使用查找重复项查询向导，可以迅速完成这个任务。

微课3-3：使用查找重复项查询向导

【例 3.3】　使用查找重复项查询向导，在"教学管理"数据库中完成对教师中各种职称的人数的查询，保存查询的名称为"教师各种职称人数"。

操作步骤如下：

（1）打开"教学管理"数据库。

（2）单击"创建|查询|查询向导"按钮，弹出"新建查询"对话框（见图 3-3）。

（3）双击"查找重复项查询向导"选项，弹出"查找重复项查询向导"对话框，如图 3-14 所示。

（4）在列表框里选择"表：教师"。单击"下一步"按钮，打开图 3-15 所示的对话框，在"可用字段"列表框中选择"职称"字段，单击回按钮将其移入"重复值字段"。

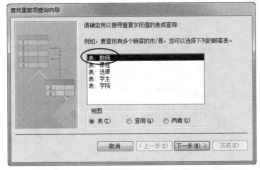

图 3-14　"查找重复项查询向导"对话框

图 3-15　确定重复值字段

（5）单击"下一步"按钮，打开指定查询名称的对话框，在文本框内输入"教师各种职称人数"，系统保存查询并显示查询结果，如图 3-16 所示。

（6）图 3-16 所示的查询结果中查询字段名称为系统自动命名，字段名"NumberOfDups"是系统为计数字段所取的名称。可以根据需要为其重命名，具体方法参见第 3.3 节"自己设计查询"的有关内容。

图 3-16　查找重复项的查询结果

3.2.4　查找不匹配项查询向导

查找不匹配项查询向导可以在一个表中查找与另一个表中没有相关记录的记录。

【例 3.4】　使用查找不匹配项查询向导在"教学管理"数据库的学生表中查找那些在选课表中没有他们的选课信息的学生记录（即没有选课的学生），查询名称为"查找没有选课的学生"。

微课3-4：查找不匹配项查询向导

操作步骤如下：

（1）打开"教学管理"数据库。

（2）单击"创建|查询|查询向导"按钮，弹出"新建查询"对话框（见图 3-3）。

（3）双击"查找不匹配项查询向导"选项，弹出"查找不匹配项查询向导"对话框，在列表框里选择"表：学生"，如图 3-17 所示。

（4）单击"下一步"按钮，打开确定有相关记录的表或查询的对话框，如图 3-18 所示。

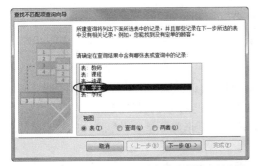

图 3-17　"查找不匹配项查询向导"对话框

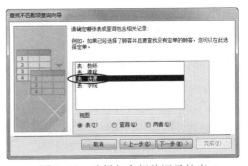

图 3-18　选择包含相关记录的表

（5）在对话框中选择含有相关记录的表或查询，在此选择所需的"选课"表，如图 3-18 所示。

（6）单击"下一步"按钮，打开对话框确定在两张表中都有的信息，如图 3-19 所示。

（7）在字段列表框中选择两个表中都有的"学号"字段并单击 $\boxed{<->}$ 按钮。单击"下一步"按钮，打开对话框选择查询结果中所需的字段，如图 3-20 所示。

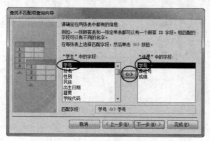
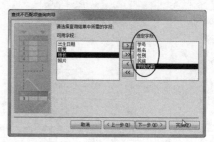

图 3-19　选择匹配字段　　　　　　　　图 3-20　选择查询所需的字段

（8）在"可用字段"列表框中选择需要显示的若干字段到"选定字段"列表框中，单击"下一步"按钮，打开指定查询名称对话框，在文本框中输入"查找没有选课的学生"，单击"完成"按钮，显示查询结果，即找出在学生表中有而在选课表中没有的学生记录信息，如图 3-21 所示。

图 3-21　查找不匹配项的查询结果

3.3　自己设计查询

使用查询向导只能创建一些简单的查询，而且实现的功能也很有限。有时，需要设计更加复杂的查询，以满足数据管理的需要。此时，就可以利用 Access 提供的"查询设计"功能打开其"设计视图"进行设计，既可以自己设计一个新的查询，也可以对已有的查询进行编辑和修改。

Access 查询设计视图默认的查询类型为选择查询。

3.3.1　查询的设计视图

右击"导航窗格"中【例 3.1】创建的"教师基本信息"查询，从弹出的快捷菜单中选择"设计视图"命令，即可打开其"设计视图"，如图 3-22 所示的选择查询设计视图。同时显示"查询工具 / 设计"选项卡的功能组，"设计视图"分为两部分：上半部分是表 / 查询对象显示区（数据源），下半部分是查询设计网格区。

表 / 查询对象显示区用来显示查询所使用的表或查询（可以是多个表 / 查询）以及它们之

间的关系。查询设计网格区又称 QBE（Query By Example，示例查询）视图，用来指定字段以及针对字段的具体的查询条件。

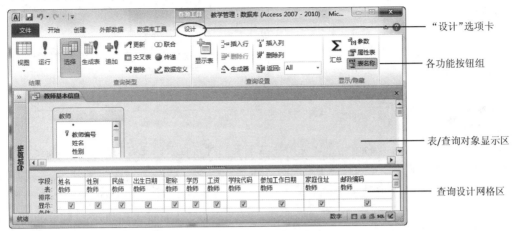

图 3-22 查询的设计实例

查询设计网格区中各行的含义如下：

- "字段"：设置查询所使用的字段。
- "表"：显示对应字段所属的表或查询名称。
- "排序"：设置查询结果按"升序"或"降序"排列方式。
- "显示"：设置在查询结果中是否显示该字段，选中复选框为显示，否则不显示。
- "条件"：设置查询条件，即输入条件表达式。同一行上各字段所设置的条件是"与"的关系。
- "或"：设置多个查询条件。表示各条件之间是"或"的关系。

3.3.2 查询目标的确定

根据应用的要求设计一个查询时，首先要确定查询的数据源，即查询涉及的表或查询对象，再进一步确定需要这些对象中的哪些字段。

微课3-5：设计视图创建查询

【例 3.5】在"教学管理"数据库中创建查询，列出学生的"学号"、"姓名"、"课程名称"及"成绩"，并且"学号"按升序排列，"成绩"按降序排列，查询名称为"学生选课成绩"。

操作步骤如下：

（1）打开"教学管理"数据库。

（2）单击"创建|查询|查询设计"按钮，打开查询的"设计视图"窗口，同时弹出"显示表"对话框，如图 3-23 所示。

（3）在"显示表"对话框中选定表或查询后单击"添加"按钮，或直接双击表或查询名均可将其添加到查询设计视图中。用任一种方法将学生表、选课表和课程表添加到查询设计视图中。再单击"关闭"按钮，完成查询所需对象的添加，如图 3-24 所示。在三个表之间具有关系连线，这说明在数据库的设计中，已经根据表之间具有的关系建立联系。

注意：

①如果表之间没有关系连线，则必须先创建表之间的关系。只有建立了表之间的关系，Access 才知道数据是如何相关的，创建的查询才有意义。

图 3-23 "显示表"对话框

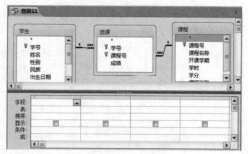

图 3-24 查询设计视图

② 若完成查询所需对象的添加，即关闭"显示表"对话框后，还需要再添加表或查询到查询设计区，可单击"设计 | 查询设置 | 显示表"按钮，或右击表 / 查询对象显示区，从弹出的快捷菜单中选择"显示表"命令，再次弹出"显示表"对话框，再重复步骤（2）即可。

（4）拖动"学号""姓名""课程名称""成绩"字段到设计网格的字段单元格中，如图 3-25 所示。

（5）单击"学号"字段单元格对应的"排序"单元格，单击其右侧下拉按钮，从弹出的列表中选择"升序"，同样的方法选择"成绩"字段为"降序"排列，如图 3-25 所示。

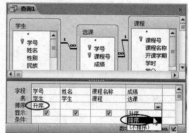

图 3-25 为查询选择字段

说明：

- 选择字段还可以直接双击表或查询中的字段；也可单击设计网格中字段单元格下拉列表按钮，从弹出的所有字段名称列表中选择需要的字段。若要一次选择多个连续的字段，可以在表 / 查询对象显示区的一个表或查询中单击第一个字段名，然后按住【Shift】键，并单击所要选择的最后一个字段；若选择多个不连续的字段，则可按住【Ctrl】键依次单击相应字段。最后，将鼠标指针指向选中的区域，将其拖动至查询设计区的字段行空格处即可。

- 若要选择一个表或查询中的所有字段，可以双击所有字段的引用标记（即星号 * ）或拖动 "*" 到字段行空白处。

- 用列选择器选择设计网格区字段后，可以拖动该字段到指定位置进行移动；也可用【Delete】键或快捷菜单中"剪切"命令进行字段删除；也可从数据源中拖动字段到已选有字段上进行字段插入。

- 如果查询中用到表的字段是查阅字段，则查询显示方式为组合框，但可改为文本框。操作方法是：在查询设计区选择该字段，再单击"设计 | 显示 / 隐藏 | 属性表"按钮，或右击该字段，从弹出的快捷菜中选择"属性"命令，打开"属性表"对话框，选择"查阅"选项卡，从"显示控件"下拉列表框中选择"文本框"即可，如图 3-26 所示。
注意：在"字段属性"对话框中进行的各种设置并不改变原表字段属性设置。

（6）单击"设计 | 结果 | 运行"按钮，或单击"视图"按钮切换到"数据表视图"，显示查询结果，如图 3-27 所示。

（7）关闭查询设计视图或单击"保存"按钮，打开"另存为"对话框，如图 3-28 所示，在"查询名称"文本框中输入"学生选课成绩"，并单击"确定"按钮。

图 3-26 设置"字段属性"

图 3-27 查询结果

图 3-28 指定查询结果名称

3.3.3 查询条件表达式的设置

设计查询时，如果需要查找满足某一条件的记录，可以在查询设计视图中单击要设置条件的字段，在其"条件"行输入查询的条件表达式，或右击其条件行，从弹出的快捷菜单中选择"生成器"命令（见图 3-29），打开"表达式生成器"对话框并输入条件表达式，如图 3-30 所示。

表达式可以是常量，也可以由常量、字段名、函数等运算对象用各种运算符连接起来的一个表达式，其结果值属于一个确定的数据类型。表达式能实现数据计算、条件判断、数据类型转换等作用。按要求写出巧妙的表达式能产生良好的效果。

图 3-29 "生成器"命令

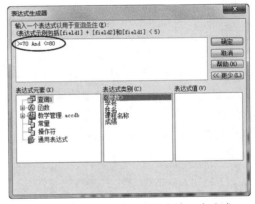

图 3-30 在表达式生成器中输入表达式

1. 常量

在 Access 中，常量有如下四种类型：

（1）数字型常量，就是整数、小数或用科学记数法表示的数，如 123，-45.35，1.234E+10。

（2）文本型常量，用英文单引号或双引号作为定界符括起来的字符串，如 "ABCD" " 欢迎 "。

（3）日期 / 时间型常量，用 "#" 作为定界符括起来的日期，如 "#2017-9-15#" "#2017/9/15#"，年月日之间可以用 "-" 或 "/" 分隔。

（4）是 / 否型常量只有两个，用 TRUE、YES 或 -1 表示"是"，逻辑真值；用 FALSE、NO 或 0 表示"否"，逻辑假值。

2. 运算符

常用的运算符有算术运算符、比较运算符、逻辑运算符、文本运算符、特殊运算符等。

（1）算术运算符：用于算术运算，其运算结果是数字型数据，如表 3-1 所示。

算术运算符及优先级为：（ ）、^（乘方）、*（乘）、/（除）、%（求余）、+、-。

表 3-1　算术运算符及示例

比较运算符	含　义	示　例	结　果
+	加法	5+3	8
-	减法	10-6	4
*	乘法	2*3	6
/	浮点除法	18/9	2
^	指数	3^2	9
\	整数除法	10\6	1
Mod	取余	15 Mod 4	3

（2）比较运算符：用于关系比较，运算结果是逻辑型数据"True"或"False"，如表 3-2 所示。

关系运算符优先级相同。关系运算符两边表达式的数据类型必须相同。

表 3-2　比较运算符及示例

比较运算符	含　义	示　例	结　果
>	大于	12>5	True
>=	大于等于	2>=5	False
<	小于	35<30	False
<=	小于等于	25<=35	True
=	等于	"女"="男"	False
<>	不等于	"女"<>"男"	True

（3）逻辑运算符：用于由逻辑型数据运算，其运算结果仍然是逻辑数据"True"或"False"，如表 3-3 所示。

逻辑运算符及优先级为：Not 或 !（非）、And（与）、Or（或）。

表 3-3　逻辑运算符及示例

逻辑运算符	功　能	示　例	结　果
Not	逻辑非，取逻辑表达式值的相反值	Not [性别]="女"	指定"男"性
And	逻辑与，当 And 两边的表达式都为真时，值为真，否则为假	3>2 And 2>5	假
Or	逻辑或，当 Or 两边的表达式其中之一为真，值为真	3>2 Or 2>5	真

注意： 在查询设计区的"条件"单元格中输入表达式时，如果字段的表达式处于同一行，则这些表达式之间是逻辑与（And）的关系，即查找满足所有这些设置条件的记录。如果表达式处于不同行，则它们之间是逻辑或（Or）的关系，即查找只要满足其中任一条件的记录。输入文本型字段的表达式时，可在字符串两边用西文双引号引起，也可不输入西文双引号，系统会自动添加。

以下是一些表达式示例：

① 考试成绩在 85 ~ 70 分的表达式：

在"成绩"字段的"条件"单元格中输入"<=85 And >=70"，如图 3-31 所示。

② 籍贯是"北京"或"天津"的表达式：

在"籍贯"字段的"条件"单元格中输入""北京"Or"天津""，也可在"条件"单元格中输入""北京""，在"或"单元格中输入""天津""，如图 3-32 所示。

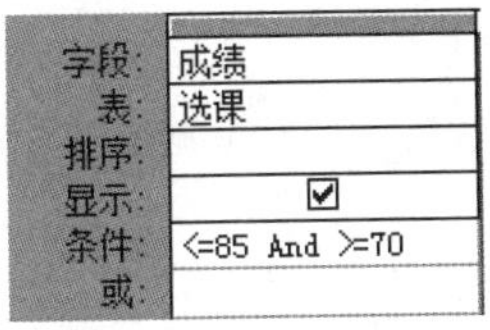

字段	成绩
表	选课
排序	
显示	☑
条件	<=85 And >=70
或	

图 3-31 同一字段与

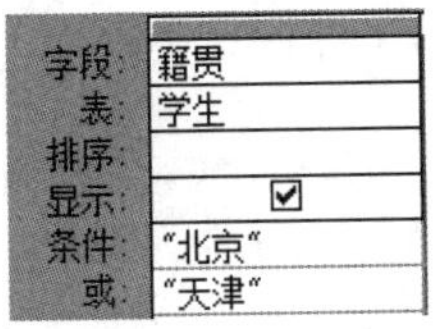

字段	籍贯
表	学生
排序	
显示	☑
条件	"北京"
或	"天津"

图 3-32 同一字段或

③ 职称是"副教授"学历是"博士"或职称是"教授"学历是"硕士"的表达式：

在"职称"字段和"学历"字段的"条件"单元格中输入""副教授""""博士""，在"或"单元格中输入""教授""""硕士""，如图 3-33 所示。

④ 少数民族女生的表达式：

在"民族"字段的"条件"单元格中输入"Not ″汉″"，在"性别"字段的"条件"单元格中输入""女""，如图 3-34 所示。

字段	职称	学历
表	教师	教师
排序		
显示	☑	☑
条件	"副教授"	"博士"
或	"教授"	"硕士"

图 3-33 不同字段与和或

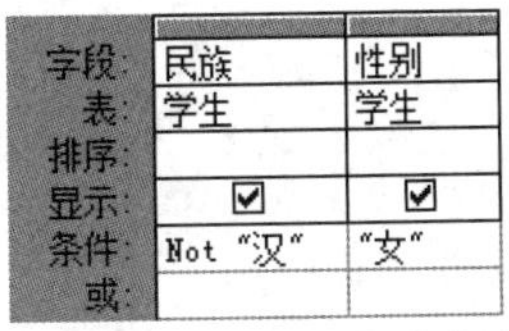

字段	民族	性别
表	学生	学生
排序		
显示	☑	☑
条件	Not "汉"	"女"
或		

图 3-34 不同字段与

（4）文本运算符，用于字符型数据连接运算，其运算结果仍然是字符型数据，如表 3-4 所示。

表 3-4 文本运算符及示例

文本运算符	含 义	示 例	结 果
&	连接文本	" 教学班 " & "12"	教学班 12
+	连接文本	"106" + "12"	10612

（5）其他运算符，用于指定区间或模糊查找的运算，如表 3-5 所示。

表 3-5 其他运算符及示例

其他运算符	含 义	示 例	含 义
Between…And…	指定值的范围在……到……之间	Between 60 And 90	60 ~ 90
In	指定值属于列表中所列出的值	In("1 班 ","2 班 ")	属 1 班或 2 班
Is	与 Null 一起使用，确定字段值是否为空值	Is Null Is Not Null	指定字段为空 指定字段为非空
Like	用通配符查找字段值与其匹配的记录。其中，"?"匹配任意单个字符；"*"匹配任意多个字符；"#"匹配任意单个数字；"！"匹配不包含在 [字符列表] 方括号内的任何单个字符	Like " 王 ?" Like " 王 *" Like "# 系 " Like "! [ac] 班 "	指定姓王的且只有两个字的记录 指定所有姓王的记录 指定（0 ~ 9）中任一数字字符的系的记录 指定除 a 班和 c 班以外的记录

以下是一些表达式示例：

① 出生日期在 1996 年 1 月 1 日—2000 年 12 月 31 日的表达式 [见图 3-35（a）]。

```
Between #1996/1/1#  And  #2000/12/31#
```

② 职称为教授或副教授的表达式 [见图 3-35（b）]。

```
In ("教授","副教授")
```

③ 没有参加考试（即成绩为空值）的表达式 [见图 3-35（c）]。

```
Is Null
```

④ 姓名中是姓"张"的表达式 [见图 3-35（d）]。

```
Like "张 *"
```

⑤ 特长中是爱好"摄影"的表达式 [见图 3-35（e）]。

```
Like "* 摄影 *"
```

⑥ 学号第一位是 1，第二位是 6、7（即 16 级、17 级学生）的表达式 [见图 3-35（f）]。

```
Like "1[67]*"
```

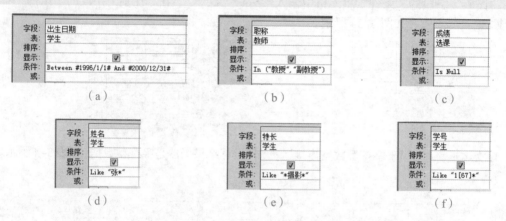

图 3-35　在"条件"单元格中输入表达式示例

⑦ 查找在 1988—2010 年之间参加工作的、学历为硕士或博士、工资在 8 000 元以下的少数民族教师的信息，可以在几个字段的"条件"单元格中输入图 3-36 所示的表达式。

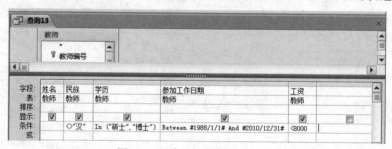

图 3-36　关于教师信息的查询

3. 函数

函数是一种能够完成某种特定操作或功能的数据形式，函数的返回值称为函数值。函数调用格式为：

```
函数名 ([ 参数 1] [, 参数 2] [,…])
```

Access 提供了许多标准函数，为用户设置条件提供了极大方便。函数分为数值函数、字符函数、日期 / 时间函数和统计函数等。表 3-6 ~ 表 3-10 列出了一些常用函数的格式和功能。

表 3-6　常用数值函数

函　数	功　能	示　例	结　果
Abs(数值表达式)	返回数值表达式值的绝对值	Abs(-30)	30
Int(数值表达式)	返回数值表达式值的整数部分值，如果数值表达式的值是负数，返回小于等于数值表达式值的第一负整数	int(5.5) int(-5.5)	5 -6
Fix(数值表达式)	返回数值表达式的整数部分值，如果数值表达式的值是负数，返回大于等于数值表达式值的第一负整数	Fix(5.5) Fix(-5.5)	5 -5
Sqr(数值表达式)	返回数值表达式值的平方根值	Sqr(9)	3
Sgn(数值表达式)	返回数值表达式值的符号对应值，数值表达式的值大于 0、等于 0、小于 0，返回值分别为 1、0、-1	Sgn(5.3) Sgn(0) Sgn(-6.5)	1 0 -1
Round(数值表达式 1,数值表达式 2)	对数值表达式 1 的值按数值表达式 2 指定的小数位数四舍五入	Round(35.57,1) Round(35.52,0)	35.6 36

表 3-7　常用字符函数

函　数	功　能	示　例	结　果
Space(数值表达式)	返回数值表达式值指定的空格个数组成的空字符串	" 教学 " & Space(2) & " 管理 "	教学　管理
String(数值表达式 , 字符表达式)	返回一个由字符表达式值的第一个字符重复组成的由数值表达式值指定长度的字符串	string(4,"abcdabcdabcd")	aaaa
Len(字符表达式)	返回字符表达式的字符个数	Len(" 教学 "&" 管理 ")	4
Left(字符表达式 , 数值表达式)	按数值表达式值取字符表达式值的左边子字符串	left(" 数据库管理系统 ",3)	数据库
Right(字符表达式 , 数值表达式)	按数值表达式值取字符表达式值的右边子字符串	right(" 数据库管理系统 ",2)	系统
Mid(字符表达式 , 数值表达式 1[, 数值表达式 2])	从字符表达式值中返回以数值表达式 1 规定起点，以数值表达式 2 指定长度的字符串	Mid("abcd"&"efg",3,3)	cde
Ltrim(字符表达式)	返回去掉字符表达式前导空格的字符串	" 教学 " &(ltrim("　　管理 "))	教学管理
Rtrim(字符表达式)	返回去掉字符表达式尾部空格的字符串	Rtrim(" 教学　　")&" 管理 "	教学管理
Trim(字符表达式)	返回去掉字符表达式前导和尾部空格的字符串	trim("　　教学　　")&" 管理 "	教学管理

表 3-8　常用日期函数

函　数	功　能	示　例	结　果
Date()	返回当前系统日期		
Month(日期表达式)	返回日期表达式对应的月份值	month(#2010-03-02#)	3
Year(日期表达式)	返回日期表达式对应的年份值	Year(#2010-03-02#)	2010
Day(日期表达式)	返回日期表达式对应的日期值	day(#2010-03-02#)	2
Weekday(日期表达式)	返回日期表达式对应的星期值	Weekday(#2010-04-02#)	6

表 3-9　常用统计函数

函　数	功　能	示　例	结　果
Sum(字符表达式)	返回表达式所对应的数字型字段的列值的总和	Sum(成绩)	计算成绩字段列的总和
Avg(字符表达式)	返回表达式所对应的数字型字段的列中所有值的平均值。Null 值将被忽略	Avg(成绩)	计算成绩字段列的平均值
Count(字符表达式) Count(*)	返回含字段的表达式列中值的数目或者表或组中所有行的数目（如果指定为 COUNT(*)）。该字段中的值为 Null（空值）时，COUNT(数值表达式) 将不把空值计算在内，但是 COUNT(*) 在计数时包括空值	Count(成绩)	统计有成绩的学生人数
Max(字符表达式)	返回含字段表达式列中的最大值（对于文本数据类型，按字母排序的最后一个值）。忽略空值	Max(成绩)	返回成绩字段列的最大值
Min(字符表达式)	返回含字段表达式列中最小的值（对于文本数据类型，按字母排序的第一个值）。忽略空值	Min(成绩)	返回成绩字段列的最小值

表 3-10　常用域聚合函数

函　数	功　能	示　例	结　果
DSum(字符表达式 1, 字符表达式 2 [, 字符表达式 3])	返回指定记录集的一组值的总和	DSum(" 成绩 "," 选课 ",[学号]="10150226")	求"选课"表中学号为"10150226"的学生选修课程的总分
DAvg(字符表达式 1, 字符表达式 2 [, 字符表达式 3])	返回指定记录集的一组值的平均值	DAvg(" 成绩 "," 选课 ",[课程号]="TC01")	求"选课"表中课程号为"TC01"的课程的平均分
DCount(字符表达式 1, 字符表达式 2 [, 字符表达式 3])	返回指定记录集的记录数	DCount(" 学号 "," 学生 ",[性别]=" 男 ")	统计"学生"表中男同学人数
DMax(字符表达式 1, 字符表达式 2 [, 字符表达式 3])	返回一列数据的最大值	DMax(" 成绩 "," 选课 ",[课程号]="TC01")	求"选课"表中课程号为"TC01"的课程的最高分
DMin(字符表达式 1, 字符表达式 2 [, 字符表达式 3])	返回一列数据的最小值	DMin(" 成绩 "," 选课 ",[课程号]="TC01")	求"选课"表中课程号为"TC01"的课程的最低分
DLookup(字符表达式 1, 字符表达式 2 [, 字符表达式 3])	查找指定记录集中特定字段的值	DLookup(" 姓名 "," 教师 ",[教师编号]="13001")	查找"教师"表中教师编号为"13001"的教师的姓名

说明：

① 字符表达式 1 指定计算对象（字段名、控件名等）；字符表达式 2 指定表名称或查询名称；字符表达式 3 为可选项，指定条件，不选此项，则为对整个域（记录集）进行计算。

② 字符表达式 3 中用到的字段名必须包含在字符表达式 2 指定的表或查询中，否则函数返回 Null。

3.3.4　在查询中进行计算

在查询中还可以对数据进行计算，从而生成新的查询数据。常用的计算方法有求和、计数、求最大值、求最小值和平均值等。在查询时可以利用设计视图的设计网格的"汇总"行进行各种统计，还可通过创建计算字段进行任意类型的计算。

1. 创建计算字段

在查询中显示的值可以是原来数据表的字段值，也可以是用源数据表的一个或几个字段值经过表达式计算后的数据，并用一个新的字段名来表示，该字段即为计算字段。创建计算字段的方法是：在设计网格中的空"字段"行单元格中输入"新字段名称：表达式"。

【例 3.6】 创建一个名为"教师的年薪"的查询，可显示"教学管理"数据库中教师表的"教师编号""姓名""工资""年薪"四个字段的内容，"年薪"字段是新增加的字段，其数据为 12 个月的工资总和，要求只看年薪最高的前十位教师。 微课3-6：在查询中进行计算

操作步骤如下：

（1）打开"教学管理"数据库。

（2）单击"创建|查询|查询设计"按钮，打开查询的"设计视图"，再添加"教师"表到设计视图中，如图 3-37 所示。

（3）选择"教师编号""姓名""工资"到字段行中，在一个空"字段"行单元格中输入"年薪:[工资]*12"，"年薪"即为计算字段，其值为表达式"[工资]*12"的值，选择其"排序"单元格为"降序"，在功能区的"查询设置"组中的"上限值"组合框中输入记录数"10"，如图 3-37 所示。

注意：如果不指定计算字段名称，只输入表达式，则系统自动命名计算字段名称为"表达式 N"，N 为序号。计算表达式中所用的冒号、小括号等符号一律用英文半角字符。所引用的字段名称要用方括号"[ ]"括起来，如果字段是用来进行数值计算的，则必须是可以用于计算的字段，如数值、货币类型的字段；如果是用于字符串计算的，则必须是文本类型的字段。

（4）单击"保存"按钮，弹出"另存为"对话框，在"查询名称"文本框中输入"教师的年薪"，并单击"确定"按钮。

（5）单击"运行"按钮，显示查询结果，如图 3-38 所示。

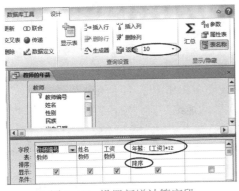

图 3-37　设置新增计算字段

图 3-38　查询结果

【例 3.7】 创建一个名为"教授的年龄"的查询，要求以"教师"表为数据源，查找"教授"的有关信息，结果显示"教师编号姓名""性别""年龄"三个字段的内容，"教师编号姓名"是新增加字段，显示的内容为"教师编号"和"姓名"；"年龄"字段是新增加的字段，其计算方式为：系统年 - 出生年。 微课3-7：在查询中进行计算

操作步骤如下：

（1）打开"教学管理"数据库。

（2）单击"创建|查询|查询设计"按钮，打开查询的"设计视图"，再添加"教师"表到设计视图中，如图 3-39 所示。

（3）在第一个空"字段"行单元格中输入"教师编号姓名:[教师编号]&[姓名]"；选择"性别""职称"字段到字段行中，并清除"职称"字段"显示"复选框，在"职称"字段"条件"单元格中输入"教授"；在一个空"字段"行单元格中输入"年龄:year(date())-year([出生

日期])"，如图 3-39 所示。

（4）单击"保存"按钮，弹出"另存为"对话框，在"查询名称"文本框中输入"教授的年龄"，并单击"确定"按钮。

（5）单击"运行"按钮，显示查询结果，如图 3-40 所示。

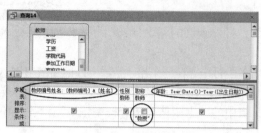

图 3-39 设置新增计算字段、查询条件 　　　　　图 3-40 查询结果

2. 汇总查询

Access 提供的建立汇总查询方式，可以实现对所有记录或记录组进行汇总计算。操作方法：单击"设计 | 显示 / 隐藏 | 汇总"按钮 **∑**，在"设计视图"网格区中增加"总计"行，可利用其下拉列表提供的汇总方式进行汇总计算。

【**例 3.8**】创建一个名为"学生成绩统计"的查询，要求查询每个学生所学课程成绩的平均分（保留两位小数）、最高分和最低分，显示字段名为"学号"、"姓名"、"平均分"、"最高分"和"最低分"。

微课3-8：在查询中进行计算

操作步骤如下：

（1）打开"教学管理"数据库。

（2）单击"创建 | 查询 | 查询设计"按钮，打开查询的"设计视图"，再添加"学生"和"选课"表到设计视图中，如图 3-41 所示。

（3）选择字段"学号""姓名""成绩"到"字段"行中，并且"成绩"字段选择 3 次。

（4）单击"设计 | 显示 / 隐藏 | 汇总"按钮 **∑**，在设计网格区中添加"总计"行，如图 3-41 所示。

（5）单击第一个"成绩"字段所对应的"总计"单元格，单击单元格右侧的下拉列表按钮，打开其下拉列表，从中选择"平均值"，并设其字段名为"平均分"。同样操作为另两个"成绩"字段分别选择"最大值"和"最小值"，设其字段名为"最高分"和"最低分"，如图 3-41 所示，否则系统将自动赋予默认字段名，如"成绩之平均值""成绩之最大值"等。为"学号"和"姓名"字段选择"Group By"（分组）。

（6）右击"平均分"字段列任何位置，从弹出的快捷菜单中选择"属性"命令，如图 3-42 所示。也可把光标定位到"平均分"字段列任何位置，单击"显示 / 隐藏"组中的"属性表"按钮，弹出"属性"对话框，设置"格式"为固定，"小数位数"为 2，如图 3-43 所示。

说明：在此的字段属性设置并不改变其表中字段属性的设置，只是显示设置。

（7）单击"运行"按钮，查询结果如图 3-44 所示。

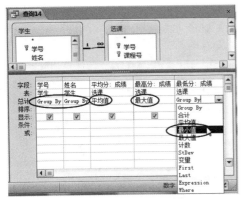

图 3-41 汇总查询设计

图 3-42 字段列的快捷菜单

图 3-43 设置"平均分"字段属性

图 3-44 汇总查询结果

（8）单击"保存"按钮，弹出"另存为"对话框，在"查询名称"文本框中输入"学生成绩统计"，并单击"确定"按钮。

下面以表格的形式说明"总计"行下拉列表中各选项的含义，如表 3-11 所示。

表 3-11 "总计"行下拉列表中各项的含义

选 项	含 义
Group By（分组）	默认值，用于定义要执行计算的组。这个字段中的记录将按值进行分组
合计（Sum）	计算每一分组中字段值的总和。适用于数字、日期 / 时间、货币和自动编号型字段
平均值（Avg）	计算每一分组中字段的平均值。适用于数字、日期 / 时间、货币和自动编号型字段
最小值（Min）	计算每一分组中字段的最小值。适用于文本、数字、日期 / 时间、货币和自动编号型字段
最大值（Max）	计算每一分组中字段的最大值。适用范围与 Min 相同
计数（Count）	计算每一分组中字段值的数目，该字段中的值为 Null（空值）时，将不计算在内
StDev（标准差）	计算每一分组中的字段值的标准偏差值。只适用于数字、日期 / 时间、货币和自动编号型字段
变量 (var)	计算字段记录值的变量
First（第一条记录）	返回每一分组中该字段的第一个值
Last（最后一条记录）	返回每一分组中该字段的最后一个值
Expression（表达式）	在字段中自定义计算公式，可以套用多个总计函数
Where（条件）	与"条件"行内容配合可以在分组前先筛选记录，并且查询结果中的这个字段将不能被显示出来

下面是一些查询要求和解决过程中的设计视图及结果，读者可尝试给出详细的操作步骤。

① 统计"学生"表中的学生人数，设计视图及结果如图 3-45 所示。

② 统计"学生"表中男生人数，且生成"男生人数"字段，设计视图及结果如图 3-46 所示。

图 3-45　学生人数查询及结果

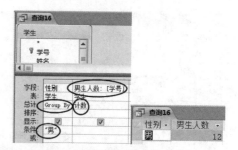

图 3-46　男生人数查询及结果

③ 按"性别"统计"教师"表中人数，设计视图及结果如图 3-47 所示。

④ 统计 16 级学生每门课程的平均成绩，学号前两位为年级号，设计视图及结果如图 3-48 所示。

图 3-47　教师人数查询及结果

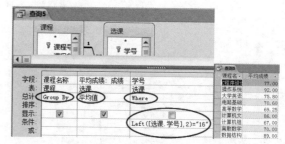

图 3-48　平均成绩查询及结果

⑤ 查找选修了"大学英语"课程并且其成绩小于"大学英语"平均成绩的学生的"学号"、"姓名"和"成绩"信息，设计视图及结果如图 3-49 所示。

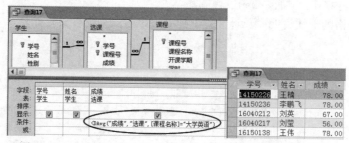

图 3-49　成绩小于其平均成绩的学生的查询及结果

3.3.5　联接类型对查询结果的影响

如果查询的数据源是两个或两个以上的表或查询，在查询设计视图中可以看到这些表或查询之间的关系连线，这说明在数据库中的表或查询之间已经通过相应的字段联接。一般来说，表之间的关系在设计数据库的表时就已经确定。若查询的对象之间还没有建立联接关系，设定表或查询之间的联接关系的方法与在建立数据库时设定表之间的关系的方法基本相似，使用简单的拖放操作即可完成。双击关系连线将显示"联接属性"对话框，在对话框中可指定表或查询之间的联接类型，如图 3-50 所示。

图 3-50 查询的联接类型

查询的联接类型分为两类：

（1）内部联接（或称为等值联接）。

内部联接是系统默认的联接类型，即图 3-50 所示的第一种联接类型。具体的联接方式是：关系连线两端的表进行联接，两个表各取一个记录，在联接字段上进行字段值的联接匹配，若字段值相等，查询将合并这两个匹配的记录，从中选取需要的字段组成一个记录，显示在查询的结果中；若字段值不匹配，则查询得不到结果。两个表的每个记录之间都要进行联接匹配，即一个表有 m 条记录，另一个表有 n 条记录，则两个表的联接匹配次数为 $m \times n$ 次。查询结果的记录条数等于字段值匹配相等记录。

（2）左联接和右联接。

这两种联接与表或查询在表/查询对象显示区中的位置无关。在图 3-50 所示的"联接属性"对话框中，第二种联接类型为左联接，联接查询的结果是左表名称文本框中的表/查询的所有记录与右表名称文本框中的表/查询中联接字段相等的记录；第三种联接类型为右联接，联接查询的结果是右表名称文本框中的表/查询的所有记录与左表名称文本框中的表/查询中联接字段相等的记录。

【例 3.9】 创建一个名为"课程的选修情况"查询，要求查询所有课程被学生选修的信息。显示字段为"课程名称"和"学号"。

操作步骤如下：

（1）打开"教学管理"数据库。

（2）单击"创建|查询|查询设计"按钮，打开查询的"设计视图"，添加"选课"和"课程"表到设计视图中（见图 3-50）。

（3）选择字段"课程名称"和"学号"到"字段"行中。

（4）双击关系连线，或右击关系连线，从弹出的快捷菜单中选择"联接属性"命令，弹出"联接属性"对话框，选中第二个单选按钮，如图 3-50 所示，单击"确定"按钮，关闭"联接属性"对话框。关系连线变为有箭头的连线，如图 3-51 所示。

（5）单击"运行"按钮，查询结果如图 3-52 所示。可见"学号"字段为空的课程没有学生选修。

（6）单击"保存"按钮，弹出"另存为"对话框，在"查询名称"文本框中输入"课程的选修情况"，并单击"确定"按钮。

说明：具体的联接方式为关系连线一边的课程表（没有箭头指向的表）的所有记录与另一边的选课表（箭头指向的表）的记录做匹配联接，若有匹配记录，查询将合并这两个匹配的记录，并从中选取需要的字段组成一个记录显示在查询的结果中；若找不到匹配记录，将课程表中的记录值与选课表的记录值的空白形式（字段值为空值）组成一个记录显示在查询的结果中。

微课3-9：联接属性

课程名称对应学号的空值说明该课程还没有学生选修，如图 3-52 所示。查询结果的记录条数等于选课表的记录条数与没有人选学的课程记录条数之和。

图 3-51　课程的选修情况的查询设计

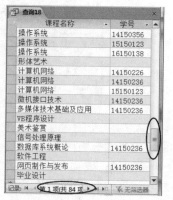

图 3-52　课程的选修情况的查询结果

注意： 如果查询中使用的表或查询之间没有建立联接关系，那么查询将以笛卡儿积的形式产生查询结果。也就是说，一个表的每一个记录和另一个表的每一个记录联接构成查询结果，这样会产生大量的查询的结果数据。而这种查询结果通常是没有意义的，同时效率也是很低的。

如果只想显示没有学生选学的课程信息，只需设置图 3-51 所示的"学号"的"条件"为"Is Null"，如图 3-53 所示，查询结果如图 3-54 所示。

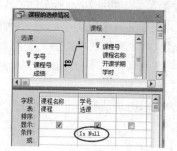

图 3-53　查找"学号"为"Null"的设置

图 3-54　没人选学的课程信息查询结果

3.4　创建参数查询

参数查询是一种交互式查询，它在运行时弹出对话框，提示用户输入参数，系统根据所输入的参数找出符合条件的记录。使用参数查询可以在同一查询中根据输入参数的不同而得到不同的查询结果。参数查询分单个参数查询和多个参数查询。

创建参数查询的方法：在查询"设计视图"网格所选字段的"条件"单元格中输入提示文本，并用方括号"[ ]"括起来，即设置所选字段的"条件"来源于键盘输入的数据。

3.4.1　单参数查询

单参数查询就是在字段中指定一个参数，在运行参数查询时输入一个参数值。

【例 3.10】创建一个名为"按学院名称查找教师"的单参数查询，根据提示信息"请输入学院名称："，查找输入指定学院的教师的"教师编号"、"姓名"、"学院名称"和"学历"信息。

操作步骤如下：

（1）打开"教学管理"数据库。

（2）单击"创建|查询|查询设计"按钮，打开查询的"设计视图"，添加"教师"和"学院"表到设计视图中。

（3）选择字段"教师编号"、"姓名"、"学院名称"和"学历"到"字段"行中。

（4）在字段"学院名称"对应的"条件"行单元格内输入"[请输入学院名称 :]"，如图 3-55 所示。

（5）单击"运行"按钮，弹出"输入参数值"对话框，输入一个学院名称，如"计算机学院"，如图 3-56 所示，单击"确定"按钮，查询结果如图 3-57 所示。

图 3-55　单参数查询设计　　　　3-56　输入参数　　　　图 3-57　单参数查询结果

（6）单击的"保存"按钮，保存查询名称为"按学院名称查找教师"。

注意： 在输入参数时，要与查询的数据源（表或查询）中的数据值及其数据类型相同；否则，将查找不到需要的信息。

3.4.2　多参数查询

多参数查询就是在字段中指定多个参数，在运行参数查询时依次输入多个参数值。

【例 3.11】　创建一个名为"按年级和课程名查找学生成绩"的多参数查询，根据提示输入的年级和输入的"课程名称"的内容，查找学生的"年级"、"姓名"、"课程名称"和"成绩"信息。（说明：年级号为学号的前两位。）

操作步骤如下：

（1）打开"教学管理"数据库。

（2）单击"创建|查询|查询设计"按钮，打开查询的"设计视图"，添加"学生"、"选课"和"课程"表到设计视图中。

（3）创建一个计算字段"年级 :left([学生 . 学号],2)"（注：生成"年级"新字段，其后的表达式取"学号"的前两个字符），再选择字段"姓名""课程名称""成绩"到"字段"行中，如图 3-58 所示。

注意： 当用多个表查询时，表达式使用的字段在多个表中都有时，此字段一定要指明属于哪个表，具体用英文句号将表名和字段名分隔，如"学生 . 学号"，也可用方括号"[]"分别将表名和字段名括起来，之间用"!"分隔，如 [学生]![学号]。

（4）在字段"年级"对应的"条件"行单元格内输入"[请输入年级 :]"；在"课程名称"字段对应的"条件"行单元格内输入"[请输入课程名称 :]"，如图 3-58 所示。

（5）单击"运行"按钮，在"请输入年级"文本框中输入一个年级号，如"14"，如图 3-59（a）

所示。单击"确定"按钮，在"请输入课程名称"文本框中输入一个课程名称，如"大学英语"，如图 3-59（b）所示。单击"确定"按钮，结果如图 3-60 所示。

（a）输入参数 1

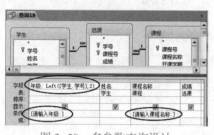

图 3-58　多参数查询设计

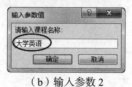

（b）输入参数 2

图 3-59　输入多个参数

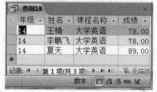

图 3-60　查询结果

（6）单击"保存"按钮，保存查询名称为"按年级和课程名查找学生成绩"。

【例 3.12】创建一个名为"显示某时间段参加工作的教师的年龄"的查询，根据提示输入时间段的起始日期和终止日期，显示教师的"姓名"、"性别"和"年龄"信息。要求年龄值只显示周岁。

操作步骤如下：

（1）打开"教学管理"数据库。

（2）单击"创建 | 查询 | 查询设计"按钮，打开查询的"设计视图"，添加"教师"表到设计视图中。

（3）选择字段"姓名""性别""参加工作日期"分别添加到"字段"行的不同单元格中，再在"字段"行的一个单元格中输入"年龄：Int((Date()-[出生日期])/365)"，生成"年龄"新字段，其后的表达式按要求取周岁值，如图 3-61 所示。

（4）在"参加工作日期"字段对应的"条件"行单元格内输入"Between [请输入起始日期] And [请输入终止日期]"，并设置其"显式"复选框为不选中，如图 3-61 所示。

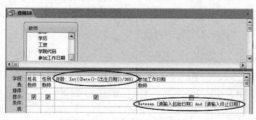

图 3-61　参数查询设计

（5）单击"运行"按钮，在"请输入起始日期"文本框中输入一个起始日期，如"90/01/01"，如图 3-62（a）所示。单击"确定"按钮，在"请输入终止日期"文本框中输入一个终止日期，如"99/12/31"，如图 3-62（b）所示。单击"确定"按钮，查找出 1990 年 1 月 1 日—1999 年 12 月 31 日这段时间参加工作的教师，并显示他们的"姓名""性别""年龄"，结果如图 3-63 所示。

（a）输入参数 1　　（b）输入参数 2

图 3-62　输入多个参数　　　　　　　　图 3-63　查询结果

（6）单击"保存"按钮，保存查询名称为"显示某时间段参加工作的教师的年龄"。

 3.5　创建交叉表查询

前面介绍了利用向导建立对一个表或查询的交叉表查询，如果要从多个表或查询中创建交叉表查询，可以在查询设计视图中自行设计交叉表查询。

【例 3.13】利用交叉表查询来完成每个学生的第一个学期的选课信息的查询，查询结果包括学生"姓名""课程名称""成绩"的平均分信息，要求"姓名"字段为行标题；"课程名称"字段为列标题；"成绩"字段为行列交叉的值，所建查询命名为"学生选课信息交叉表"的查询。

> 微课3-10：创建交叉表查询

操作步骤如下：

（1）打开"教学管理"数据库。

（2）单击"创建|查询|查询设计"按钮，打开查询的"设计视图"，添加"学生"、"选课"和"课程"表到设计视图中。

（3）单击"设计|查询类型|交叉表"按钮，在查询网格设计区增加了"交叉表"和"总计"行，如图 3-64 所示。

（4）选择字段"姓名"、"课程名称"、"成绩"和"开课学期"到"字段"行，如图 3-64 所示。

（5）为每个字段设置"总计"和"交叉表"单元格选项，具体设置如图 3-64 所示。

（6）单击"运行"按钮，结果如图 3-65 所示。

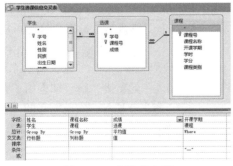

图 3-64　交叉表查询

图 3-65　交叉表查询结果

（7）单击"保存"按钮，保存查询名称为"学生选课信息交叉表"。

注意：由于交叉表查询是由行标题和列标题组成的对数据的汇总，所以交叉表查询至少要具有三项内容：行标题、列标题和值。

（1）行标题：设置为"行标题"的字段中的数据将作为交叉表的行标题，在一个交叉表查询中可以有多个行标题，但不能超过 3 个。

（2）列标题：设置为"列标题"的字段的值将作为交叉表的列标题。一个交叉表查询中只能有一个字段作为"列标题"。

（3）值：设置为"值"的字段是交叉表中行标题和列标题相交单元格内的显示内容，其"总计"单元格中选择用于交叉表的聚合函数。在一个交叉表查询中只能有一个字段作为"值"。

下面是两项查询要求和解决过程中的部分设计视图及结果，请读者完成详细的操作。

① 按"性别"行分组、"职称"列分组统计教师人数，如图 3-66 所示。

图 3-66 教师人数查询及结果

② 在"学生"表中，按"年级"行分组，按"性别"列分组，统计每个年级学生人数，年级号为"学号"前两位，如图 3-67 所示。

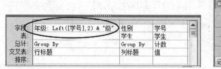

图 3-67 学生人数查询及结果

 # 3.6 利用查询实现对表数据的更改

查询不仅可以实现对数据的查找，而且利用 Access 的操作查询还能有效地对表中的记录实现删除、更新、追加的操作，并且可以通过查询生成新的数据表。操作查询共有四种类型：生成表查询、更新查询、追加查询和删除查询。

3.6.1 生成表查询

生成表查询是用一个或多个表的查询得到的全部或部分数据来创建新的数据表，这样可以对一些特定的数据进行备份。

微课3-11：生成表查询

【例 3.14】创建一个名为"查找计算机学院教师"的查询。要求：利用"教师"和"学院"表生成一个名为"计算机学院教师表"的新表，新表结构由"教师"表的"教师编号"、"姓名"、"职称"、"工资"字段和"学院"表的"学院名称"字段组成，记录数据是计算机学院所有教师记录。运行查询并查看结果。

操作步骤如下：

（1）打开"教学管理"数据库。

（2）单击"创建|查询|查询设计"按钮，打开查询的"设计视图"，添加"教

师"、"学院"表到设计视图中。

（3）选择"教师"表的"教师编号"、"姓名"、"职称"、"工资"字段和"学院"表的"学院名称"字段到设计视图的"字段"行中，在"学院名称"字段的条件行中输入"计算机学院"，如图 3-68 所示。

（4）单击"设计 | 查询类型 | 生成表"按钮，弹出"生成表"对话框，输入生成的新表名称"计算机学院教师表"，选中"当前数据库"单选按钮，如图 3-69 所示，单击"确定"按钮。

若要将表存放在另一个数据库中，可以选中"另一个数据库"单选按钮。

图 3-68　设计生成表的查询　　　　　　　　图 3-69　"生成表"对话框

（5）单击"设计 | 视图"按钮，切换到"数据表视图"预览新表的记录数据，如图 3-70 所示。

注意：预览只是预先查看运行查询后要得到的结果，只有运行查询才能真正得到结果。

（6）单击"运行"按钮，打开将要生成新表的记录数提示框，如图 3-71 所示，单击"是"按钮即生成新表。此表将在"导航窗格"表对象列表中显示。

注意：运行后是不可以用"撤销"命令恢复的。查询操作都是如此。

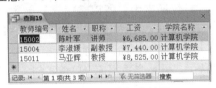

图 3-70　预览新表结果　　　　　　　　　　图 3-71　生成表记录数提示框

（7）单击"保存"按钮，保存查询名称为"查找计算机学院教师"。以后该查询每执行一次，就会根据当时"教师"表的情况再一次执行生成表的操作。

3.6.2　更新查询

更新查询可以对一个或多个表中符合查询条件的数据做批量的数据更改。

【例 3.15】创建一个名为"增加工资"的查询，将例【3.14】创建的"计算机学院教师表"中每个教师的工资提高 5% 。要求运行查询查看结果。

操作步骤如下：

（1）打开"教学管理"数据库。

（2）单击"创建 | 查询 | 查询设计"按钮，打开查询的"设计视图"，添加"计算机学院教师表"表到设计视图中；选择字段"工资"到"字段"行中。

（3）单击"设计 | 查询类型 | 更新"按钮，查询设计网格区中增加"更新到"行。在"工资"字段对应的"更新到"单元格中输入更新表达式"[工资]+[工资]*.05"，如图 3-72 所示。

（4）单击"运行"按钮，打开更新记录数提示框，如图 3-73 所示，单击"是"按钮即可完成对"计算机学院教师表"的数据更新。

微课3-12：更新查询

（5）单击"保存"按钮，保存查询名称为"增加工资"。

（6）打开"计算机学院教师表"，结果如图 3-74 所示。与图 3-70 进行比较，查看"工资"变化。

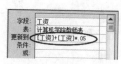

图 3-72　更新查询设计

图 3-73　更新记录提示框

图 3-74　更新后的结果

3.6.3　追加查询

追加查询可以从一个数据表（源）中读取数据记录添加到当前数据库的指定（目标）表中。

【例 3.16】创建一个名为"向计算机学院教师表添加记录"的查询，将"教师"表中电子工程学院教师的记录追加到"计算机学院教师表"中。

操作步骤如下：

微课3-13：追加查询

（1）打开"教学管理"数据库。

（2）单击"创建|查询|查询设计"按钮，打开查询的"设计视图"，添加"教师""学院"表到设计视图中。

（3）单击"设计|查询类型|追加"按钮，弹出"追加"对话框，如图 3-75 所示。

（4）因为需要追加记录的表在同一数据库内，所以选中"当前数据库"单选按钮，单击"表名称"框右侧的下拉按钮，从下拉列表框中选择"计算机学院教师表"选项，然后单击"确定"按钮。查询设计网格区中增加"追加到"行。

如果需要追加记录的表在另一个数据库中，可以选中"另一个数据库"单选按钮，单击"浏览"按钮，选择数据库文件所在的位置。

（5）选择"教师"表的"教师编号"、"姓名"、"职称"、"工资"字段和"学院"表的"学院名称"字段到"字段"行中，并设置"学院名称"字段的条件为"电子工程学院"，如图 3-76 所示。

图 3-75　"追加"对话框

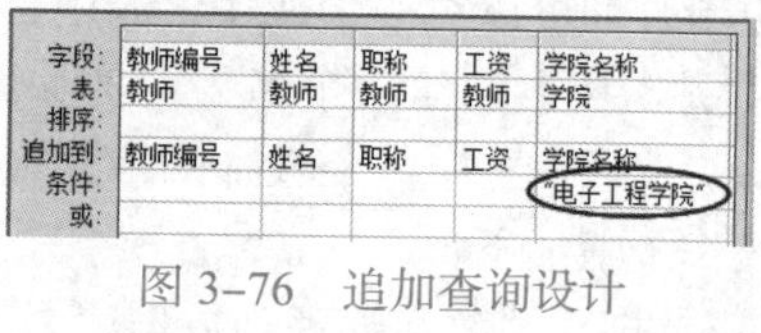

图 3-76　追加查询设计

（6）单击"运行"按钮，打开追加记录数提示框，如图 3-77 所示，单击"是"按钮即可。

注意：如果选择了两张表中相同的字段名称，系统将自动在"追加到"行单元格中填入相同的名称；如果两张表中没有相同的字段名称，在"追加到"行单元格中选择所要追加到表中字段的名称。如图 3-78 所示，"编号"字段追加到"部门号"字段中，"单位名称"字段追加到"部门名称"字段中。

当源表和目标表没有相同的字段名称时，在"追加到"行单元格中必须对"追加到"目标表中的字段名称进行选择，如图 3-78 所示。

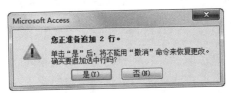

图 3-77　追加记录数提示框

图 3-78　不同字段名的追加

（7）单击"保存"按钮，保存查询名称为"向计算机学院教师表添加记录"。

（8）打开"计算机学院教师表"，结果如图 3-79 所示。与图 3-74 进行比较，查看变化。

教师编号	姓名	职称	工资	学院名称
15002	陈叶军	讲师	¥7,019.25	计算机学院
15004	李淑媛	副教授	¥7,812.00	计算机学院
15011	马亚辉	教授	¥8,951.25	计算机学院
13001	赵思宇	副教授	¥8,000.00	电子工程学院
13004	冯一茹	讲师	¥7,000.00	电子工程学院

记录：◀ ◀　第 1 项(共 5 项)　▶ ▶▶ ▶*　无筛选器　搜索

图 3-79　追加记录结果

3.6.4　删除查询

利用删除查询可以从一个或多个表中删除符合查询条件的一组记录。

【例 3.17】创建一个名为"删除讲师"的查询，将"计算机学院教师表"中职称是讲师的记录删除。

微课 3-14：删除查询

操作步骤如下：

（1）打开"教学管理"数据库。

（2）单击"创建|查询|查询设计"按钮，打开查询的"设计视图"，添加"计算机学院教师表"表到设计视图中。

（3）单击"设计|查询类型|删除"按钮，查询设计网格区中出现"删除"行。选择字段"职称"到"字段"行中，并在其"条件"行输入"讲师"，如图 3-80 所示。

（4）单击"设计|视图"按钮，切换到"数据表视图"，预览将要删除的记录，如图 3-81 所示。

（5）单击"运行"按钮，打开删除记录数提示框，如图 3-82 所示，单击"是"按钮即可。

图 3-80　删除查询设计

图 3-81　将要被删除的记录

图 3-82　删除记录的警告信息

注意：记录一旦被删除后将无法再恢复，因此删除记录时要确定记录是否有备份或以后不再使用后，再做删除操作。

（6）单击"保存"按钮，保存查询名称为"删除讲师"。

（7）打开"计算机学院教师表"，查看结果。

如果两个表之间是一对多的关系且只实施了参照完整性，只能从主表中删除在子表中没有与之匹配的记录，不能从主表中删除两个表中都有的记录，否则系统给出提示信息。例如，在"学生"表中有"学号"为"20101234"的记录，在"选课"表中没他的记录，就可以直接从"学生"表删除该记录；如果在"选课"表中有与之匹配的记录，则先删除在"选课"表中与之匹配的记录，才能再从"学生"表删除该记录。

如果两个表的关系实施了参照完整性，并且允许级联删除，则删除主表的记录同时也删除在子表中与之匹配的记录。如果允许级联更新，则修改主表的字段数据同时也修改了在子表中与之匹配的字段数据。

3.7 SQL 查询

SQL 查询是使用 SQL 语句创建的一种查询。SQL（Structured Query Language）结构化查询语言是标准的关系型数据库语言，使用 SQL 语言可以对数据库实施数据定义、数据操作和数据控制及管理。了解和掌握 SQL 语句对使用好数据库是至关重要的。

在 Access 中可以使用 QBE（Query By Example）查询设计视图或各种查询向导建立查询，也可以在 SQL 视图中直接输入 SQL 语句来构成查询。

3.7.1 SQL 视图

在 Access 中，SQL 语句的使用界面是 SQL 视图，打开 SQL 视图的操作步骤如下：

（1）单击"创建|查询|查询设计"按钮，打开查询的"设计视图"，单击"关闭"按钮关闭"显示表"对话框，在功能区左侧显示"结果"按钮组。

（2）单击"SQL"视图按钮，也可右击设计视图上半部分空白处，从弹出的快捷菜单中选择"SQL 视图"命令，如图 3-83 所示。或单击"视图"下拉按钮，在视图列表中选择"SQL 视图"，打开 SQL 视图，即可编写 SQL 语句，如图 3-84 所示。

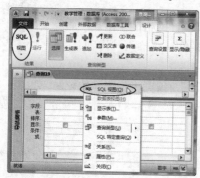

图 3-83　选择 SQL 视图

图 3-84　SQL 查询视图

对于已建立的查询，也可以将查询设计视图转换成 SQL 视图，查看、编写或修改该查询的 SQL 语句。操作方法是：打开一个查询的设计视图，如图 3-85 所示，再按步骤（2）选择"SQL 视图"选项，在 SQL 视图中可以看到查询对应的 SQL 语句，如图 3-86 所示。

图 3-85　"学生选课成绩"查询　　　　　　图 3-86　"学生选课成绩"查询对应的 SQL 语句

3.7.2　SQL 语言特点和功能

SQL 结构化查询语言是标准的关系型数据库语言，一般关系数据库管理系统都是支持使用 SQL 作为数据库系统语言。在 Access 中的查询就是以 SQL 语句为基础来实现的。在介绍 Access 的特定查询之前，有必要对 SQL 语言做简要的介绍。

1. SQL 语言的特点

SQL 作为标准的关系型数据库语言，具有以下特点：

（1）具有数据定义、查询、更新和控制功能语言。

（2）面向集合的操作方式，每个 SQL 命令的操作对象是一个或多个关系，操作结果也是一个关系。

（3）高度非过程化，不必了解数据对象存取路径。

（4）SQL 既是交互式语言（用户使用），又是嵌入式语言（程序员使用），并且具有统一的语法结构。

（5）语言简洁，易学易用。

2. SQL 语言基本功能

（1）数据定义功能：

- 定义、删除和修改关系模式（基本表）。
- 定义、删除视图。
- 定义、删除索引。

（2）数据操纵功能：

- 数据查询。
- 数据插入、删除和修改。

（3）数据控制功能：用户访问权限的授予、收回。

虽然一般数据库管理系统软件都支持 SQL 语言，但由于软件使用范围和功能的强弱不同，对 SQL 语言功能的支持有所不同，因此在 SQL 语句的格式上也存在着差异。在 Access 中支持的 SQL 语句如表 3–12 所示。

表 3-12　SQL 语句的操作符

SQL 语句功能	操　作　符
数据定义（表、索引）	CREATE、ALTER、DROP
数据查询	SELECT
数据更新	INSERT、UPDATE、DELETE

注意：SQL 语句以以上操作符为语言的起始命令符，以 ";" 为语言的结束符。

3.7.3　SQL 的数据定义功能

SQL 的数据定义功能所包含的对象是基本表、索引和视图（在 Access 中不支持视图）。

1. 定义基本表

语句格式为：

```
CREATE  TABLE  表名 (列名  数据类型  [DEFAULT  默认值]  [NOT NULL]
              [,列名 数据类型  [DEFAULT  默认值]  [NOT NULL]]
    …
```

```
[,PRIMARY   KEY(列名 [,列名] …)]
[,FOREIGN   KEY(列名 [,列名] …)
   REFERENCES  表名 (列名 [,列名] …)]
[,CHECK(条件)]);
```

说明：列名就是字段名。

【例 3.18】定义"学生基本信息"表，它包括"学号"、"姓名"、"出生日期"和"性别"列（字段），其中学号为主键。

```
CREATE    TABLE   学生基本信息
     ( 学号   CHAR(4),
       姓名   CHAR(8)  NOT NULL,
       出生日期   DATE,
       性别   CHAR(2),
       PRIMARY KEY (学号) );
```

2. 修改基本表定义

语句格式：

```
ALTER  TABLE  表名
   [ADD  子句]              // 增加列或完整性约束条件
   [DROP 子句]              // 删除列或完整性约束条件
   [ALTER  子句];          // 修改列定义
```

【例 3.19】在"学生基本信息"表中增加一个"学院代码"列。

```
ALTER TABLE  学生  ADD 学院代码  CHAR(6);
```

【例 3.20】将"学生基本信息"表中的"姓名"列增加到 12 个字符的宽度。

```
ALTER  TABLE  学生基本信息 ALTER 姓名  CHAR(12);
```

3. 建立索引

语句格式：

```
CREATE  [UNIQUE/DISTINCT]   INDEX  索引名
ON  表名 (列名 [ASC/DESC] [,列名 ASC/DESC])…);
```

说明：UNIQUE（DISTINCT）表示唯一值索引，不允许表中不同的行在索引列上取相同值。若已有相同值存在，则系统给出相关信息，不建此索引，并拒绝违背唯一性的插入、更新。ASC/DESC 选项指定索引按升序或降序排序，不指定顺序，索引按升序排列。

【例 3.21】在"学生基本信息"表的"学号"列上建立名为"学号INX"的唯一索引。

```
CREATE  UNIQUE INDEX   学号INX   ON   学生基本信息 (学号);
```

4. 删除索引

语句格式：

```
DROP  INDEX   索引名  ON  表名；
```

【例 3.22】删除【例 3.21】建立在"学号"列上的索引。

```
DROP  INDEX   学号INX ON   学生基本信息；
```

注意：一个表上可建立多个索引。索引可以提高查询效率，应该在使用频率高的、经常用于连接的列上建立索引。但是索引过多会耗费存储空间，且降低了插入、删除和更新的效率。

5. 删除基本表

语句格式：

```
DROP  TABLE  表名；
```

注意：删除基本表后，基本表的定义、表中数据和索引都被删除。

【例 3.23】删除"学生基本信息"表。

```
DROP  TABLE  学生基本信息；
```

3.7.4 SQL 的数据查询功能

数据库查询是数据库的核心操作，SQL 语言提供 SELECT 语句进行数据查询。该语句功能很强，变化形式较多。SELECT 查询语句格式如下：

```
SELECT  [DISTINCT]  <列名> [,<列名>,…]    // 查询的结果的目标列名表
FROM  <表名> [,<表名>,…]               // 要操作的关系表或查询名
[WHERE <条件表达式>]                    // 查询结果应满足选择或联接条件
[GROUP  BY <列名>[,<列名>…]]  [HAVING< 条件 >] // 对查询结果分组及分组的条件
[ORDER BY <列名>   [ASC ∣ DESC]；        // 对查询结果排序
```

SELECT 语句的意义是：

根据 FROM 子句中提供的表，按照 WHERE 子句中的条件（表间的连接条件和选择条件）表达式，从表中找出满足条件的记录。

按照 SELECT 子句中给出的目标列，选出记录中的字段值，形成查询结果的数据表。目标列上可以是字段名、字段表达式，也可以使用汇总函数对字段值进行统计计算。

在 SELECT 语句中若有 GROUP BY 子句将结果按给定的列名分组，分组的附加条件用HAVING 短语给出。

在 SELECT 语句中若有 ORDER BY 子句将结果以给定的列名按升序或降序排序。

SELECT 语句的功能很强，可以完成各种对数据的查询，可以通过 WHERE 子句的变化，以不同的语句形式，完成相同的查询任务。

SELECT 语句还可以以子查询形式嵌入 SELECT 语句、INSERT（插入记录）语句、DELETE（删除记录）语句和 UPDATE（修改记录）语句中，作为这些语句操作的条件，构成嵌套查询或带有查询的更新（增、删、改）语句。

下面给出在"教学管理"数据库中使用 SELECT 语句的例子。

1. 简单查询

【例 3.24】检索全部学生的信息。

```
SELECT  *
FROM  学生；
```

注意：用"*"表示查询结果为学生表的所有列。

【例 3.25】检索学生选修的课程号。

```
SELECT  DISTINCT 课程号
FROM  选课；
```

注意：用关键字"DISTINCT"的作用是去掉结果中的重复值。

【例 3.26】检索选修了课程但没有参加考试的学生的学号、课程号。

```
SELECT    学号, 课程号
FROM    选课
WHERE    成绩  IS  NULL;
```

注意： 用"成绩 IS NULL"表示成绩为空值，空值的意义是不确定的值，与零值意义不同。

【例 3.27】查找成绩在 70 ~ 80 分的学生的选课情况。

```
SELECT    *
FROM 选课
WHERE 成绩  BETWEEN  70  AND 80;
```

【例 3.28】查询"数据结构"、"操作系统"和"数据库系统"课程的"学时"，按学时排序。

```
SELECT   课程名称, 学时
FROM   课程
WHERE   课程名称   IN ("数据结构", "操作系统", "数据库系统")
ORDER BY 学时;
```

【例 3.29】查找所有姓"李"的学生的情况。

```
SELECT *
FROM   学生
WHERE 姓名   LIKE "李*";
```

2. 联接查询

一个查询同时涉及两个以上的表时，称其为联接查询。

【例 3.30】查询"管理学院""计算机学院""外语学院"的学生的"姓名""学院名称"。

```
SELECT   姓名, 学院名称
FROM 学生, 学院
WHERE   学生.学院代码=学院.学院代码 AND   学院名称 IN("管理学院", "计算机学院",
"外语学院");
```

注意： 用"学生.学院代码＝学院.学院代码"指明两个表的联接条件；"学院名称 IN ("管理学院", "计算机学院", "外语学院")"为选择条件。

SELECT 子句中的字段名相对两个表来说都是唯一列，所以列名前不需要再加表名。

【例 3.31】查询选修了课程名称中有"数据库课程"的学生的"学号"。

```
SELECT   学号
FROM 选课, 课程
WHERE 选课.课程号＝课程.课程号 AND 课程名称 LIKE "*数据库*";
```

【例 3.32】查询"计算机学院"的学生的"学号"、"姓名"和"年龄"（满周岁）。

```
SELECT 学号, 姓名, (DATE()-出生日期)/365  AS   年龄
FROM 学生, 学院
WHERE 学生.学院代码=学院.学院代码   AND 学院名称 ="计算机学院";
```

注意： "(DATE()-出生日期)/365   As   年龄"为求年龄的字段表达式并以"年龄"为字段名，如图 3-87 所示。

【例 3.33】查找选课成绩大于等于 85 分的学生的"姓名"、"课程名称"和"成绩"。

姓名按升序排列，成绩按降序排列。

```
SELECT 姓名 , 课程名称 , 成绩
FROM  学生 , 课程 , 选课
WHERE 学生 . 学号 = 选课 . 学号 AND 课程 . 课程号 = 选课 . 课程号
AND 成绩 >=85
ORDER BY 姓名 , 成绩 DESC;
```

注意：在排序中“姓名”为第一顺序，“姓名”相同的记录，“成绩”值按降序排列。

【例 3.34】检索选修 TC01 和 TC02 课程的学生“学号”、“姓名”、“课程号”和“成绩”。

```
SELECT  X. 学号 ,S. 姓名 ,X. 课程号 ,X. 成绩 ,Y. 课程号 ,Y. 成绩
FROM   学生  S, 选课  X, 选课  Y
WHERE  X. 学号 =Y. 学号 AND S. 学号 =X. 学号
AND X. 课程号 ="TC01" AND Y. 课程号 ="TC02";
```

注意：本例字母 S、X、Y 作为表的别名，以 S 代表“学生”表，X 和 Y 代表“选课”表。查询结果如图 3–88 所示。

查询17

学号	姓名	年龄
14150226	王楠	23.2027397260274
14150236	李鹏飞	22.2027397260274
14150356	夏天	21.2
15150123	俞洋	21.6739726027397
16150134	张颖	20.7205479452055
16150138	王伟	19.1780821917808
17150103	杨华	18.1013698630137
17150104	王斌	17.1917808219178

记录: 第 1 项(共 8 项) 无筛选器

图 3–87 查询结果 1

查询19

学号	姓名	X. 课程号	X. 成绩	Y. 课程号	Y. 成绩
14150226	王楠	TC01	78.00	TC02	88.00
14150236	李鹏飞	TC01	78.00	TC02	69.00
14150356	夏天	TC01	89.00	TC02	87.00
15131343	冯啸天	TC01		TC02	88.00
15150123	俞洋	TC01	89.00	TC02	67.00
16040212	刘英	TC01	67.00	TC02	78.00
16040217	刘莹	TC01	56.00	TC02	48.00
16150134	张颖	TC01	89.00	TC02	63.00
16150138	王伟	TC01	78.00	TC02	88.00
17150103	杨华	TC01	80.00	TC02	75.00
17150104	王斌	TC01	92.00	TC02	88.00

记录: 第 1 项(共 11 项 无筛选器 搜索

图 3–88 查询结果 2

3. 嵌套查询

一个查询语句的 WHERE 子句中包含一个由比较符号或谓词引导的查询语句时，称查询为嵌套查询，被嵌入的查询称为子查询。

可以引导子查询的谓词有 IN、ANY、ALL 和 EXISTS。

【例 3.35】找出年龄小于李芳的学生的“姓名”和“出生日期”。

```
SELECT  姓名 , 出生日期
FROM  学生
WHERE  出生日期 <
      (SELECT  出生日期
       FROM  学生
       WHERE  姓名 =" 李芳 ");
```

注意：使用比较符号引导的子查询时，子查询的结果必须为唯一值。

【例 3.36】查询选修了 C 程序设计课程的所有学生的“学号”。

```
SELECT  学号
FROM  选课
WHERE  课程号 IN
     (SELECT 课程号
      FROM  课程
      WHERE  课程名称 ="C 程序设计 ");
```

注意：本例为嵌套查询——带有子查询的 SELECT 语句。

【例 3.37】查询学习了 C 程序设计课程的学生的“学号”和“姓名”。

```
SELECT  学号，姓名
FROM  学生
WHERE  学号  IN
    (SELECT 学号
     FROM  选课
     WHERE  课程号  IN
          (SELECT 课程号
           FROM  课程
           WHERE  课程名称 ="C 程序设计 "));
```

注意：本例为两级嵌套查询。

【例 3.38】查询选修 TC02 课程的学生中成绩最高的学生的"学号""成绩"。

```
SELECT  学号，成绩
FROM  选课
WHERE  课程号 ="TC02" AND 成绩 >=ALL
    (SELECT 成绩
     FROM  选课
     WHERE  课程号 ="TC02");
```

注意：本例为嵌套查询，子查询由">=ALL"引导，表示"成绩"值要大于等于子查询的"成绩"结果中的所有值，即为最高的成绩值。

【例 3.39】找出学习 TC02 课程的学生"姓名"。

```
SELECT  姓名
FROM 学生
WHERE  EXISTS
    (SELECT  *
     FROM  选课
     WHERE  学号 = 学生 . 学号 AND 课程号 ="TC02");
```

注意：本例是使用谓词 EXISTS（存在量词）的嵌套查询。

4. 使用聚集函数的查询

在查询中使用聚集函数，可以对查询的结果进行统计计算。

常用的五个聚集函数：

- 平均值：AVG()。
- 总和：SUM()。
- 最小值：MIN()。
- 最大值：MAX()。
- 计数：COUNT()。

【例 3.40】求学号为"14150236"的学生的"总分"和"平均分"。

```
SELECT Sum( 成绩 ) AS 总分,Avg( 成绩 ) AS 平均分
FROM 选课
WHERE 学号 ="14150236";
```

注意：本例使用了统计函数 Sum（总和）和 Avg（平均值）。

【例 3.41】求至少选修三门以上课程的学生的"学号"及"选课门数"。

```
SELECT  学号,COUNT(*) AS  选课门数
```

```
FROM   选课
GROUP  BY  学号  HAVING  COUNT(*)>3;
```

注意：分组带有附加条件。使用 COUNT(*) 对每个组的记录条数计数，要求其值大于 3。

【例 3.42】求各门课程的"平均分"、"最高分"、"最低分"、"最高分"与"最低分"之差及各门课程的选修"人数"。

```
SELECT   课程号，AVG(成绩) AS 平均分，
MAX(成绩) AS 最高分，MIN(成绩) AS 最低分，
MAX(成绩)-MIN(成绩)  AS 最高分与最低分之差，
COUNT(学号)   AS 人数
FROM    选课
GROUP  BY  课程号；
```

5. 集合查询

集合查询是将多个 SELECT 语句的结果进行集合操作构成一个查询，集合查询主要包括并（UNION）、交（INTERSECT）和差（MINUS）操作。

【例 3.43】查询女学生及选课成绩大于 80 分的学生的"学号"。

```
SELECT 学号
FROM 学生
WHERE 性别 =" 女 "
UNION
SELECT 学号
FROM 选课
WHERE 成绩 >80;
```

3.7.5 SQL 的数据更新功能

SQL 中的数据更新功能包括插入数据、修改数据和删除数据三条语句。

1. 插入数据

语句格式 1：

```
INSERT INTO < 表名 > [(< 列名 >[,< 列名 >…])]
VALUES (常量 [,常量…]);
```

说明：该语句一次完成一个记录的插入。

【例 3.44】向"学生"表插入一条记录。

```
INSERT  INTO   学生 (学号，姓名，学院代码)
VALUES("19151012"," 李新 ","15");
```

语句格式 2：

```
INSERT   INTO < 表名 > [(< 列名 > [,< 列名 >…])]
子查询；
```

说明：子查询嵌入 INSERT 语句，查询的结果插入表中，即一次完成批量记录数据的插入。

【例 3.45】将学院代码为 15 的全体学生选修 C 程序设计课程的信息添加到"选课"表。

```
INSERT INTO  选课 (学号，课程号，成绩)
SELECT 学号，课程号，Null
```

```
FROM 学生 , 课程
WHERE 学院代码 ="15" AND 课程名称 ="C 程序设计 ";
```

2. 删除数据

语句格式：

```
DELETE   FROM   <表名> [WHERE <条件表达式>];
```

说明：无 WHERE 子句时，表示删除表中的全部数据。WHERE 子句中可以带子查询。

【例 3.46】删除"学号"为"001155"的学生记录。

```
DELETE   FROM   学生 WHERE   学号 ="001155";
```

【例 3.47】删除"学院代码"为 4 的所有学生的选课记录。

```
DELETE   FROM   选课   WHERE   "4"=
(SELECT   学院代码 ,
 FROM   学生
 WHERE 学生 . 学号 = 选课 . 学号 );
```

3. 修改数据

语句格式：

```
UPDATE <表名>
SET <列名 >=<表达式 > | <子查询>
    [,<列名 >=<表达式 > | <子查询>…]
    [WHERE <条件表达式>];
```

说明：修改时，对满足条件表达式的行，用表达式的值或子查询的结果（唯一值）替换相应列的值。

【例 3.48】将"选课"表中的所有选修 TC04 课程的学生的成绩提高 5 分。

```
UPDATE   选课
SET   成绩 = 成绩 +5
WHERE   课程号 ="TC04";
```

【例 3.49】将"学院代码"为 1 的全体学生的 TC02 课程成绩设置为 0。

```
UPDATE   选课
SET   成绩 =0
WHERE   课程号 ="TC02"  And   学号   IN
    (SELECT 学号 FROM   学生
     WHERE   学院代码 ="1"  And   学生 . 学号 = 选课 . 学号 );
```

执行 SQL 的数据更新语句时要注意表之间关系的完整性约束，因为对一个表进行插入、删除和修改操作时，如在学生表中删除了一个记录，但在选课表中该生的选课记录并没有删除，这就破坏了数据之间的参照完整性。所以，在执行相关操作时一定要注意这一点。

在 Access 中建立表之间的关系时，可以选择"实施参照完整性"、"级联更新相关字段"和"级联删除相关记录"命令，这样设置后，在进行更新操作时，系统会自动维护参照完整性或给出相关提示信息。

3.7.6　SQL 特定查询

在 Access 中将通过 SQL 语句才能实现的查询称为 SQL 特定查询。SQL 特定查询可以分为四类：联合查询、传递查询、数据定义查询和子查询。

1. 联合查询

联合查询是将两个查询的结果集合并在一起，对两个查询要求是：查询结果的字段名类型相同，字段排列的顺序一致。

【例 3.50】创建一个名为"学生成绩联合"的查询，查找选修课程号为 TC02 或其他选课成绩高于 90 分的学生的"学号"、"课程号"和"成绩"。

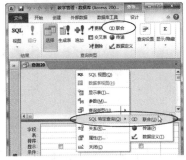

操作步骤如下：

（1）打开"教学管理"数据库。

（2）单击"创建 | 查询 | 查询设计"按钮，单击"关闭"按钮关闭"显示表"对话框。

（3）单击"设计 | 查询类型 | 联合"按钮，或右击设计视图"表 / 查询"对象显示区空白处，从弹出的快捷菜单中选择"SQL 特定查询 | 联合"命令，如图 3-89 所示。打开空白的 SQL 视图，如图 3-90 所示。

图 3-89 SQL 特殊查询

（4）在 SQL 视图中输入该查询的 SQL 语句，如图 3-90 所示。

（5）单击"视图"按钮切换到数据表视图，或单击"运行"按钮，均可得查询结果，如图 3-91 所示。

（6）单击"保存"按钮，在"另存为"对话框的"查询名称"文本框中输入"学生成绩联合"。

图 3-90 输入查询语句

图 3-91 查询结果

2. 数据定义查询

数据定义查询是直接使用 SQL 语句来创建、删除或更改表的定义，或者为数据库的表建立索引。每个数据定义查询只能由一个数据定义语句组成。CREATE TABLE 语句创建表；ALTER TABLE 语句在已有的表中添加新的字段；DROP TABLE 语句删除表；CREATE INDEX 语句为表创建索引；DROP INDEX 语句删除索引。

【例 3.51】为教学管理数据库定义一个"教学评估"表，该表包含字段："教师编号"、"课程号"、"评估等级"和"评语"，其中教师编号与课程号是主键，查询命名为"数据定义教学评估表"。

操作步骤如下：

（1）打开"教学管理"数据库。

（2）单击"创建 | 查询 | 查询设计"按钮，单击"关闭"按钮关闭"显示表"对话框。

（3）单击"设计 | 查询类型 | 数据定义"按钮（见图 3-89），打开空白的 SQL 视图，如图 3-92 所示。

图 3-92 数据定义查询

（4）在 SQL 视图中输入该查询的 SQL 语句，如图 3-92 所示。

（5）单击"运行"按钮，生成名为"教学评估"的数据表。

（6）单击"保存"按钮，在"另存为"对话框的"查询名称"文本框中输入"数据定义教学评估表"。

（7）右击"导航窗格"表对象中的"教学评估"，从弹出的快捷菜单中选择"设计视图"命令，打开其"设计视图"，从中看到表的结构和在 SQL 语句中定义的是一致的，如图 3-93 所示。

图 3-93　表的结构

3.　传递查询

传递查询将 SQL 命令直接送到 SQL 数据库服务器（如 SQL Server、Oracle 等）。这些数据库服务器通常被称为系统的后端，而 Access 作为前端或客户工具。传递的 SQL 命令要使用特殊服务器要求的语法，可以参考相关的 SQL 数据库服务器文档，在这里不做详细介绍。

4.　子查询

子查询是指在设计的一个查询中可以在查询的字段行或条件行的单元格中创建一条 SQL SELECT 语句。SELECT 子查询语句放在字段行单元格里创建一个新的字段，SELECT 子查询语句放在"条件"行单元格作为限制记录的条件。

【例 3.52】创建一个名为"成绩高于平均分"的查询，查找学习成绩高于平均分的学生的"学号"、"姓名"及"课程名称"。

操作步骤如下：

（1）打开"教学管理"数据库。

（2）单击"创建|查询|查询设计"按钮，将"学生"表、"选课"表和"课程"表添加到设计视图中。

（3）选择字段"学号"、"姓名"、"课程名称"和"成绩"到"字段"行相应的单元格中，如图 3-94 所示。

（4）在"成绩"字段的"条件"单元格中输入"＞(select avg(成绩) from 选课)"，也可右击"成绩"字段的"条件"单元格，从弹出的快捷菜单中选择"显示比例"命令，弹出"缩放"对话框，在对话框中输入子查询语句，并单击"确定"按钮，返回"设计视图"，如图 3-95 所示。

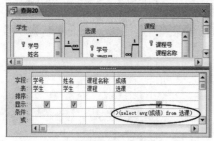

图 3-94　子查询设计

图 3-95　"缩放"对话框

子查询的目的是求出成绩的平均分以作为比较的值，注意子查询语句应该用括号括起来。

（5）单击"运行"按钮，查看结果。

（6）单击"保存"按钮，在"另存为"对话框的"查询名称"文本框中输入"成绩高于平均分"。

3.8　对查询结果的处理

3.8.1　打印查询结果

创建了查询后，可以将查询的结果（动态集）以数据表的形式打印出来。

操作步骤如下：

（1）打开要打印结果的查询的"数据表视图"。

（2）选择"文件 | 打印 |"命令，在弹出的"打印"选项中选择打印的方式。

（3）确定打印机已经连接好并已开机后，单击"打印"对话框中的"确定"按钮即可。

3.8.2　将对表的筛选结果保存为查询

前面已经介绍了有关表的筛选的内容，表的筛选结果也可以存为查询。

操作步骤如下：

（1）打开一个表并完成一个筛选设置。

（2）单击快速访问工具栏中的"保存"按钮，弹出"另存为查询"对话框，在"查询名称"文本框中输入查询的名称，单击"确定"按钮，筛选就被存为一个查询。

习　　题

一、选择题

（1）Access 查询的数据源可以来自（　　　）。

　　A. 表　　　　　　　B. 查询　　　　　　C. 窗体　　　　　　　D. 表和查询

（2）打开查询的设计视图时，默认的视图形式是（　　　）。

　　A. SQL 视图　　　B. 设计视图　　　　C. 数据表视图　　　　D. 预览视图

（3）创建交叉表查询，在"交叉表"上有且只能有一个的是（　　　）。

　　A. 行标题　　　　B. 列标题　　　　　C. 值　　　　　　　　D. 列标题和值

（4）下列不是操作查询的是（　　　）。

　　A. 参数查询　　　B. 生成表查询　　　C. 更新查询　　　　　D. 删除查询

（5）创建交叉表查询必须进行分组（Group By）操作的字段是（　　　）。

　　A. 行标题　　　　　　　　　　　　　B. 列标题

　　C. 行标题和列标题　　　　　　　　　D. 行标题、列标题和值

（6）参数查询的参数值用方括号（［ ］）括起，输入到对应单元格的行是（　　　）。

　　A. 字段　　　　　B. 排序　　　　　　C. 表　　　　　　　　D. 条件

（7）当表 R 和表 S 左外部联接时，查询的结果集中能够包含（　　　）。

  A．R 中的部分记录，S 中的全部记录　　B．R 中的全部记录，S 中的全部记录

  C．R 中的全部记录，S 中的部分记录　　D．R 中的部分记录，S 中的部分记录

（8）下面关于选择查询的说法是正确的（　　　）。

  A．如果基本表的内容变化，则查询的结果会自动更新

  B．如果查询的设计变化，则基本表的内容自动更新

  C．如果基本表的内容变化，查询的内容不能自动更新

  D．建立查询后，查询的内容和基本表的内容都不能更新

（9）在 Access 中使用向导创建查询，其数据可以来自（　　　）。

  A．一个表　　　　B．多个表　　　　C．一个表的一部分　　D．表和查询

（10）某数据库中有一个学号字段，查找学号第一位是 1，第二位是 1 或 2 的表达式是（　　　）。

  A．Like "1(12)"　　　　　　　　　　B．Like "1[12]"

  C．Like "1[12]*"　　　　　　　　　 D．Like "1(12)*"

二、填空题

（1）查询常用的三种视图分别是 SQL 视图、_____视图和_____视图。

（2）操作查询包括删除查询、_____、_____和_____。

（3）查询的"条件"项上，同一行的条件之间是_____的关系，不同行的条件之间是的关系。

（4）依据本书中"教学管理"数据库中的表，若要通过输入学生姓名查询学生情况，可以采用_____查询；若要统计每个学生所选课程的成绩和平均成绩，可以采用_____查询；若要删除已毕业学生的记录，可以采用_____查询。

（5）要从"教学管理"数据库中查找出选课人数为 15 人以上（包括 15 人）的课程名称和人数，正确的 SQL 语句是_____。

三、思考题

（1）查询的作用是什么？查询有几种类型？

（2）比较表和查询的异同之处。操作查询结果的对象是什么？

（3）汇总查询的意义是什么？

四、上机练习题

1. 练习目的

以"教学管理"数据库为练习实例，掌握创建选择、参数、交叉表和操作查询的创建方法，在查询中使用条件、执行计算的方法。

2. 练习内容

（1）创建选择查询。

① 查找所有男学生的记录，要求在查询结果中有"学号"、"姓名"、"出生日期"和"学院代码"信息。

② 查找选修课程名称中含有 Access 字符串的课程的学生信息，要求在查询结果中有"学号"、"姓名"和"学院名称"信息。

③ 在"课程"表中检索 C 语言程序设计、英语和计算机基础等课程的信息。

④ 查找选课成绩在 70 ~ 80 分的学生的信息。

⑤ 统计各学院年龄大于 20 岁的学生的人数。年龄为 "year(date())-year(出生日期)"。

⑥ 查找每个学生学习课程的 "总分" 和 "平均分"。

（2）创建参数查询。

① 查找某个学生选修某门课程的成绩。查询带有两个参数，分别用于接受学生的学号和课程名称。要求在查询结果中有 "学号"、"姓名"、"课程名称" 和 "成绩" 字段。

② 查找某个学院的学生的全部信息。查询参数接受学院名称。

（3）创建一个交叉表查询。

① 查找各学院的教师的各种职称的人数，其中 "学院代码" 为行标题、"职称" 为列标题、行列交叉点（值）为统计的人数。建议使用交叉表查询向导完成查询初步设计后，再使用查询设计视图，修改字段名。

② 创建一个交叉表查询：检索学生选修课程的情况，其中行标题为 "学号"、"姓名" 和 "总分"，列标题为 "课程名称"，行列交叉点（值）为学生学习课程的成绩。

（4）创建操作查询。

① 将 "选课" 表中成绩为不及格的记录生成一个 "补考成绩" 表（字段包括："学号"、"姓名"、"课程号"、"学院代码" 和 "成绩"）。

② 将没有学生选修的课程记录生成 "无选修课程" 表。

③ 将 "补考成绩" 表中的成绩改为空值。

④ 将 Access 数据库课程学时数增加 6 学时。

⑤ 将没有参加考试的学生的选课的记录追加到 "补考成绩表" 中。

⑥ 将没有参加考试的学生的选课的记录从 "选课" 表删除。

（5）SQL 查询。

① 查找选课成绩在 70 ~ 80 分的学生的信息。

② 统计每个学生所学课程的 "总分" 和 "平均分"。

③ 查找选修了计算机文化基础课程的所有学生的 "学号"、"姓名" 和 "成绩"，成绩按降序排。

④ 统计 14 级（学号前两位为年级号）选修了大学英语的学生的 "平均分" 和 "人数"。

⑤ 查找至少选修了三门以上课程的学生的 "姓名" 及 "选课门数"。

第 4 章

窗　体

本章介绍窗体的概念；使用向导创建窗体的方法；使用各种控件设计窗体的方法；窗体布局的修饰方法；创建导航窗体和设置启动窗体等方法。

4.1　窗体的简介

窗体是 Access 数据库中的一个重要对象，窗体作为人机对话的界面，主要用于对数据库中的数据进行输入、查询、新建、编辑、删除和显示等操作，以及作为应用程序的控制界面。在一个 Access 数据库应用系统开发完成后，对数据库的所有操作都可以集成在窗体上。窗体设计的好坏反应数据库应用系统界面的友好性和可操作性。

4.1.1　窗体的基本类型

Access 提供六种不同类型的窗体，它们是：纵栏式窗体、表格式窗体、数据表窗体、主 / 子窗体、图表窗体和数据透视窗体。

1. 纵栏式窗体

纵栏式窗体一般用于数据输入，如图 4-1 所示。纵栏式窗体是将字段排成列，分别显示字段名和字段的内容，在窗体上只能显示一条记录的内容，可以通过记录浏览按钮的翻页方式改变显示的记录，所以又称单一窗体。

图 4-1　纵栏式窗体

2. 表格式窗体

表格式窗体可以在一个窗体中显示多条记录，又称连续窗体，如图 4-2 所示。当记录数目或字段的数目超过窗体显示范围时，窗体上会出现垂直或水平的滚动条，拖动滚动条可以显示窗体中未显示完的记录或字段。

3. 数据表窗体

数据表窗体与表在数据表视图中显示的界面相同，它可以在窗口中显示多条记录，当记录数目超过窗体显示范围时，可以通过拖动滚动条来浏览全部记录。数据表窗体的主要功能是可以作为一个窗体的子窗体，如图 4-3 所示。

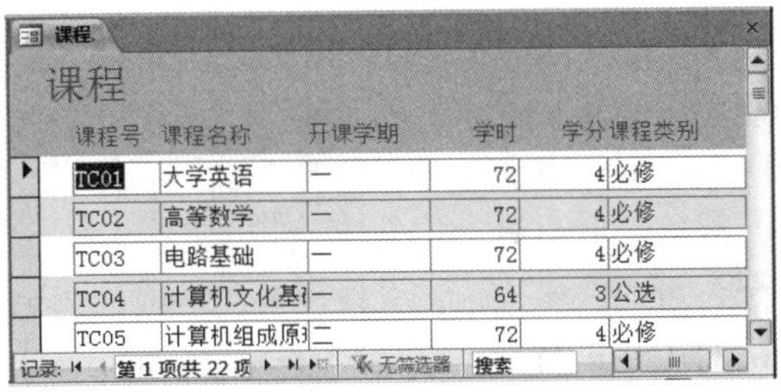

图 4-2　表格式窗体 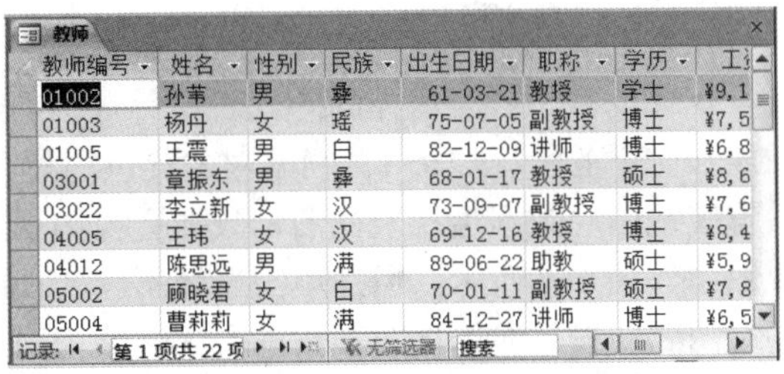　　　　　　　图 4-3　数据表窗体

4. 主/子窗体

主/子窗体主要用来显示表之间具有一对多关系的数据。主窗体显示"一"方数据表的数据，一般采用纵栏式窗体；子窗体显示"多"方数据表的数据，通常采用数据表式或表格式窗体，如图 4-4 所示。

图 4-4　主/子窗体

5. 图表窗体

图表窗体是将数据经过一定的处理，以图表的形式形象、直观地显示出来，它可以非常清楚地展示数据的变化状态及发展趋势，如图 4-5 所示。图表窗体既可以单独使用，也可以作为子窗体嵌入其他窗体中。

6. 数据透视窗体

Access 可以创建数据透视图和数据透视表两种窗体，主要用于对数据的分析和汇总。数据透视表是一个交叉表，可以定义行、列、页和汇总数据，用于汇总并分析数据，如图 4-6 所示。数据透视图以图形的方式展示数据，用于数据的图形分析，如图 4-7 所示。

图 4-5　图表窗体

图 4-6　数据透视表

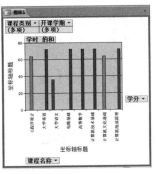

图 4-7　数据透视图

4.1.2 窗体的视图

窗体的视图就是窗体的外观表现形式，不同的视图具有不同的功能和应用范围。Access为窗体对象提供六种视图形式：窗体视图、数据表视图、数据透视表视图、数据透视图视图、布局视图和设计视图，如图4-8所示。通过单击选择不同的视图命令，可以在不同的视图间切换。窗体视图和数据表视图是为用户提供的用于进行数据显示和操作的应用界面。

图4-8 六种窗体视图形式

1. 窗体视图

窗体视图是窗体的显示视图，是完成窗体设计后的运行的效果视图。在此视图中可以对捆绑的数据源数据进行查看、输入、修改、删除等操作。

2. 数据表视图

数据表视图是以表格形式显示数据源中的数据，多用于编辑、添加、删除和查找数据。

3. 数据透视表和数据透视图视图

数据透视表和数据透视图视图是用于动态地更改所显示和统计分析数据的视图。具体操作是通过选择不同的行标题、列标题和筛选字段，窗体会立即按照新的选择重新计算并显示数据。

4. 布局视图

布局视图是用于直观地调整窗体整体设计，编辑修改窗体上各控件的位置、大小和属性等。在布局视图中窗体正在运行，显示的数据与在窗体视图中的显示外观相似。

5. 设计视图

窗体设计视图显示了窗体的结构，并提供了许多设计工具。在此视图中可以设计和编辑修改窗体的结构、布局，控件等，但不显示数据源数据，是自主设计个性化窗体常用的视图。

4.1.3 窗体的结构

窗体一般由窗体页眉、窗体页脚、页面页眉、页面页脚和主体组成，每一部分都是窗体的"节"，如图4-9所示。窗体页眉内容只会出现在窗体的顶部。它主要用作显示窗体的标题或字段名等标签或文本框等控件。在多记录的窗体中，窗体页眉中的内容并不滚动，会一直显示在屏幕上。打印时，窗体页眉只出现在第一页的顶部。

窗体页脚的内容出现在窗体的底部，它主要用作显示每页的公用内容提示或放置打开相关的窗体或运行其他任务的命令按钮等。打印时，窗体页脚的内容只出现在最后一条记录的后面。

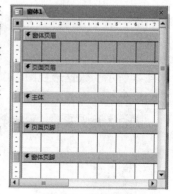

图4-9 窗体的节

页面页眉和页面页脚只在打印或预览窗体时才显示。页面页眉位于窗体页眉之后，用于在打印窗体时每一页的顶部标题、列标题、日期或页码。

页面页脚位于窗体页脚之前（在设计视图中），用于在打印窗体时每一页的底部出现页汇总、日期或页码。

主体用于显示记录源的数据，显示一条或多条记录。

4.2　创建窗体

在 Access 中提供"窗体""窗体设计""空白窗体""窗体向导""导航""其他窗体"六种方法来创建窗体，如图 4-10 所示。可分为两大类：一类是通过向导创建窗体；另一类是使用设计视图创建窗体。使用向导时，系统会提示用户输入有关信息，并根据用户所提供的信息创建窗体。使用设计视图时，要确定窗体的数据源、根据需要添加控件、调整各控件在窗体上的布局并设置其属性，格式化窗体的外观。

其中，"导航"按钮又包括六个命令，如图 4-11 所示；"其他窗体"按钮包括六个命令，如图 4-12 所示。

图 4-10　"窗体"组

图 4-11　"导航"命令

图 4-12　"其他窗体"命令

4.2.1　自动创建窗体

在 Access 中提供自动创建窗体的方法来帮助用户快捷地建立窗体。自动创建窗体基于单个表或查询创建窗体。如果选定数据源（表或查询），窗体将包含来自这些数据源的所有字段和记录。具体操作方法：先指定数据源，即在"导航窗格"中单击选定一个表或查询，再单击"创建|窗体"组中提供的有关自动创建窗体按钮，即可建立相应的窗体。

1. 使用"窗体"创建窗体

利用 Access 中提供的"窗体"按钮可自动创建一个一次只输入一条记录的纵栏式单个窗体，并且以布局视图显示。

【例 4.1】 以"课程"表为数据源，利用"窗体"按钮快速创建一个窗体，保存窗体名称为"课程表"。

操作步骤如下：

（1）打开"教学管理"数据库。

（2）单击"导航窗格"表对象列表中的"课程"表，单击"创建|窗体|窗体"按钮，系统自动生成纵栏式窗体，且处于布局视图方式，其中包含"选课"表的数据表子窗体（"课程"表和"选课"表是一对多的关系），如图 4-13 所示。

（3）单击"保存"按钮，打开"另存为"对话框，在"窗体名称"文本框内输入"课程表"，如图 4-14 所示，单击"确定"按钮保存。

从图 4-13 可见，通过窗体的导航按钮可以对"课程"表和"选课"表的数据进行数据操作，如数据的浏览、查找、追加和删除操作。操作方法同在数据表中一样。可切换到窗体的设计视图重新设置为阻止这些操作。

注意： 使用"窗体"按钮创建窗体时，如果指定的数据表有一对多的子表，则创建的窗体会自动生成数据表视图的子窗体。

图 4-13 纵栏式窗体布局视图

图 4-14 保存窗体

2. 使用"数据表"创建窗体

利用"数据表"按钮可自动创建以数据表形式显示记录的数据表窗体。

微课4-2：使用"数据表"创建窗体

【例 4.2】以"学院"表为数据源，利用"数据表"按钮快速创建一个窗体，保存窗体名称为"学院表"。

操作步骤如下：

（1）打开"教学管理"数据库。

（2）单击"导航窗格"表对象列表中的"学院"表，单击"创建|窗体|其他窗体|数据表"按钮（见图 4-12），系统自动生成数据表视图窗体，如图 4-15 所示。

（3）单击"保存"按钮，打开"另存为"对话框，在"窗体名称"文本框内输入"学院表"，单击"确定"按钮保存。

3. 使用"多个项目"创建窗体

利用"多个项目"按钮可自动创建以多条记录显示的连续窗体，并且以布局视图显示。

微课4-3：使用"多个项目"创建窗体

【例 4.3】以"学院"表为数据源，利用"多个项目"按钮快速创建一个窗体，保存窗体名称为"学院表 1"。

操作步骤如下：

（1）打开"教学管理"数据库。

（2）单击"导航窗格"表对象列表中的"学院"表，单击"创建|窗体|其他窗体|多个项目"按钮（见图 4-12），系统自动生成以布局视图显示的连续窗体，如图 4-16 所示。

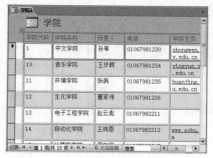

图 4-15 数据表窗体

图 4-16 多个项目窗体

（3）单击"保存"按钮，打开"另存为"对话框，在"窗体名称"文本框内输入"学院表 1"，单击"确定"按钮保存。

4. 使用"分割窗体"创建窗体

分割窗体可以同时提供数据的两种视图：窗体视图和数据表视图。这两种视图连接到同一数据源，并且总是保持相互同步。如果在窗体的一个部分中选择了一个字段，则会在窗体的另一部分中选择相同的字段。可以在任一部分中添加、编辑或删除数据。

利用"分割窗体"按钮可自动创建以多条记录显示的连续窗体，并且以布局视图显示。

微课4-4：使用"分割窗体"创建窗体

【例4.4】以"课程"表为数据源，利用"分割窗体"按钮自动创建一个窗体，保存窗体名称为"课程表1"。

操作步骤如下：

（1）打开"教学管理"数据库。

（2）单击"导航窗格"表对象列表中的"课程"表，单击"创建|窗体|其他窗体|分割窗体"按钮（见图4-12），系统自动生成以布局视图显示的分割窗体，如图4-17所示。

图 4-17 分割窗体

（3）单击"保存"按钮，打开"另存为"对话框，在"窗体名称"文本框内输入"课程表1"，单击"确定"按钮保存。

5. 使用"数据透视图"创建窗体

创建数据透视图窗体时，只要将作为数据源的表或查询中的字段根据需要从字段列表中拖至相应的区域中，并确定需要汇总的数据，就可以得到数据透视图窗体。

微课4-5：使用"数据透视图"创建窗体

【例4.5】在"教学管理"数据库中创建教师中具有高级职称的少数民族教师学历情况的统计图窗体（数据透视图窗体），保存窗体名称为"高级职称少数民族教师学历统计透视图"。

操作步骤如下：

（1）打开"教学管理"数据库。

（2）单击"导航窗格"表对象列表中的"教师"表，单击"创建|窗体|其他窗体|数据透视图"按钮（见图4-12），打开"数据透视图"窗体的设计视图，如图4-18所示。

（3）单击"设计|显示/隐藏|字段列表"按钮，弹出"图标字段列表"框其中列出"教师"表的所有字段（也可右击空白处，从弹出的快捷菜单中选择"字段列表"命令），将需要的字段从"图表字段列表"框中拖至相应的区域，如图4-18所示。

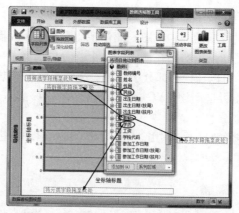

图 4-18　数据透视图窗体的设计视图

（4）单击"民族"字段下拉按钮，打开"民族"字段的复选框列表，设置为不选中"汉"复选框。单击"确定"按钮，"民族"字段下方显示为"不包括：汉"，如图 4-19 所示。

（5）单击"职称"字段下拉按钮，打开"职称"字段的复选框列表，设置为选中"教授"和"副教授"复选框，单击"确定"按钮，如图 4-19 所示。单击"设计 | 显示 / 隐藏 | 图例"按钮，打开职称的图例显示框。

（6）选择水平坐标轴上的"坐标轴标题"，单击"设计 | 工具 | 属性表"按钮，弹出"属性"对话框，选择"格式"选项卡的标题项，在"标题"文本框中输入"学历分类"；同样，对垂直坐标轴上的"坐标轴标题"进行设置，输入标题"人数"，得到数据透视图窗体，如图 4-19 所示。

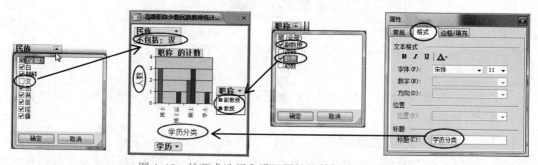

图 4-19　按要求选择和设置属性的数据透视图窗体

（7）单击"保存"按钮，弹出"另存为"对话框，在"窗体名称"文本框内输入"高级职称少数民族教师学历统计透视图"，单击"确定"按钮保存。

6. 使用"数据透视表"创建窗体

微课 4-6：使用"数据透视表"创建窗体

数据透视表是一种交互式的数据表，可以按照用户选定的计算方法进行汇总并分析数据，可以通过拖动字段，或通过显示和隐藏字段的下拉列表中的选项，来查看不同级别的详细信息或指定布局。

创建数据透视表窗体的操作同数据透视图窗体相似。

【例 4.6】用数据透视表窗体显示计算机学院学生第一、二学期所选课程和成绩及相应汇总的平均成绩（包括每门课程、每个学生、每个学期和每个学年汇总的平均成绩），保存窗体名称为"计算机学院学生选课成绩汇总透视表"。

操作步骤如下：

（1）打开"教学管理"数据库。

（2）根据题目要求，首先创建一个涉及"学院名称"、"开课学期"、"学号"、"姓名"、"课程名称"和"成绩"的查询作为透视表的数据源，如图 4-20 所示，并命名为"学生选课情况"。

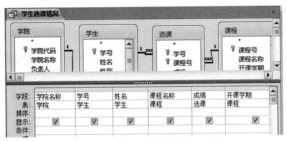

图 4-20　"学生选课情况"查询

（3）单击"导航窗格"查询对象列表中的"学生选课情况"查询，单击"创建 | 窗体 | 其他窗体 | 数据透视表"按钮，打开"数据透视表"窗体的设计视图，如图 4-21 所示。

（4）单击"设计 | 显示 / 隐藏 | 字段列表"按钮，弹出的"数据透视表字段列表"框中列出了"学生选课情况"查询的所有字段（也可右击空白处，从弹出的快捷菜单中选择"字段列表"命令），将需要的字段从"数据透视表字段列表"框中拖至相应的区域，如图 4-21 所示。

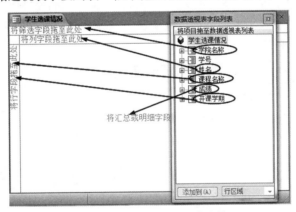

图 4-21　设计数据透视表窗体

（5）在已经生成的数据透视表中，单击"学院名称"下拉按钮，从弹出的下拉列表中选择"计算机学院"选项；单击"开课学期"下拉按钮，从弹出的下拉列表中选择"一"和"二"选项；单击选中任一个成绩值，然后单击"设计 | 工具 | 自动计算"按钮Σ，在其下拉列表中选择"平均值"选项，即可出现需要的数据透视表窗体。选中所有的成绩区域中的成绩值，右击，在弹出的快捷菜单中选择"隐藏详细信息"命令，得到紧凑格式的数据透视表视图，如图 4-22 所示。可以对窗体的布局进行调整，行与行、列与列之间的顺序调整使用拖动的方式即可。

（6）单击"保存"按钮，弹出"另存为"对话框，在"窗体名称"文本框内输入"计算机学院学生选课成绩汇总透视表"，单击"确定"按钮保存。

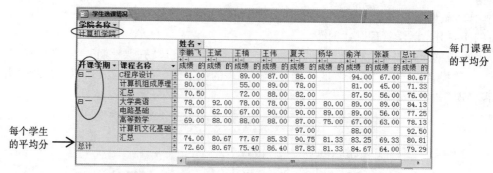

图 4-22　数据透视表窗体

7. 使用"空白窗体"创建窗体

使用"空白窗体"按钮创建窗体时，窗体为布局视图，系统自动显示"字段列表"窗格，从"字段列表"中选择需要的字段到窗体相应的区域中即可。

【例 4.7】以"教师"表为数据源，使用"空白窗体"按钮，创建名为"教师表"窗体。

微课4-7：使用"空白窗体"创建窗体

操作步骤如下：

（1）打开"教学管理"数据库。

（2）单击"创建|窗体|空白窗体"按钮，打开"空白窗体"的布局视图，并且在窗体右侧显示"字段列表"窗格，如图 4-23 所示。

（3）单击"字段列表"中"教师"表左侧的加号"+"，展开其所有字段。

（4）双击或拖动需要的字段到窗体上，即可显示数据源第一条记录的字段信息，如图 4-23 所示。

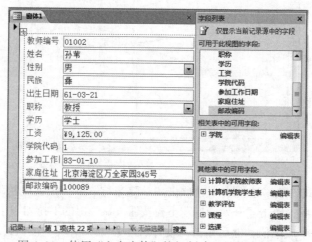

图 4-23　使用"空白窗体"按钮创建"教师表"窗体

（5）单击"保存"按钮，弹出"另存为"对话框，在"窗体名称"文本框内输入"教师表"，单击"确定"按钮保存。

注意： 如果选择关联表的字段到窗体上，则系统会自动创建主/子窗体的窗体。

4.2.2　使用窗体向导创建窗体

使用向导创建窗体与自动创建窗体的方法不同，利用窗体向导可以按系统给定的步骤对要建立的窗体进行一定的设置，在向导中可以选择多个表或查询，可以进行字段的选择和字段顺序排列，还可以设置窗体的类型和背景图案。窗体向导能够根据用户的设置创建相应的窗体。

　　利用窗体向导可以直接创建主 / 子窗体，在窗体中应包含多个表或查询中的数据，数据表之间应该具有一对多的关系。如果窗体数据源为多个表，并且表之间数据具有一对多的关系，那么"一"方的数据表的数据可以根据需要设置显示在主窗体或子窗体中，而"多"方数据表的数据只能显示在子窗体中。

　　【例 4.8】在"教学管理"数据库中创建一个课程选修情况的窗体，包括的数据有："课程号"、"课程名称"、"学院名称"、"学号"、"姓名"及"成绩"。保存窗体名称为"课程及选修信息"。

　　操作步骤如下：

　　（1）打开"教学管理"数据库。

　　（2）单击"创建 | 窗体 | 窗体向导"按钮[图]，弹出"窗体向导"对话框，如图 4-24 所示。

　　（3）在为窗体选择字段的对话框中，在"表 / 查询"组合框的下拉列表中分别选择"课程"表中的"课程号"和"课程名称"字段；"学院"表中的"学院名称"字段；"学生"表中的"学号"和"姓名"字段；"选课"表中的"成绩"字段，将其添加到"选定字段"列表框中，如图 4-24 所示。

　　（4）单击"下一步"按钮，打开设置查看数据方式的对话框，选中"带有子窗体的窗体"单选按钮，选择窗体的数据布局方式为"通过课程"，如图 4-25 所示。

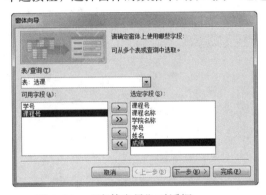

图 4-24　"窗体向导"对话框

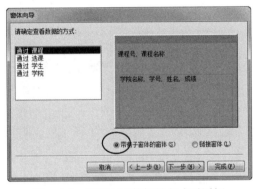

图 4-25　确定查看数据的方式对话框

　　注意：在本例中根据数据源的选择，有三种主 / 子窗体数据的布局方式，在窗口的右部有窗体的数据布局预览图，可以根据需要进行选择。其余两种主 / 子窗体数据的布局方式如图 4-26 所示。

　　另外，若选择主 / 子窗体结构为"链接窗体"方式，则在创建好的窗体中将有一个"选课"按钮而没有子窗体，通过单击"选课"按钮来打开子窗体，如图 4-27 所示。

　　（5）单击"下一步"按钮，打开选择子窗体布局对话框，选择子窗体的布局为"数据表"，如图 4-28 所示。选择这种布局方式，子窗体中的数据将显示为数据表形式。

　　（6）单击"下一步"按钮，打开确定主窗体和子窗体的标题对话框，在窗体文本框中输入"课程及选修信息"，在"子窗体"文本框输入"选课"，如图 4-29 所示，然后单击"完成"按钮，完成窗体的创建，打开窗体视图，如图 4-30 所示。

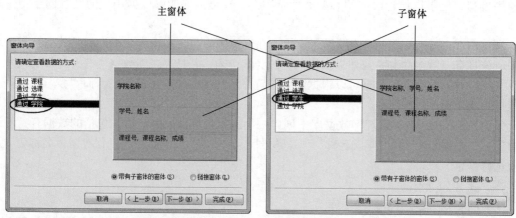

图 4-26 其余两种主／子窗体数据的布局方式

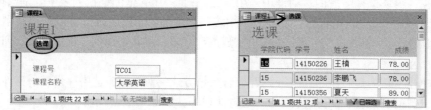

图 4-27 链接窗体

图 4-28 确定子窗体的布局

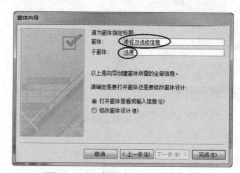

图 4-29 确定主／子窗体名称

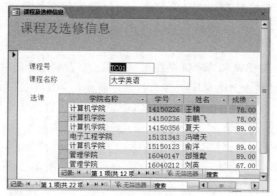

图 4-30 窗体视图

4.3　自己设计窗体

以上介绍的窗体的创建，是使用 Access 自动创建窗体的功能或窗体向导，通过数据源确定或一些简单的窗体布局设定，即可创建可以使用的窗体视图。有时为了满足功能上的要求，需要设计更加复杂的窗体，此时就可以应用 Access 提供的窗体设计视图来完成。窗体设计视图比窗体向导的功能更加强大，窗体的设计视图主要用来新建窗体和修改已有的窗体结构。即通过窗体设计视图不仅可以从头设计一个窗体，还可以用来对一个已有的窗体进行编辑和修改。在窗体的设计视图中，可以指定窗体的数据源，向窗体中添加各种控件，调整窗体的外观等。

4.3.1　窗体的设计视图

窗体的设计视图是为系统设计者提供的设计界面。打开窗体设计视图的操作方法：单击"创建 | 窗体 | 窗体设计"按钮，即可打开只有主体节的窗体设计视图，如图 4–31 所示，再按实际需要添加页眉、页脚和各种控件，或指定记录源等进行设计，如图 4–32 所示。

图 4–31　窗体设计视图

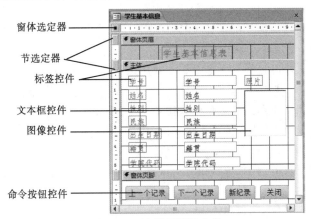

图 4–32　按需要设计窗体

1. 添加页眉、页脚

在新建一个窗体并打开窗体设计视图时，看到的只有主体节。如果要添加页眉和页脚，将鼠标指针放在窗体设计区域（不要在控件上），右击，从弹出的快捷菜单中选择"窗体页眉 / 窗体页脚"命令或"页面页眉 / 页面页脚"命令，如图 4–33 所示，相应页眉节和页脚节就会添加到窗体设计视图上（见图 4–32）。否则，使用该命令将删除窗体相应的页眉节和页脚节。

2. 改变节的大小

窗体上的各节的高度是可以改变的，设置节的大小有两种方法。

图 4–33　快捷菜单

方法一：将鼠标指针放在对应节的分隔条上或边缘上时，鼠标指针变为上下箭头 ↕ 或左右箭头 ↔ 时，按下鼠标左键，并拖动鼠标增大或缩小节高度或宽度，当节调整为合适大小时释放鼠标；将鼠标放在节的右下角边缘当鼠标指针变为上下左右箭头 ✛ 时，按下鼠标左键，沿对角拖动鼠标可以同时增大或缩小节高度和宽度。

方法二：是通过节的属性对话框的"格式"选项卡中的"高度"属性值来完成节的高度的设

置。节的宽度不能单独设置，可以通过窗体的属性对话框的"格式"选项卡中的"宽度"属性值来设置，实现对整个窗体的宽度设置。具体设置参见第 4.4.1 小节。

如果只需要页眉而不需要页脚，则可以将页脚的高度调节为零。在调整"节"大小的同时，也就调整了窗体的大小。

4.3.2　在"设计视图"中创建窗体

使用设计视图创建窗体的操作步骤：

（1）单击"创建 | 窗体 | 窗体设计"按钮 ，打开只有主体节的窗体名为"窗体 N"（N 为序号，系统默认）的设计视图，同时显示出"窗体设计工具"上下文选项卡，包括"设计"、"排列"和"格式"选项卡，如图 4-34 所示。

图 4-34　"窗体设计工具"上下文选项卡

"设计"选项卡包括"视图"、"主题"、"控件"、"页眉 / 页脚"和"工具"五个组，提供窗体所用的设计工具。

"排列"选项卡包括"表"、"行和列"、"合并 / 拆分"、"移动"、"位置"和"调整大小和排序"六个组，主要用来对窗体的控件进行排列和对齐。

"格式"选项卡包括"所选内容"、"字体"、"数字"、"背景"和"控件格式"五个组，主要用来对控件进行格式化。

（2）为窗体设定记录源。

（3）在窗体上添加控件。

（4）调整控件位置、设置窗体属性。

（5）切换视图，查看结果。

（6）保存窗体。

在窗体设计视图中有窗体设计区（默认主体节）、窗体的"属性表"窗格、数据源的"字段列表"和"控件"组提供的各种控件，它们都是窗体设计过程中不可缺少的部分。

【例 4.9】用"选课"表作为数据源创建名为"选课信息"窗体，要求设置窗体的标题为"选课表"。

微课4-8：创建
主子窗体

操作步骤如下：

（1）打开"教学管理"数据库。

（2）单击"创建 | 窗体 | 窗体设计"按钮 ，打开只有主体节的窗体设计视图。

（3）单击"设计 | 工具 | 属性表"按钮 ，或右击主体节空白处，从弹出的快捷菜单中选择"属性"命令，如图 4-35（a）所示，打开"属性表"窗格，选择"窗体"对象，单击"数据"选项卡，如图 4-35（b）所示，在记录源右侧的下拉列表中选择"选课"表，单击"格式"选项卡，在"标题"文本框中输入"选课表"，如图 4-35（c）所示。

（4）单击"设计 | 工具 | 添加现有字段"按钮 ，打开"字段列表"窗格，如图 4-36 所示。

（5）拖动"字段列表"中的"学号""课程号""成绩"字段到主体中，也可双击字段名称自动添加到主体节中，即添加标签和文本框控件，如图 4-36 所示。

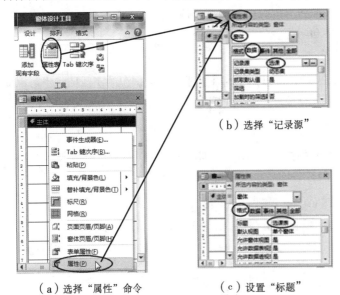

（a）选择"属性"命令 　　　　　（c）设置"标题"

图 4-35　设置窗体"记录源"和"标题"

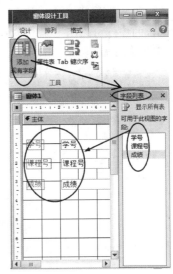

图 4-36　将字段添加到窗体设计视图

注意： 添加字段到主体节中时，会创建绑定控件，即每个字段对应一个标签和一个文本框两个控件，标签用于提示文本框的内容，就是字段名称；文本框用于显示或输入字段中的数据（记录数据）。

（6）选定各控件并通过"排列""格式"选项卡各个组中的按钮或"属性表"对话框中的选项进行字体、字号、对齐等相应的格式化操作。在此全选所有控件，设置"字体"为"华文楷体"、"字号"为"14"、"文本对齐"为"文本左对齐"。

注意： "属性表"窗格中包含"格式"、"数据"、"事件"、"其他"和"全部"五个选项卡，"全部"选项卡为其他四个选项卡之汇总。窗体上的控件的属性都可在"属性表"中进行精确设置。

（7）单击"窗体视图"按钮，显示窗体视图，如图 4-37 所示。

（8）单击"保存"按钮，打开保存对话框，输入要保存的窗体名"选课信息"。

注意： 窗体名称和窗体标题的区别。

图 4-37　"选课信息"窗体

4.3.3　控件的概念

控件是可以使用在窗体和报表上的对象，如标签、文本框或命令按钮等。使用控件可以显示数据或输入数据，或实现其他功能。控件有三种基本类型。

1. 绑定型控件

控件与数据源的字段列表中的字段结合在一起，当给绑定型控件输入某个值时，Access 自动更新当前记录中的表字段值。大多数允许输入信息的控件都是绑定型控件。可以和控件绑定的字段类型包括文本、数值、货币、日期、是 / 否、OLE 对象和备注型字段。

2. 非绑定型控件

控件与数据源无关。当给控件输入值时，可以保留输入的值，但是它们不会更新表字段值。非绑定的控件可以用于显示文本、线条和图像。

3. 计算型控件

计算型控件以表达式作为数据源，表达式可以使用窗体或报表中数据源的字段值，也可以使用窗体或报表上的其他控件中的数据。计算型控件也是非绑定型控件，所以它不会更新表的字段值。

4.3.4　常见控件介绍

在窗体和报表的设计中包含多种类型的控件，单击"窗体设计工具 | 设计"选项卡，"控件"组中列出了常用控件，如图 4-38 所示。控件的名称和功能如表 4-1 所示。

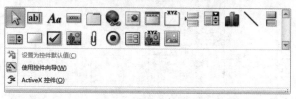

图 4-38　"控件"组

表 4-1　常用控件

控件名称	功　　　能
选择对象	用于选择窗体中的对象。其默认状态是选中状态
文本框	接收数据和处理字段中的内容，如显示、输入或编辑数据源数据；显示计算结果或接受用户所输入的数据
标签	显示说明性的文本，如标题、说明性文字
命令按钮	用来执行某个操作，可以用来调用宏或运行 VBA 程序
选项卡控件	可以在窗体上创建多个可以切换或活动的页面
插入超链接	创建指向网页、图片、电子邮件或程序的链接
Web 浏览器控件	浏览指定网页或文件的内容
导航控件	创建导航标签，用于显示不同的窗体和报表
选项组	可以包含多个选项按钮、复选框及切换按钮
分页符	用于指定多页窗体或报表的分页位置
组合框	将文本框和下拉列表框功能合在一起，可输入数据也可选择数据
图表	用于创建图表
直线	用于画直线
切换按钮	两种状态的控件。代表开 / 关、真 / 假值，或单个用于指定是 / 否的选择
列表框	显示可滚动的一个数据列表，可从列表中选择一个值
矩形	在窗体或报表上绘制任何颜色和大小的矩形框，可将相关的控件组织在一起
复选框	也是两种状态的控件。在选中时按钮显示成含有"√"的方框
未绑定对象框	用于创建与表字段值无关的 OLE 对象。当在记录间移动时，该对象保持不变
附件	用于在窗体中插入附件

续表

控件名称	功　　能
◉ 选项按钮	创建单选按钮。当被选中时，按钮显示为带有黑点的圆圈
🔳 子窗体 / 子报表	在原始窗体或报表中显示另一个窗体或报表
绑定对象框	控件包含与表字段值对应的 OLE 对象
🖼	用于添加静态图片。静态图片并非 OLE 对象，一旦将图片添加到窗体或报表中，就不能在 Access 内进行图片编辑
🜊 ActiveX 控件	用于显示系统上已安装的 ActiveX 控件，可以将其用于设计的窗体上

另一个工具是"使用控件向导"按钮🔳（见图 4-38），其默认状态是启动状态，其作用是在添加特定控件时自动激活控件向导。

在窗体设计视图中选定控件的操作是：在窗体中用鼠标拖出一个方框，方框中的所有控件都被选中。若要选择不相邻的几个控件，可以先单击一个控件，然后按住【Shift】键或【Ctrl】键再单击其他控件即可；用鼠标在要选择的控件的范围内拖动，也可以选择多个控件。

可以移动控件、调整控件的大小或设置其字体属性，也可以添加控件以显示计算值、总计、当前日期与时间以及其他有关的信息。

如果要精确设置控件大小；距离窗体上边、左边的位置；控件来源等所有属性可在"属性表"中设置。

4.3.5　操作控件

操作控件可以有效地组织窗体中控件的布局，直接对控件进行操作，如移动控件、调整控件的大小等。

1. 选定控件

在窗体设计视图中，单击某个控件时，该控件即被选中，这时可以看到在该控件周围有 8 个控制点，如图 4-39（a）所示。

注意：许多类型的控件都带有附加标签。当选择这些控件时，附加标签和控件将作为一个整体被选中。

选定控件还可以从"窗体设计工具 | 格式"选项卡的"所选内容"组的"对象"列表框中进项选择，如图 4-39（b）所示。也可以从"属性表"窗格的对象列表中选择。

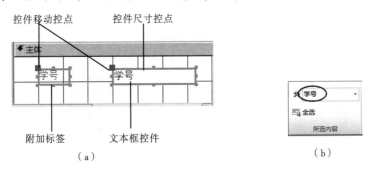

图 4-39　选中的控件和"所选内容"组

2. 移动控件

当鼠标指针移到被选中控件时，指针变为十字箭头✥，此时可同时将选中的一个或多个控件及其附加标签拖至新的位置，如图 4-40（a）所示；当鼠标指针移到被选中控件的"移动控点"上时，可拖动 鼠标指针所指处的控件到新的位置，如图 4-40（b）所示。

如果要将控件从主体移动到其他的位置（如窗体页眉或窗体页脚），对控件应实施剪切和粘贴操作来完成对控件的移动操作。

3. 调整控件的大小

如果要同时调整控件的高度和宽度，则可以选中控件，将鼠标指针移到控件边框角上的任何一个尺寸控点上，这时鼠标指针将变为对角线形双箭头 ↗ 或 ↖，如图 4-40（c）拖动该箭头到一个大小合适的位置，然后释放鼠标。

如果只调整控件的高度或宽度，则可以选中控件，将鼠标指针移到控件水平或垂直边框上的任何一个尺寸控点上，这时的鼠标指针将变为一个垂直的双箭头 ↕ 或水平的双箭头 ↔，拖动该箭头到一个大小合适的位置，然后释放鼠标，如图 4-40（d）和（e）所示。

|（a）|（b）|（c）|（d）|（e）|

图 4-40　移动控件和调整大小

也可单击"窗体设计工具 | 排列 | 调整大小和排序 | 大小 / 空格"按钮，在其下拉菜单中进行选择调整大小和间距等，如图 4-41 所示。

4. 控件对齐

如果在窗体中设计了多个控件需要对齐，则可以选中控件，然后单击"窗体设计工具 | 排列 | 调整大小和排序 | 对齐"按钮，在"对齐"下拉菜单中选择需要的对齐格式命令，如图 4-42 所示。

图 4-41　"大小空格"菜单

图 4-42　"对齐"菜单

5. 更改在控件中的文本和数据

如果要更改标签或非绑定文本框等控件中的文本，可选择控件，选定文本，然后输入新的

文本即可。如果要更改绑定型控件所结合的字段，则首先选择控件，然后单击"设计 | 工具 | 属性表"按钮，打开"属性表"窗格，选择"数据"选项卡，单击"控件来源"组合框右边的下拉按钮，在弹出的下拉列表中选择一个字段。

4.3.6　向窗体添加控件

窗体上任何控件都有自己的名称。在窗体设计视图中，通过选择"控件"组中的各个按钮并在窗体适当位置拖动即可添加控件对象。在向窗体添加控件时，系统会自动为其命名，如标签为 Label0、Label2 等，文本框为 Text0、Text1 等，命令按钮为 Command0、Command2 等。可通过其"属性表"中名称属性改为指定的名称。数字 0、2 等为创建对象的先后所致，系统自动命名。本书 中用 N 代表序号。

1.　标签

"标签"用于在窗体、报表中显示说明性的文字（如标题或说明等），"标签"是不接受输入值的非绑定控件。它可以是一个独立的控件，也可以用于其他控件上作为它们的说明。

【例 4.10】 用"窗体设计"按钮创建名为"学生信息"的窗体，要求在窗体页眉节中添加一个"标签"，其标题为"学生基本信息"，名称为"Lab1"。

操作步骤如下：

（1）打开"教学管理"数据库。

（2）单击"创建 | 窗体 | 窗体设计"按钮，打开只有主体节的窗体设计视图。

（3）右击窗体空白处，从弹出的快捷菜单中选择"窗体页眉 / 窗体页脚"命令，添加"窗体页眉 / 窗体页脚"节，如图 4–43 所示。

（4）单击"设计 | 控件 | 标签"按钮 **Aa**，然后在窗体页眉节内适当位置单击并拖动鼠标创建适合标签大小的矩形，在其中输入"学生基本信息"。若标签为多行文本，可以在每行末尾按【Ctrl+Enter】组合键换行。系统自动定义标签的名称为 LabelN，如图 4–43 所示。

（5）单击"设计 | 工具 | 属性表"按钮，打开"属性表"窗格，选择"全部"选项卡或"其他"选项卡，在"名称"文本框中输入"Lab1"，如图 4–44 所示。

图 4–43　添加"标签"控件

图 4–44　设置"名称"属性

（6）单击"保存"按钮，打开保存对话框，输入要保存的窗体名"学生信息"。

2.　文本框

文本框用来显示或输入数据，有绑定型和非绑定型两种文本框。

非绑定型文本框一般用来接收输入的数据，或用来显示表达式的结果。

【例 4.11】在【例 4.10】创建的"学生信息"窗体的页眉节添加一个"文本框"控件。要求："文本框"的附加标签显示"日期是："，其名称为"Lab2"；"文本框"显示当前系统日期，其名称为"txt1"。

操作步骤如下：

（1）打开"学生信息"窗体设计视图。

（2）单击"设计 | 控件 | 文本框"按钮 **abl**，然后在窗体页眉节内适当位置单击并拖动鼠标创建适合文本框大小的矩形。在系统默认状态下，会打开文本框向导对话框，可单击"取消"或"完成"按钮，即可在窗体内创建一个带有附加标签的"未绑定"文本框。系统自动定义文本框的名称为 TextN，附加标签的标题与文本框的名称相同，如图 4-45 所示。

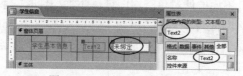

图 4-45　添加非绑定文本框

也可单击"设计 | 控件 | 使用控件向导"按钮，设置为禁用状态，再添加"文本框"控件。

（3）在文本框内输入日期函数表达式"=Date()"，也可以打开"属性表"窗格，选择"全部"选项卡，在"名称"文本框中输入"txt1"；在"控件来源"文本框中输入该表达式；或单击"生成器"按钮，在弹出的对话框中选择"表达式生成器"命令，在打开"表达式生成器"对话框中输入表达式。

（4）单击选定附加标签，在其"属性表"窗格中选择"全部"选项卡，在"名称"文本框中输入"Lab2"，在"标题"文本框中输入"日期是："，如图 4-46 所示。

（5）切换到窗体视图状态，该控件在窗体上的显示结果如图 4-47 所示。

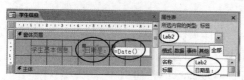

图 4-46　非绑定文本框的设计

图 4-47　非绑定文本框的窗体视图

（6）单击"保存"按钮保存。

绑定型文本框在创建之前，应确保已经绑定到数据源，数据源可以是数据表、查询或 SQL语句。

【例 4.12】以"学生"表为数据源，选择其"学号"字段到【例 4.11】创建的窗体主体节中；另外主体节中再添加一个文本框控件。要求："文本框"显示"姓名"字段的值（绑定到"姓名"字段），其名称为"txt2"；"文本框"的附加标签显示"姓名"，其名称为"Lab3"。

操作步骤如下：

（1）打开"学生信息"窗体设计视图。

（2）单击"窗体选定器"按钮，单击"设计 | 工具 | 属性表"按钮，在弹出的"属性表"窗格中选择"全部"或"数据"选项卡，在"记录源"下拉列表中选择"学生"表为窗体数据源，如图 4-48 所示。

（3）单击"设计 | 工具 | 添加现有字段"按钮，打开"字段列表"窗格。

（4）双击"学号"字段或拖动"学号"字段至主体节适当位置。这时系统将创建一个名为"学号"的文本框和一个名为"LabelN"的附加标签，文本框中的文本表示文本框和数据源的字段为绑定关系，在窗体视图中，文本框显示的是字段的内容，附加标签显示的是字段的名称，如图 4-49 所示。

图 4-48 设置窗体的"数据源"

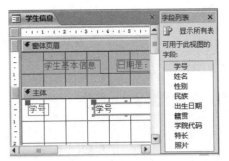

图 4-49 选定字段创建绑定文本框

（5）单击"设计 | 控件 | 文本框"按钮 **abl**，在窗体主体节内适当位置单击并拖动鼠标创建一个"未绑定"文本框，并打开其"属性表"窗格，选择"全部"选项卡，在"控件来源"下拉列表中选择"姓名"字段，在"名称"文本框中输入"txt2"，如图 4-50 所示。

（6）单击选定附加标签，在其"属性表"窗格中选择"全部"选项卡，在"名称"文本框中输入"Lab3"，在"标题"文本框中输入"姓名"，如图 4-51 所示。

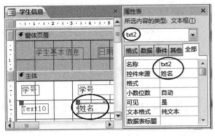

图 4-50 把非绑定文本框绑定到"姓名"字段并设置名称

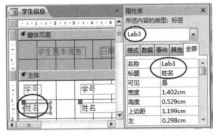

图 4-51 设置标签的"标题"和"名称"属性

（7）切换到窗体视图状态，可以显示该窗体的显示结果，如图 4-52 所示。

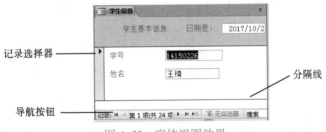

图 4-52 窗体视图效果

3. 组合框

组合框是窗体上用来提供列表框和文本框的组合功能的一种控件。该控件既可以输入一个值，也可以单击控件的下拉按钮显示一个列表，并从该列表中选择一项。

【例 4.13】在【例 4.12】创建的窗体的主体节中用控件向导添加一个组合框控件。要求："组合框"显示的列表值来源于"学院"表的"学院代码"字段的值，其名称为"com1"；"组合框"的附加标签显示"学院代码"，其名称为"Lab4"。

操作步骤如下：

（1）打开"学生信息"窗体设计视图。

（2）查看并选中"使用控件向导"按钮，单击"设计 | 控件 | 组合框"按钮，在窗体主体节内适当位置单击并拖动鼠标创建一个名为"ComboN"的"未绑定"组合框，同时打开"组

合框向导"对话框,如图4-53所示。选中"使用组合框获取其他表或查询中的值"单选按钮,单击"下一步"按钮。

(3)在为组合框提供数值的对话框中,选择"学院"表,如图4-54所示。单击"下一步"按钮。

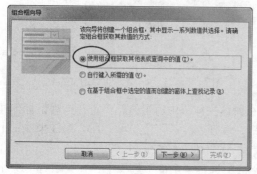

图 4-53 "组合框向导"对话框   图 4-54 选择为组合框提供数值的表或查询

(4)从"可用字段"列表框中选择"学院代码"和"学院名称"字段至"选定字段"列表框,如图4-55所示。单击"下一步"按钮,在确定列表框中的排序次序对话框中,按默认设置,单击"下一步"按钮。

(5)设置组合框中列的宽度,在此取消选中"隐藏键列"复选框(全部显示),如图4-56所示。单击"下一步"按钮。

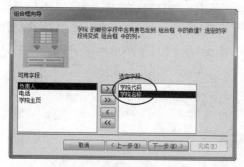
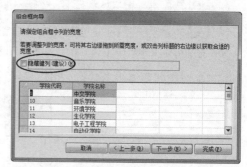

图 4-55 选择组合框中的列   图 4-56 设置组合框中列的宽度

(6)为组合框指定"可用字段",选择"学院代码",如图4-57所示。单击"下一步"按钮。

(7)指定组合框的值保存在窗体的"学院代码"字段中,如图4-58所示。单击"下一步"按钮。

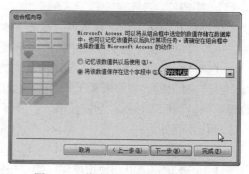

图 4-57 指定存储数据的可用字段   图 4-58 指定用于保存数值的字段

（8）为组合框指定标签，输入标签名称"学院代码"，如图 4-59 所示。单击"完成"按钮，完成组合框的设计。

（9）选定"组合框"控件，打开其"属性表"窗格，选择"全部"选项卡，在"名称"文本框中输入"Com1"；再选定其附加标签，在"名称"文本框中输入"Lab4"。

（10）切换到窗体视图，可以显示该窗体组合框的显示结果，如图 4-60 所示。

图 4-59　输入标签名称

图 4-60　有组合框的窗体视图

4. 列表框

列表框是窗体中比较常用的一种控件。列表框由一个列表框和一个附加标签组成。列表框能够将一些内容以列表形式列出，供用户选择。

【例 4.14】在【例 4.13】创建的窗体的主体节中用控件向导添加一个列表框控件。要求："列表框"显示的列表值源于两个固定值"男"和"女"，对应"列表框"的附加标签显示"性别"。

操作步骤如下：

（1）打开"学生信息"窗体设计视图。

（2）查看并选中"使用控件向导"按钮，单击"设计 | 控件 | 列表框"按钮 ，在窗体主体节内适当位置单击并拖动鼠标创建一个名为"ListN"的"未绑定"列表框，同时打开"列表框向导"对话框，选中"自行输入所需的值"单选按钮，如图 4-61 所示。

（3）单击"下一步"按钮，打开要求输入列表值的对话框，输入两个值"男"和"女"，如图 4-62 所示。

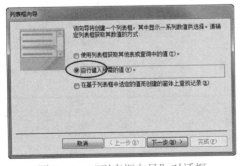

图 4-61　"列表框向导"对话框

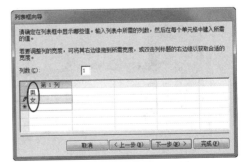

图 4-62　为列表框输入列表值

（4）单击"下一步"按钮，指定将列表框的值保存在窗体的"性别"字段中，如图 4-63 所示。

（5）单击"下一步"按钮，在弹出的为列表框指定标签的对话框中，输入标签名称"性别"。单击"完成"按钮，如图 4-64 所示。

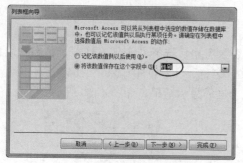

图 4-63　将值保存在"性别"字段

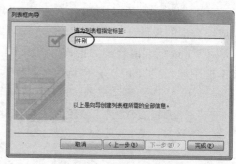

图 4-64　输入标签名称

（6）切换到窗体视图，可以显示该窗体的列表框控件，如图 4-65 所示。

注意：当列表框中列表值行数超过列表框的范围时，将在列表框的边框上出现滚动条，通过调整滚动条来查看所有的列表值。注意列表框和组合框的区别。

5. 命令按钮

在窗体上使用命令按钮可以用于执行某个操作。例如，可以创建一个命令按钮来打开一个窗体，或者执行某个事件。下面介绍通过向导来创建命令按钮的操作。

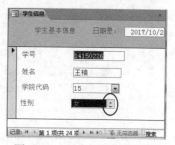

图 4-65　列表框的窗体视图

【例 4.15】在【例 4.14】创建的窗体的页脚节中用控件向导添加一个命令按钮。要求：命令按钮的功能是查找记录，命令按钮为图片显示，名称为"Cmd1"。

操作步骤如下：

（1）打开"学生信息"窗体设计视图。

（2）查看并选中"使用控件向导"按钮，单击"设计 | 控件 | 命令按钮"按钮，在窗体页脚节内适当位置单击并拖动鼠标创建一个名为"CommandN"的命令按钮，同时弹出"命令按钮向导"对话框，如图 4-66 所示。

（3）在"类别"列表框中选择"记录导航"，在"操作"列表框中选择"查找记录"。再单击"下一步"按钮，打开选择命令按钮显示样式的对话框，如图 4-67 所示。

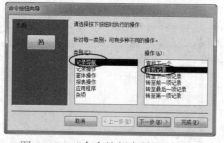

图 4-66　"命令按钮向导"对话框

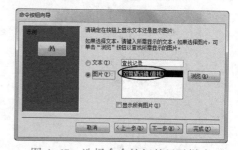

图 4-67　选择命令按钮的显示样式

（4）如果要在命令按钮上显示文本（标题），可选中"文本"单选按钮，并在其右侧的文本框中输入文本。如果要在命令按钮上显示图形，可选中"图片"单选按钮，并从列表框中选择一种图片，或者单击"浏览"按钮，弹出"选择图片"对话框，选择一个图片作为命令按钮的图片。若选中"显示所有图片"复选框，将在"图片"列表框中列出所有内置图片以供选择。在此选择图片，单击"下一步"按钮，打开指定命令按钮名称的对话框，如图 4-68 所示。

（5）在指定名称框输入"Cmd1"，单击"完成"按钮，完成命令按钮的创建。

（6）用相同的方法创建一个文本命令按钮，切换到窗体视图下，可见文本和图片两种显示样式的命令按钮，如图 4-69 所示。

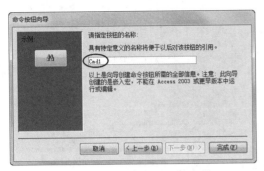

图 4-68　指定命令按钮的名称

图 4-69　创建的命令按钮

注意： 在创建命令按钮时，也可以不使用向导，用户自己为命令按钮编写相应的宏或事件过程并将它附加在命令按钮的单击事件中。

6. 复选框、单选按钮、切换按钮和选项组控件

复选框、单选按钮和切换按钮这三种控件都可以分别用来表示两种状态，如是 / 否、真 / 假或开 / 关。三种控件的工作方式基本相同，以被选中或按下表示"是"，其值为 –1；反之表示"否"，其值为 0。其中，复选框控件可以直接和数据源的是 / 否数据类型的字段绑定使用。

选项组是一个包含复选框、单选按钮或切换按钮等控件的控件。一个选项组由一个组框架及一组复选框或单选按钮或切换按钮组成。选项组的框架可以和数据源的字段绑定。下面介绍利用向导创建选项组的操作。

【例 4.16】利用向导创建一个图 4-70 所示的含有三个选项组的窗体，保存窗体名称为"选项组练习"。

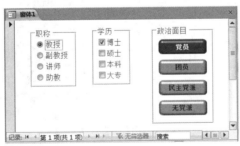

图 4-70　带有选项组的窗体

操作步骤如下：

（1）单击"创建 | 窗体 | 窗体设计"按钮，打开只有主体节的新建窗体的设计视图。

（2）查看并选中"使用控件向导"按钮，单击"设计 | 控件 | 选项组"按钮，在窗体内适当位置单击并拖动鼠标创建一个名为"frameN"的选项组控件，同时弹出"选项组向导"对话框，如图 4-71 所示。

（3）为选项组的每个选项输入指定标签，如果要删除某个标签，可单击行选定器，然后按【Delete】键，如图 4-71 所示。

（4）单击"下一步"按钮，打开确定默认选项的向导对话框。默认选项的作用是当含有该选项组控件的窗体被打开时，活动的光标（又称焦点）所处的标签位置。如果要指定默认值，可选中"是，默认选项是"单选按钮，并在其右侧的下拉列表中选择默认选项。在这里选择"教授"标签作为默认选项，如图 4-72 所示。

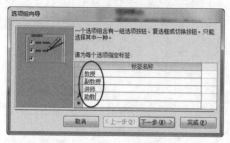

图 4-71　为各选项指定标签

图 4-72　确定选项组默认值

（5）单击"下一步"按钮，打开为选项赋值的对话框。为每一个选项指定一个数值，可以默认系统向导中的给定值，也可以给选项赋予其他数值，如图 4-73 所示。

（6）单击"下一步"按钮，打开确定控件类型和样式的对话框。选择组成选项组的控件（在单选按钮、复选框或切换按钮三种控件中任选一种）及选项组的样式（在蚀刻、平面、凸起、阴影或凹陷五种样式中任选一种），如图 4-74 所示。

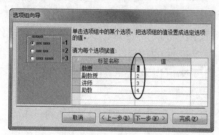

图 4-73　为选项赋值

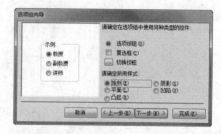

图 4-74　确定控件类型和样式

（7）单击"下一步"按钮，打开为选项组命名的对话框，在此输入标题为"职称"，如图 4-75 所示。单击"完成"按钮，完成图 4-70 所示的"职称"选项组的创建。

（8）再重复以上步骤，按照要求创建另外两个选项组。

（9）切换到窗体视图，可以看到选项组的显示结果，如图 4-70 所示。

（10）单击"保存"按钮，保存窗体名称为"选项组练习"。

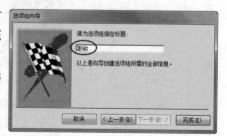

图 4-75　指定选项组的名称

如果要创建绑定型选项组，则选项组需要和数据源的字段绑定。

【例 4.17】利用"教师"表为数据源，创建一个名为"教师选项组"的窗体，如图 4-76 所示，主要练习绑定型选项组的创建。

操作步骤如下：

（1）打开"教学管理"数据库。

（2）单击"创建 | 窗体 | 窗体设计"按钮，打开只有主体节的窗体设计视图。

（3）单击窗体选定器，再单击"设计 | 工具 | 属性表"按钮，打开"属性表"窗格，在"记

录源"下拉列表中选择"教师"表，如图 4-77 所示。

图 4-76　窗体设计效果　　　　　　　　　图 4-77　设置窗体的数据源

（4）单击"设计 | 工具 | 添加现有字段"按钮，打开"字段列表"窗格。

（5）双击"教师编号"和"姓名"字段添加至主体节中，创建两个绑定控件，如图 4-78 所示。

（6）查看并禁用"使用控件向导"按钮，单击"设计 | 控件 | 选项组"按钮，在主体节适当位置单击并拖动鼠标创建一个名为"frameN"的选项组控件，如图 4-78 所示。

（7）要创建绑定型选项组控件，应该为其建立控件来源。选中"frameN"选项组控件，打开"属性表"窗格，选择"数据"选项卡，单击"控件来源"组合框的下拉按钮，从下拉列表中选择"学院代码"选项，如图 4-78 所示。

图 4-78　为窗体添加字段和为选项组控件选择控件来源

（8）单击"设计 | 控件 | 复选框"按钮，然后在选项组框架中的合适位置单击，在窗体中将自动把选项组创建的第一个复选框控件的"选项值"属性设置为 1。

（9）对每一个要添加到选项组的复选框控件，重复步骤（8）。从第二个控件起，控件的"选项值"属性值将依次设置为 2、3……

（10）修改选项组中各复选框控件的选项值及其附加标签的标题值。将选项组中各复选框控件的选项值分别赋予标签上的学院名称对应的学院代码值：15、13、1、3，如图 4-79 所示。

图 4-79　修改选项值及其附加标签标题内容

（11）单击"保存"按钮，保存窗体名称为"教师选项组"。切换到窗体视图观看设计效果，如图 4-76 所示。

7. 选项卡

选项卡控件用于创建一个多页的选项卡窗体或选项卡对话框，这样可以在有限的空间内显示更多的内容或实现更多的功能，并且还可以避免在不同窗口之间切换的麻烦。选项卡控件上可以放置其他控件，也可以放置创建好的窗体。

【例 4.18】创建一个有两页选项卡的窗体，用于分别放置学生基本情况以及视频多媒体信息，窗体名称为"学生选项卡练习"。

操作步骤如下：

（1）单击"创建|窗体|窗体设计"按钮，打开只有主体节的窗体设计视图。

（2）单击"设计|控件|选项卡"按钮，在主体节适当位置单击并拖动鼠标，出现一个带有两页选项卡的控件，其名称为"选项卡控件 N"，如图 4-80 所示。

（3）如果需要为选项卡添加页，可以将鼠标指向选项卡，右击，在弹出的快捷菜单中选择"插入页"命令（见图 4-81），为选项卡添加页。

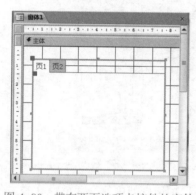

图 4-80　带有两页选项卡控件的窗体

图 4-81　选项卡的快捷菜单

（4）选择"页 1"为当前选项卡，单击"设计|工具|属性表"按钮，打开"属性表"窗格，且当前对象为"页 1"，在"格式"选项卡的"标题"文本框中输入"学生基本信息"。

（5）从导航窗格的"窗体"对象列表中选择"学生基本信息"选项，将其拖至"学生基本信息"选项卡中，如图 4-82 所示。

（6）选择"页 2"为当前选项卡，打开"页 2"的属性窗格，在"格式"选项卡的"标题"文本框中输入"视频"。单击"设计|控件|ActiveX 控件"按钮，打开其他控件菜单，从中选择"Windows Media Play"命令，这时在窗体上出现该控件的图像，如图 4-83 所示。

（7）选中 Windows Media Play 控件，打开"属性表"窗格，选择"其他"选项卡，在"URL"文本框中输入视频文件的路径和文件名，如 d:\acclx\wildlife.wmv。

（8）切换到窗体视图，选择"视频"选项卡，即可播放视频文件，如图 4-84 所示。

（9）单击"保存"按钮，保存窗体名称为"学生选项卡练习"。

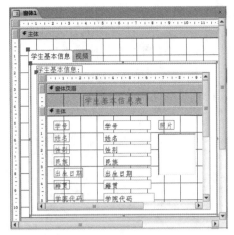

图 4-82　学生基本信息页设计视图

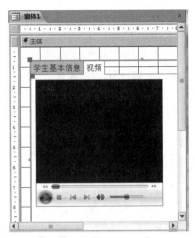

图 4-83　视频页窗体视图

8. 添加子窗体

子窗体是窗体中的窗体。容纳子窗体的窗体为主窗体。利用主 / 子窗体处理数据间一对多的关系非常有效。前面已经介绍使用向导建立主 / 子窗体的方法。而用户自己设计主 / 子窗体主要工作是：首先设计一个作为子窗体的窗体，然后设计主窗体，最后使用子窗体控件将已经设计好的子窗体添加到主窗体中，也可以将子窗体（或相关联的表、查询）直接拖至主窗体中。

微课4-9：用设计视图创建窗体

【例 4.19】以学生的选课情况为例设计一个主 / 子窗体，窗体名称为"学生选课主子窗体练习"。

操作步骤如下：

（1）为创建的子窗体新建一个窗体设计视图。在窗体"属性表"窗格中选择"数据"选项卡，单击"记录源"属性的生成器按钮，设计窗体数据源的查询，如图 4-85 所示。

图 4-84　用视频页播放视频文件

图 4-85　窗体数据源的查询设计

（2）将字段列表中的"课程名称"和"成绩"拖至窗体设计视图内，将窗体属性对话框中的"格式"选项卡的"默认视图"属性设置为"数据表"。

（3）保存该窗体，命名为"选课情况子窗体"。

（4）再为创建主窗体新建一个窗体设计视图，为窗体选定数据源为"学生"表。

（5）从字段列表中将"学号"和"姓名"字段拖至窗体设计视图的合适位置。

（6）查看并选中"使用控件向导"按钮，单击"设计 | 控件 | 子窗体 / 子报表"按钮，

在窗体主体节适当位置单击并拖动，建立子窗体控件，同时打开"子窗体向导"对话框中，如图 4-86 所示。

（7）选中"使用现有的窗体"单选按钮，在现有的窗体列表中选择前面创建的"选课情况子窗体"窗体作为子窗体，如图 4-86 所示。单击"下一步"按钮。

（8）在确定主 / 子窗体链接字段的对话框中，选中"自行定义"单选按钮，并设置主子窗体链接字段为"学号"，如图 4-87 所示。单击"下一步"按钮。

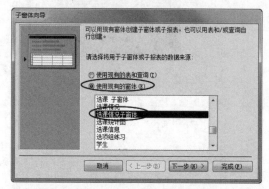

图 4-86　选择子窗体的数据来源对话框

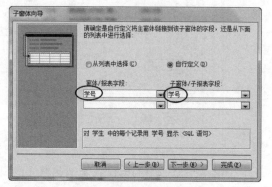

图 4-87　确定链接字段

（9）为子窗体命名为"选课情况子窗体"（在此用默认名称），单击"完成"按钮。单击"保存"按钮，在"另存为"对话框中输入"学生选课主子窗体练习"。

（10）单击"窗体视图"按钮，切换到窗体视图观看设计效果，如图 4-88 所示。

图 4-88　窗体视图显示数据结果

4.4　窗体的整体设计与修饰

在窗体完成了初步的设计后，窗体的外观和窗体内的控件位置等还需要做一些调整和修饰。

4.4.1　设置窗体和控件的属性

在设计窗体及其控件时可以自定义其中的许多属性，如在前面窗体设计中涉及的窗体的记录源、控件的控件来源等，它们反映了窗体及其控件和数据库中数据的绑定的性质。除此以外，还有大量与窗体及控件外观有关的特性，这些特性可在"属性表"窗格中进行精确设置，使设计的窗体更美观和便于用户使用。在窗体设计视图中打开"属性表"对话框有如下方法：

方法一：单击"设计 | 工具 | 属性表"按钮 。
方法二：右击窗体任意位置，从弹出的快捷菜单中选择"属性"命令。
方法三：按【F4】键，打开"属性表"窗格。
打开"属性表"窗格，如图 4-89 所示。

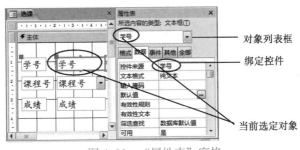

图 4-89   "属性表"窗格

"属性表"窗格包含"格式"、"数据"、"事件"、"其他"和"全部"五个选项卡，"全部"选项卡为其他四个选项卡之汇总。窗体和窗体上的控件的属性都可在"属性表"中进行精确设置。

设置窗体和控件属性的操作步骤如下：

（1）在窗体设计视图打开一个已建立的窗体。

（2）打开"属性表"窗格，如图 4-89 所示。

（3）单击设计视图中各控件或通过单击对象列表框下拉按钮从下拉列表中选择窗体或窗体上的控件。

（4）选择各个选项卡或"全部"选项卡，具体设置窗体或控件的各个属性值。

1. "属性表"窗格

"属性表"窗格上方是对象列表框，单击其下拉列表按钮，弹出当前窗体上所有对象（控件）的名称列表，可从中选择要设置属性的对象；也可以直接在窗体上选中对象，列表框将显示被选中对象的控件名称。

"属性表"窗格包含"格式"、"数据"、"事件"、"其他"和"全部"五个选项卡，"全部"选项卡为其他四个选项卡之汇总。其中，"格式"选项卡包含当前控件的外观属性；"数据"选项卡包含与数据源、数据操作相关的属性；"事件"选项卡包含当前控件能够响应的事件；"其他"选项卡包含"名称""制表位"等其他属性。每个属性行的左侧是属性名称，右侧是属性值。

在"属性表"窗格中，单击其中的一个选项卡即可对相应属性进行设置。设置某一属性时，先单击要设置的属性，然后在属性框中输入一个设置值或表达式。如果属性框中显示有向下箭头，也可以单击该箭头，并从弹出的下拉列表中选择一个数值。如果属性框右侧显示省略号按钮，单击该按钮，显示一个生成器或一个可以选择生成器的对话框，通过该生成器可以设置其属性。

2. 窗体的常用属性

窗体的属性与整个窗体相关联，对窗体属性的设置可以确定窗体的整体外观和行为。在"属性表"窗格对象列表框的下拉列表中选择"窗体"或单击"窗体选定器"即可显示并设置窗体的属性。其常用属性有以下几种：

（1）标题：设置在窗体视图中显示在窗体标题栏上的文本。默认无，标题和窗体名称相同。

（2）宽度：该窗体的宽度。

（3）记录选择器：设置在窗体视图中是否显示当前记录指针，其值有"是""否"两个选项。默认值为"是"。

（4）导航按钮：设置在窗体视图中是否具有导航按钮，其值有"是""否"两个选项。默认值为"是"。

（5）记录源：设置窗体的数据源，就是绑定的表或查询，其值从列表框中的表对象名或查询对象名中选取。

（6）允许编辑、允许添加、允许删除：设置在窗体视图中是否允许对数据进行编辑修改、添加或删除操作，其值有"是""否"两个选项。默认值为"是"。

（7）数据输入：设置是否允许打开绑定窗体进行数据输入，其值有"是""否"两个选项。取值为"是"，则窗体打开时，只显示一条空记录；取值为"否"（默认值），则窗体打开时显示已有的记录。

3. 控件的常用属性

在窗体上添加任何控件时，系统都会为该控件自动定义一个名称，如标签为 LabelN、文本框为 TextN、命令按钮为 CommandN 等。可通过其"属性表"中名称属性改为指定的名称。除此以外不同控件属性也有所不同，下面以标签和文本框控件为例，介绍控件的常用属性。

（1）标签控件的常用属性如下：

① 名称：该控件的名称。在运行中用到该控件时一定使用其名称。

② 标题：标签中显示的文字信息，它与"名称"属性不同。

③ 宽度：该控件的宽度。

④ 高度：该控件的高度。

⑤ 上边距：该控件距窗体或报表上边框的距离。

⑥ 左：该控件距窗体或报表左边框的距离。

⑦ 特殊效果：设置标签的显示效果，其值从"平面""凸起""凹陷""蚀刻""阴影""凿痕"等几种特殊效果中选取。

⑧ 背景色、前景色：分别表示标签显示时的底色与标签中文字的颜色。

⑨ 文字名称、字号、字体粗细、下画线、倾斜字体：这些属性值用于设定标签中显示文字的字体、字号、字形等参数，可以根据需要适当配置。

（2）文本框控件的常用属性如下：

① 名称：同标签控件。

② 控件来源：设置一个绑定型文本框控件时，它必须是窗体数据源表或查询中的一个字段；设置一个计算型文本框控件时，它必须是一个计算表达式，可以通过单击属性框右侧的生成器按钮，进入表达式生成器编辑；设置一个未绑定型文本框控件时，就等同一个标签控件。

③ 宽度：该控件的宽度。

④ 高度：该控件的高度。

⑤ 上边距：该控件距窗体或报表上边框的距离。

⑥ 左：该控件距窗体或报表左边框的距离。

⑦ 输入掩码：设置一个绑定型文本框控件或未绑定型文本框控件的输入格式，仅对文本型或日期 / 时间型数据有效。可以使用表达式生成器来编辑输入掩码。

⑧ 默认值：设置一个计算型文本框控件或未绑定型文本控件的初始值。

⑨ 有效性规则：设置在文本框控件中输入数据的合法性检查表达式，可以使用表达式生成器来编辑表达式。

⑩ 有效性文本：设置在窗体视图中，当在该文本框中输入的数据违背了有效性规则时，显

示的提示信息。

⑪ 可用：设置该文本框控件是否能够获得焦点，其值有"是""否"两个选项。默认值为"是"。

⑫ 是否锁定：设置是否可以在窗体视图中编辑控件数据，其值有"是""否"两个选项。默认值为"否"。

（3）命令按钮控件的常用属性如下：

① 名称：同标签控件。

② 标题：命令按钮显示的文字信息。

③ 宽度：该控件的宽度。

④ 高度：该控件的高度。

⑤ 上边距：该控件距窗体或报表上边框的距离。

⑥ 左：该控件距窗体或报表左边框的距离。

⑦ 单击：当用户在命令按钮上按下鼠标左键然后释放时，发生 Click 事件，常用的操作有记录操作，记录导航、窗体操作、运行一个应用程序，运行宏或一个 VBA 程序等。

4. 窗体和控件的常用事件

对窗体和控件设置事件属性值是为该窗体或控件设定响应事件的操作流程，也就是为窗体或控件的事件处理方法编程。窗体和控件的常用事件如表 4-2 所示。

表 4-2　窗体和控件的常用事件

事 件 名 称		触 发 时 机
键盘事件	键按下	当窗体或控件具有焦点时，按下任何键时进行的操作
	键释放	当窗体或控件具有焦点时，释放任何键时进行的操作
鼠标事件	单击	当鼠标在对象上单击时进行的操作
	双击	当鼠标在对象上双击时进行的操作
	鼠标按下	当鼠标在对象上按下左键时进行的操作
	鼠标移动	当鼠标在对象上来回移动时进行的操作
	鼠标释放	当鼠标左键按下后，移至在对象上放开按键时进行的操作
对象事件	获得焦点	在对象获得焦点时进行的操作
	失去焦点	在对象失去焦点时进行的操作
	更改	当文本框或组合框文本部分的内容发生更改时进行的操作。在选项卡控件中从某一页移到另一页时进行的操作
窗体事件	打开	在打开窗体，但第一条记录尚未显示时进行的操作。对于报表，该事件在报表被预览或被打印之前发生
	关闭	当窗体或报表关闭并从屏幕上删除时进行的操作
	加载	当窗体打开并且显示其中记录时进行的操作
操作事件	删除	通过窗体删除记录，但记录被真正删除之前进行的操作
	插入前	通过窗体插入记录，指定输入第一个字符时进行的操作
	插入后	通过窗体插入记录，指定插入记录后进行的操作
	成为当前记录	当焦点移到一条记录上，使它成为当前记录时，或者当刷新或重新查询窗体时进行的操作

如果需要使某一控件能够在某一事件发生时，做出相应的响应，就必须为该控件针对该事件的属性赋值。事件属性的赋值设置方法：设置一个表达式或指定一个宏操作或为其编写一段 VBA 程序。单击相应属性框右侧的生成器按钮，在打开的"选择生成器"对话框中选择处理事件具体方法。

4.4.2　设置窗体的页眉和页脚

窗体一般由页眉、页脚和主体组成，这些都是窗体的"节"（见图4-9）。

窗体页眉内容只会出现在窗体的顶部。它主要用于显示窗体的标题、徽标、日期或字段名等标签或文本框等控件。在多记录的窗体中，窗体页眉中的内容并不滚动，会一直显示在屏幕上。打印时，窗体页眉出现在第一页的顶部。

窗体页脚的内容会出现在窗体的底部，它主要用于显示每页的公用内容提示、放置打开相关的窗体或运行其他任务的命令按钮等。它的位置和窗体页眉相对，显示在窗体的底部。打印时，窗体页脚出现在最后一页的最后一条记录之后。

页面页眉和页脚只在打印窗体时才显示。页面页眉用于在窗体每页的顶部显示标题、列标题、日期或页码。页面页脚用于在窗体每页的底部显示页汇总、日期或页码。

利用"窗体设计工具 | 设计"选项卡中"页眉 / 页脚"组按钮可快速添加徽标、标题和日期时间。操作步骤如下：

（1）打开窗体的设计视图。

（2）选择"窗体设计工具 | 设计"选项卡，单击"页眉 / 页脚"组中的相应按钮，即可在窗体上添加对应的控件。

4.4.3　显示外观设计

窗体作为数据库与用户交互式访问的界面，其外观设计除了要为用户提供信息，还应该美观、大方，使用户赏心悦目，提高工作效率。

1.　设置窗体的背景

窗体的背景作为窗体的属性之一，可以用来设置窗体运行时显示的窗口背景图案及图案显示方式。背景图案可以是 Windows 环境下的各种图形格式的文件。它可以通过设置缩放模式、对齐方式或是 / 否平铺等属性来进行调整。

在"属性表"中设置窗体的背景的操作步骤如下：

（1）打开要设置背景的窗体的设计视图。

（2）单击"设计 | 工具 | 属性表"按钮，打开窗体的"属性表"窗格，若对象框中的当前对象不是"窗体"，则单击其下拉按钮，从下拉列表中选择"窗体"选项。

（3）在"属性表"窗格中，选择"格式"选项卡，在"图片"文本框中直接输入用作背景图案的图形文件的文件名及完整的路径，如 d:\acclx\IMG_3622.JPG。也可以单击右边的"生成器"按钮，弹出"插入图片"对话框，在该对话框中选择用作背景图案的图片文件。这时窗体设计视图的背景为图片文件的内容，如图 4-90 所示。

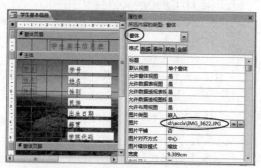

图 4-90　窗体的背景设计及属性对话框

（4）单击"图片类型"组合框的下拉按钮，有两个选项：嵌入和链接。如果选择"嵌入"方式，则图片直接嵌入窗体中，嵌入后可以删除原图片文件。但此种方式增加了数据库文件的长度。如果选择"链接"方式，则图片文件必须与数据库同时保存。

（5）单击"图片缩放模式"组合框的下拉按钮，缩放模式有以下三种：

① 剪裁：（默认值）图片以实际大小显示。如果图片比窗体或报表大，则按照窗体或报表的大小对图片进行剪裁。

② 缩放：在保持其原有长宽比例的情况下，将图片放大到最大尺寸。

③ 拉伸：将图片沿水平方向和垂直方向拉伸以填满整个窗体，这有可能破坏图片原有的长宽比例。

水平拉伸：水平拉伸图片以适合窗体的宽度。

垂直拉伸：垂直拉伸图片以适合窗体的高度。

（6）在"图片对齐方式"组合框中可以设置图片在窗体中的位置。可以放置的位置有：中心、左上、左下、右上、右下和窗体中心。

（7）在"图片平铺"组合框中选择"是"或"否"。如果选择"是"，则将该图片文件的内容布满窗体背景。

用"窗体设计工具 | 格式"选项卡的"背景图像"按钮添加背景图片的操作步骤如下：

（1）打开要设置背景图像的窗体的设计视图。

（2）单击"格式 | 背景 | 背景图像"按钮 ，选择"浏览"命令，在弹出的"插入图片"对话框中选择图片。

（3）单击"确定"按钮，完成对报表的背景设置。

2. 为窗体添加图像

可以使用图像控件在窗体上显示图片。

操作步骤如下：

（1）打开窗体设计视图，单击"设计 | 控件 | 图像"控件按钮 。

（2）在窗体要放置图像位置单击并拖出一个矩形。这时弹出"插入图片"对话框，选择文件名称及路径，如 D:\acclx\IMG_3169.GIF，如图 4-91 所示。单击"确定"按钮，在图像控件中会出现选择的图片文件的图像。

图 4-91 "插入图片"对话框

（3）选中图像控件，打开其"属性表"窗格，对图像的格式属性，如图片类型、缩放模式和对齐方式等进行调整。具体方法与前面设置窗体背景的方法相同。

（4）切换到窗体视图可以观看设计效果。

3. 使用直线和矩形控件

利用直线和矩形控件分隔窗体上的某个区域，能够达到强调的目的，增强窗体的显示效果。两种控件的建立方法基本相同，在这里只介绍矩形控件的创建方法。

为窗体添加矩形控件的操作步骤如下：

（1）单击"设计｜控件｜矩形"控件按钮▭，在窗体上围绕需框入的对象拖动鼠标形成一个矩形。

（2）选中矩形框，单击"属性表"按钮，打开"属性表"窗格。

（3）在"格式"选项卡中设置"特殊效果""边框样式""边框宽度"等属性。

（4）窗体显示效果如图 4-92 所示。

图 4-92　添加图像和矩形控件后的窗体视图

4. 为窗体的控件进行格式化

可以使用"格式"和"排列"选项卡中各个功能按钮快速地对窗体上的控件进行格式化操作。操作步骤如下：

（1）在窗体设计视图中选中要设置的控件。

（2）单击"格式"选项卡，利用其中的各个功能按钮可快速地对选定的控件进行字体、字号、背景色等美化操作。

注意：使用"格式刷"工具可以将一个控件的格式属性复制给另一个控件。

（3）单击"排列"选项卡，利用其中的各个按钮可快速地对选定的多个对象进行大小、排列、间距、对齐设置等操作。

5. 使用主题格式

在窗体设计视图中也可以套用 Access 提供的许多主题格式快速设置窗体的外观。

使用窗体的主题格式的操作方法是：在窗体设计视图中，单击"设计｜主题｜主题"按钮，从打开的主题格式列表中选择主题格式，如图 4-93 所示，这时窗体设计视图中的控件和外观会发生变化，它主要影响窗体以及窗体控件的字体、颜色以及边框属性。切换到窗体视图可以看到整个窗体套用了指定的格式效果。如果不满意还可以在"属性表"窗格进行编辑修改。

6. 窗体外观设置

窗体创建无论是通过向导或自动创建的方法由系统生成的，还是使用窗体设计视图自行设计的，在窗体上都会有一些系统给定的内容，如记录导航按钮、滚动条、分隔线等，利用它们可以实现对窗体中的记录的操作。如果在窗体上已经设计相应的命令按钮，或窗体上不需要这些功能项目时，可以对窗体的属性做相应的设置，从窗体上去除这些项目。

操作步骤如下：

（1）打开窗体的设计视图，并且打开"属性表"窗格。

（2）选择"格式"选项卡，按图 4-94 所示进行设置。

图 4-93 "主题"格式列表　　　　图 4-94 窗体属性设置

 **4.5 验证数据或限制数据访问**

通过验证数据或限制数据访问，可以确保用户在窗体上的文本框或其他控件中输入正确的信息；可以限制用户对记录进行编辑、添加和删除等操作。

4.5.1 验证数据或限制数据

1. 对控件设置输入掩码或有效性规则

操作步骤如下：

（1）在窗体设计视图中，选择文本框或组合框控件，打开"属性表"窗格。

（2）选择"数据"选项卡，在"输入掩码"或"有效性规则"属性框中，输入设置的"输入掩码"或"有效性规则"（具体参照第 2.3 节"表的字段属性及其设置"）。

例如，将文本框的"输入掩码"属性设置为"密码"，如图 4-95 所示。在窗体中输入的任何字符都将以"*"显示，但保存原字符。窗体上如口令、用户密码等控件设置为这种显示，就可以避免在屏幕上显示输入的字符。

2. 锁定或禁用控件

如果要使控件完全无效、暗淡显示且不能接受焦点，可将"可用"属性设置为"否"。

如果要使控件中的数据变成可读，但是不允许用户更改此数据，可将"是否锁定"属性设置为"是"。

如果将"可用"属性设置为"否"，且将"是否锁定"属性设置为"是"，则控件不会变成暗淡显示，但他不能接受焦点，如图 4-96 所示。

4.5.2 设置用户能否编辑、删除或添加记录

窗体上的数据在默认状态下可以对其进行编辑、删除和添加操作。如果不允许用户对窗体上的数据进行编辑、删除和添加，只是用来浏览数据，可以设置窗体的属性为只读属性，如图 4-97 所示。

图 4-95　设置"输入掩码"属性

图 4-96　设置"可用"和"是否锁定"属性

图 4-97　设置"只读"属性

4.5.3　综合练习

本节通过三个示例简略介绍有关窗体的创建。

【例 4.20】创建"登录学生基本信息"窗体，如图 4-98 所示。要求：记录源为"学生"表；"性别"字段信息通过列表框中的"男"或"女"信息进行选择；"学院代码"字段信息通过组合框中的下拉列表信息进行选择，其值来源于"学院"表的学院代码字段。

图 4-98　"登录学生基本信息"窗体

操作步骤如下：

（1）打开"教学管理"数据库，单击"创建|窗体|窗体设计"按钮，单击"设计|工具|属性表"按钮，打开窗体"属性表"窗格，选择记录源为"学生"表。

（2）添加"窗体页眉/页脚"节，在窗体页眉适当位置添加一个"标签"控件，并将其标题属性设为"登录学生基本信息"。

（3）在主体节中适当位置添加一个"矩形"控件，单击"添加现有字段"按钮，弹出"字段列表"窗格，并把除"性别""学院代码"字段外的字段拖到"矩形"控件中适当位置，如图 4-98 所示。

（4）参见第 4.3.6 小节的"列表框"内容，通过"使用控件向导"添加一个列表框，选中"自行输入所需的值"单选按钮，输入列表值为"男""女"，并将该值保存在"性别"字段中，将列表框标签的标题属性设为"性别"。最后，将该列表框及对应标签拖放到适当位置。

（5）参见第 4.3.6 小节的"组合框"内容，通过"控件向导"添加一个组合框，选中"使用组合框获取其他表或查询中的值"单选按钮，选择"学院"表的"学院代码"字段，并将该值保存在"学院代码"字段中，组合框标签的标题属性设为"学院代码"。最后，将该组合框及对应标签拖放到适当位置。

（6）在窗体页脚适当位置添加一个"矩形"控件，在"矩形"控件中通过"使用控件向导"添加一组命令按钮，如图 4-98 所示。

（7）单击"窗体选定器"按钮，设置其"属性表"窗格的"数据"选项卡的"数据输入"属性为"是"，这样切换到窗体视图时就显示一条空白记录。通过该窗体可向表中输入数据。另外设置其"记录选择器"为"否"；"导航按钮"为"否"。

（8）单击"保存"按钮，保存窗体名称为"登录学生基本信息"。

【例 4.21】创建"查询学生选课相关信息"窗体，如图 4-99 所示。要求：在窗体中"请输入要查询的学生姓名："后的提示框中输入学生姓名或从下拉列表中选择学生姓名就能查找该学生的选课信息，并设置窗体为只读属性。

操作步骤如下：

（1）创建一个含有"学号""课程号""课程名称""成绩""学分""课程类别"字段的查询。

（2）利用"学生"表及步骤（1）所建的查询，参照【例 4.8】及图 4-99 所示创建主 / 子窗体。

（3）在窗体页眉适当位置通过"使用控件向导"添加一个组合框，选中"在基于组合框中选定的值而创建的窗体上查找记录"单选按钮，如图 4-100 所示。选择"姓名"字段为组合框中的列，将组合框的附件标签的标题属性设为"请输入要查询的学生姓名："。

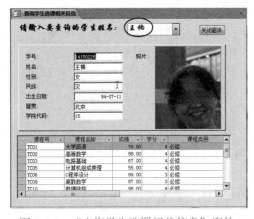

图 4-99　"查询学生选课相关信息"窗体

图 4-100　"组合框向导"对话框

（4）通过"使用控件向导"创建一个"关闭窗体"命令按钮。

（5）参照图 4-97 所示，设置窗体的属性为只读属性。

（6）保存窗体名称为"查询学生选课相关信息"。

【例 4.22】创建"输入数据窗体"的窗体，如图 4-101 所示。要求：单击不同的命令按钮，可打开相应登录数据的窗体。

操作步骤如下：

（1）参照【例 4.20】创建"登录教师基本信息""登录学院基本信息""登录选课基本信息""登录课程基本信息"四个窗体。

（2）创建一个新窗体，在窗体页眉添加一个标签，将其标题属性设为"输入各种数据"，并设置字体、字号。

（3）在主体中通过"使用控件向导"逐个添加命令按钮，

图 4-101　"输入数据窗体"窗体

并把【例4.20】及步骤(1)所建的窗体连接到相应的按钮上,设置各命令按钮的标题属性,设置"退出"按钮为关闭窗体,如图 4-101 所示。

(4)设置窗体格式属性为无"滚动条"、无"导航按钮"、无"记录选择器"、无"分隔线"、无"最大化最小化"按钮、"关闭按钮"不可用。

(5)保存窗体名称为"输入数据窗体"。

4.6　创建系统窗体

在数据库管理系统中,数据管理功能都是通过一个个窗体来完成的。每一个窗体都可以独立完成一项或多项数据管理任务,只有将这些窗体的功能有机地整合在一起,才能够实现完整的数据管理功能。如图 4-101 所示的输入数据窗体,通过单击窗体上的命令按钮,可打开相应窗体进行数据输入。

将各个功能窗体集成在一起的窗体成为系统窗体,在 Access 中,可以创建的系统窗体有很多,如切换面板、导航窗体、菜单和自定义切换窗体等。下面介绍常用的系统提供的"导航窗体"按钮来创建系统窗体。

4.6.1　创建导航窗体

微课4-10:创建导航窗体

导航窗体是一个只包含导航控件的窗体,是 Access 提供的一个模板,它可以将所有数据库对象集成在一起成为独立的数据库应用系统。

【例4.23】利用"导航"按钮创建名为"教学管理系统"的系统控制界面窗体。

操作步骤如下:

(1)打开"教学管理"数据库。

(2)单击"创建 | 窗体 | 导航"按钮,从弹出的下拉列表中选择"水平标签和垂直标签,左侧"选项,如图 4-102 所示,打开"导航窗体"的布局视图,如图 4-103 所示。

图 4-102　"导航"列表

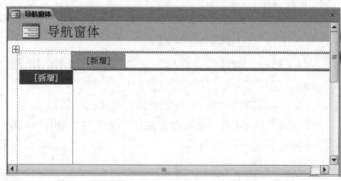

图 4-103　"导航窗体"布局视图

(3)在水平方向添加一级功能按钮。单击水平方向上"新增"控件,输入"数据输入"并按【Enter】键确认。使用相同的方法创建"数据查询"和"打印"按钮,如图 4-104 所示。

图 4-104　创建一级功能按钮

（4）在垂直方向添加二级功能按钮。先单击"数据输入"按钮选定，再单击左侧垂直方向的"新增"控件，输入"登录学生信息"并按【Enter】键。使用相同的方法创建"登录教师信息""登录学院信息""登录课程信息""登录选课信息"，如图 4-105 所示。

（5）用步骤（4）的操作添加"数据查询"和"打印"的二级功能按钮。

（6）选定"登录学生信息"控件，单击"设计|工具|属性表"按钮，打开"属性表"窗格，在其"数据"选项卡的"导航目标名称"框下拉列表中选择"登录学生信息"窗体。用同样的方法把所有的二级功能按钮都设置为打开对应的窗体或报表。

注意："导航目标名称"框下拉列表中列出本数据库已创建的所有窗体和报表。如果创建的窗体名称和二级功能按钮的"标题"同名，则"导航目标名称"框中自动选择同名窗体。

图 4-105　创建二级功能按钮

另外，二级功能按钮还可以在"属性表"窗格中"事件"选项卡的"单击"属性中选择已创建的宏。

（7）单击"窗体选定器"按钮，打开其"属性表"窗格，在其"格式"选项卡的"标题"框中输入"教学管理系统"；把窗体页眉上的"导航窗体"文字改为"教学管理"。

（8）切换到窗体视图，查看设计结果。

（9）单击"保存"按钮，保存窗体名称为"教学管理系统"。

4.6.2　设置启动窗体

创建导航窗体以后，还要对其进行启动设置。

操作步骤如下：

（1）选择"文件|选项"命令，弹出"Access 选项"对话框，选择左侧列表中的"当前数据库"，打开图 4-106 所示的对话框。

（2）单击"显示窗体"右侧下拉按钮，从弹出的下拉列表中选择"教学管理系统"窗体，如图 4-106 所示，单击"确定"按钮。

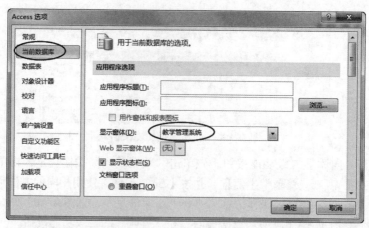

图 4-106　在"Access 选项"对话框设置启动界面

（3）再次启动"教学管理"数据库时，"教学管理系统"窗体将被自动启动。

如果不想在启动时直接进入"教学管理系统"窗体，可重新设置，也可在启动时按住【Shift】键直接打开数据库。

 习　　题

一、选择题

（1）窗体的数据源可以是（　　　）。

　　A. 表　　　　　　B. 查询　　　　　　C. 报表　　　　　　D. 表或查询

（2）以下描述正确的是（　　　）。

　　A. 窗体中的数据被修改时，窗体数据源是"表"的，数据才会随之改变

　　B. 窗体中的数据被修改时，窗体数据源对应的表中的数据会随之改变

　　C. 当窗体关闭后，所有通过窗体改变的数据才会存入数据表中

　　D. 窗体中的数据被修改时，窗体数据源是"查询"的，数据不会随之改变

（3）当要新建一个窗体而打开窗体设计视图时，默认设置的节是（　　　）。

　　A. 窗体页眉　　　B. 页面页眉　　　　C. 主存储器体　　　D. 窗体页脚

（4）以下选项中不能作为绑定型控件的控件是（　　　）。

　　A. 标签　　　　　B. 组合框　　　　　C. 文本框　　　　　D. 列表框

（5）想要汇总或平均数字型的数据，应该使用（　　　）控件。

　　A. 绑定　　　　　B. 计算　　　　　　C. 汇总　　　　　　D. 平均

（6）在主 / 子窗体中，子窗体可以显示的形式是（　　　）。

　　A. 单一窗体　　　B. 连续窗体　　　　C. 数据表窗体　　　D. 以上均可

（7）在 Access 中，可用于设计输入界面的对象是（　　　）。

　　A. 窗体　　　　　B. 表　　　　　　　C. 报表　　　　　　D. 查询

（8）下列不属于 Access 窗体的视图是（　　　）。

　　A. 窗体视图　　　B. 设计视图　　　　C. 版面视图　　　　D. 数据表视图

（9）在 Access 中，用于输入或编辑字段数据的交互控件是（　　）。

  A．标签   B．文本框   C．复选框   D．单选钮

（10）要改变文本框控件的数据源，应设置的属性是（　　）。

  A．控件来源 B．记录源 C．默认值   D．筛选条件

（11）能够接受数值型数据输入的窗体控件是（　　）。

  A．文本框   B．图形   C．标签   D．复选框

（12）要使窗体视图中没有记录选择器，应将窗体的"记录选择器"属性值设置为（　　）。

  A．有   B．无   C．是   D．否

（13）要显示格式为"页码/总页数"的页码,应设置文本框控件的控件来源属性为（　　）。

  A．[Page]/[Pages]   B．=[Page]/[Pages]

  C．[Page] & "/" & [Pages]   D．=[Page] & "/" & [Pages]

（14）为窗体中命令按钮设置单击鼠标时发生的动作，应选择设置其属性对话框的（　　）。

  A．格式选项卡 B．事件选项卡 C．数据选项卡 D．方法选项卡

二、填空题

（1）窗体对象有六种视图，分别是_____、_____、_____、_____、_____、和_____。

（2）在窗体的设计中，控件共有绑定型、_____和_____三种。

（3）窗体属性对话框中有_____、_____、_____、_____和_____五个选项卡。

三、思考题

（1）窗体主要有哪些功能？

（2）窗体有哪几种类型？窗体视图和布局视图有何区别？

（3）在窗体中可以包括哪几部分？每一部分的作用是什么？

（4）试说明组合框控件与列表框控件的区别。

四、上机练习题

1. 练习目的

以"教学管理"数据库为练习实例，掌握创建和设计各种窗体的方法，掌握常用控件的使用方法，掌握使用窗体进行数据处理的方法。

2. 练习内容

（1）以"课程"表为数据源，利用"创建|窗体|窗体"按钮创建"课程信息"窗体，并使用该窗体向课程表输入新的课程记录。

（2）以"学院"表为数据源，利用"创建|窗体|窗体向导"按钮，创建"学院信息"表格式窗体，然后打开该窗体设计视图，对窗体的外观进行适当修改。

（3）以"学生"表为数据源，利用"创建|窗体|其他窗体|数据透视图"按钮，创建"各民族男女学生的人数统计透视图"窗体，如图 4-107 所示。

（4）参照【例 4.20】创建"登录课程基本信息"窗体，如图 4-108 所示。照此再创建"登录教师基本信息""登录选课基本信息""登录学院基本信息"窗体。

（5）参照【例 4.21】创建"查询教师信息"的窗体，如图 4-109 所示。照此再创建"查询学生信息""查询选课信息""查询学院信息""查询课程信息"窗体。

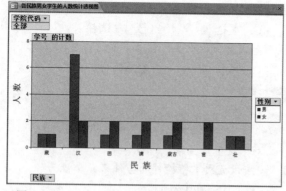

图 4-107　"各民族男女学生的人数统计透视图"

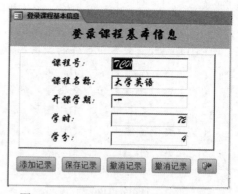

图 4-108　"登录课程基本信息"窗体

（6）创建"查询学院教师相关信息"的主/子窗体，主窗体为纵栏式，数据源为"学院"表；子窗体为表格式或数据表式，数据源为"教师"表；对窗体进行外观设计，包括字体、颜色、背景等，如图 4-110 所示。

图 4-109　"查询教师信息"窗体

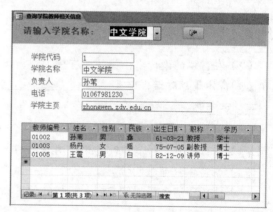

图 4-110　"查询学院教师相关信息"窗体

（7）创建"浏览学生信息"的窗体，如图 4-111 所示。要求：该窗体只能查看信息，不能编辑、添加、删除记录。照此再创建"浏览教师信息""浏览选课信息""浏览课程信息""浏览学院信息"窗体。

（8）参照【例 4.22】创建"浏览信息"窗体，如图 4-112 所示。要求：单击不同的命令按钮，打开第（7）题所创建的对应窗体。

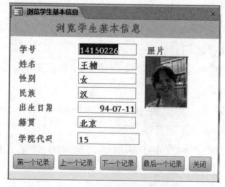

图 4-111　"浏览学生信息"窗体

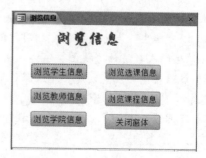

图 4-112　"浏览信息"窗体

（9）参照【例 4.23】制作一个如图 4-113 所示的"教学管理系统"导航窗体。其中的项目是由第（1）～（8）题创建的窗体组成；设置该窗体为启动窗体。

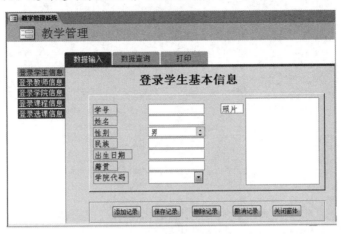

图 4-113　系统导航窗体

将数据综合整理并将整理结果按一定的报表格式打印输出是数据库的另一个主要功能。本章将介绍报表的概念；使用向导创建报表及使用各种控件设计报表的方法；报表布局的修饰和报表的预览和打印。

 ## 5.1　报表的概念

数据库的另一个主要功能是对大量的原始数据进行综合整理，并将所需结果按规定格式打印输出，报表恰恰是执行这一功能的最佳方式。

报表是以打印格式展示数据的一种有效方式。因为能够控制报表上所有内容的大小和外观，所以可以按照所需的方式显示或打印要查看的信息。

报表不仅可以执行简单的数据浏览和打印功能，还可以对大量原始数据进行比较、汇总和统计。报表可以生成清单、订单和其他所需的输出内容，从而方便有效地处理事务。

Access 的报表对象可以完成如下功能：

- 可对数据进行分组，并且能够嵌套。
- 可进行汇总（包括对组进行汇总）。
- 可包含子窗体、子报表。
- 可以有图形、图表以及 OLE 对象。
- 能按特殊格式排版，如发票、订单、邮签以及标签等。
- 能打印所有表达式的值。

5.1.1　报表的类型

Access 提供多种格式的报表，从而使报表可以满足不同的应用需求。报表类型包括纵栏式报表、表格式报表和标签式报表等。

1. 纵栏式报表

纵栏式报表通常以垂直方式排列报表上的控件，在每页显示一条或多条记录。纵栏式报表显示数据的方式类似于纵栏式窗体，但是报表只是用于查看或打印数据，不能用来输入或更改数据。

2. 表格式报表

表格式报表又称分组汇总报表，此类报表类似于按行和列显示数据的表格。在表格式报表上的控件是按表格的形式排列的，一般一行为一个记录，一页可以显示多条记录。可对一个或多个字段数据进行分组，在每个分组中执行汇总计算。

3. 标签式报表

标签式报表与日常生活中见到的标签相似，主要用于一些比较特殊的用途，如它可以快速地生成通信时所需的信封地址标签。

4. 图表报表

图表报表是将数据表中的数据以直观的图表形式显示出来。图表报表在创建和显示样式上与图表、窗体都非常类似。

5.1.2 报表和窗体的区别

报表和窗体在显示数据的形式上有许多类似的地方，作为 Access 数据库的两个不同的对象，它们的主要区别是输出目的不同。窗体一般显示在屏幕上，主要用于对用户数据的操作，操作方式是交互式的，注重整个数据的联系和操作的方便性；而报表通常是将数据结果打印在纸上，而且不具有交互性，注重对当前数据源数据的表达力。

在窗体中可以包含较多的具有操作功能的控件，如单选按钮、复选框、切换按钮以及命令按钮等；而报表一般不包含这样的控件，报表中常常包含较多具有复杂计算功能的文本框控件，这些控件的数据来源多数为复杂的表达式，以实现对数据的分组、汇总等功能。

5.1.3 报表的视图

Access 为报表提供四种视图："报表视图"、"打印预览"、"布局视图"和"设计视图"，如图 5-1 所示。通过单击选择不同的视图命令，可以在不同的视图间切换。

图 5-1 报表视图

1. 报表视图

报表的显示视图。在此视图中可以对报表中的记录进行筛选、查找。

2. 打印预览

在打印预览视图中可以查看报表的页面数据输出形式，对要打印的报表的实际效果进行预览，对不足之处随时进行更改直至满意。

3. 布局视图

在布局视图中可以利用报表布局工具方便快捷地在设计、排列、格式和页面设计等方面做出调整，以创建符合要求的报表形式。

4. 设计视图

报表设计视图显示报表的结构，并提供许多设计工具。在此视图中可以设计和编辑修改报表的结构、布局，还可以定义报表中要输出的数据及要输出的格式。

5.1.4 报表的结构

报表和窗体一样由节组成。报表由报表页眉、页面页眉、组页眉、主体、组页脚、页面页脚和报表页脚七个节构成，如图 5-2 所示。

报表页眉位于报表的开始部分，用来显示标题、图形或说明性文字，每份报表只有一个报表页眉，并且只在报表的第一页的头部打印一次。

页面页眉位于报表页眉之后，用于显示报表中的字段名称或记录的分组名称，页面页眉在报表的第一页上并且出现在报表页眉之后，在其余页则出现在每页的顶部。

报表主体用来放置各种控件以显示数据源（表或查询）的字段数据或其他信息。

页面页脚位于每页的底部，用来显示本页的页号、日期以及汇总说明等信息。报表的每一页只有一个页面页脚。

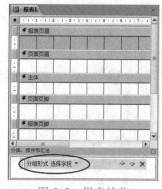

图 5-2　报表的节

报表页脚在打印的报表的结束部分，用来显示整份报表的说明等。

报表还可创建分组报表，即添加组页眉和组页脚进行分类汇总。组页眉显示在分类字段记录开始的位置，组页脚显示组汇总的内容。

5.2　创 建 报 表

在 Access 中提供"报表"、"报表设计"、"空报表"、"报表向导"和"标签"五种方法创建报表，如图 5-3 所示。

图 5-3　"报表"组

5.2.1　自动创建报表

利用 Access 中提供的"报表"按钮可自动创建生成一个表格式的报表，并且以布局视图显示。具体操作方法：先指定数据源，即单击选定一个表或查询，再单击"创建|报表|报表"按钮，就可以快速自动建立起相应的报表。不过使用这种方法创建报表时，不能自由选择表或查询中的字段，但可通过报表设计视图进行修改以达到实际需要。

微课5-1：自动创建报表

【例 5.1】以"教师"表为数据源，利用"报表"按钮创建一个名为"教师基本信息报表"的报表。

操作步骤如下：

（1）打开"教学管理"数据库。

（2）单击"导航窗格"表对象列表中的"教师"表，单击"创建|报表|报表"按钮，即可快速创建表格式报表，且处于布局视图方式，如图 5-4 所示。

图 5-4　表格式报表

（3）单击 "保存" 按钮，弹出 "另存为" 对话框，在 "报表名称" 文本框内输入 "教师基本信息报表"，单击 "确定" 按钮保存。

5.2.2 使用向导创建报表

使用向导创建报表与自动创建报表的方法不同，利用向导可以按系统给定的步骤来建立报表，数据源不局限于一个表或一个查询。在 Access 中提供两种报表向导，即报表向导和标签向导。由于图表向导的使用方法和在窗体中的图表向导的使用方法基本相同，在这里不再介绍。下面介绍报表向导和标签向导的使用方法。

1. 报表向导

报表向导能够根据用户的设置来创建相应的报表。在报表向导中可以选择多个表或查询，可以进行字段的选择和字段的顺序排列以及进行汇总计算，还可以设置报表的类型和显示样式。

【例 5.2】使用报表向导创建名为 "学生选课成绩单" 报表，所含字段有 "学号"、"姓名"、"课程名称" 和 "成绩"。

微课5-2：使用报表向导创建报表

操作步骤如下：

（1）打开 "教学管理" 数据库。

（2）单击 "创建|报表|报表向导" 按钮，弹出 "报表向导" 对话框，如图 5-5 所示。

（3）在为报表选择字段的对话框中，在 "表/查询" 框的下拉列表中分别选择 "学生"、"课程" 和 "选课" 表，在每个表对应的 "可用字段" 列表框中选择 "学号"、"姓名"、"课程名称" 和 "成绩" 字段，并将其添加到 "选定字段" 列表框中，如图 5-5 所示。

（4）单击 "下一步" 按钮，打开确定查看数据的方式的对话框，在列表框中选择 "通过 选课" 选项，如图 5-6 所示。

图 5-5 设置报表的数据源

图 5-6 设置数据的查看方式

（5）单击 "下一步" 按钮，打开添加分组级别对话框，选择 "学号" 选项，如图 5-7 所示。

（6）单击 "下一步" 按钮，打开 "排序和汇总" 对话框。单击 "汇总选项" 按钮，弹出 "汇总选项" 对话框。在计算汇总值选项组中，选中成绩字段的 "平均" 复选框，在 "显示" 选项区域中选中 "明细和汇总" 单选按钮，如图 5-8 所示。

（7）单击 "确定" 按钮，返回 "排序和汇总" 对话框。单击 "下一步" 按钮，打开报表的布局方式对话框，如图 5-9 所示。

（8）布局设为 "递阶"，布局方向设为 "纵向"。单击 "下一步" 按钮，打开报表的指定标题对话框，如图 5-10 所示。

图 5-7　设置分组字段

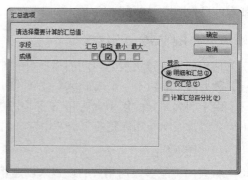

图 5-8　设置汇总计算选项

图 5-9　设置报表的布局方式

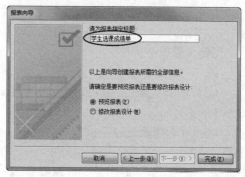

图 5-10　设置报表名称

（9）在指定标题文本框中，输入"学生选课成绩单"。单击"完成"按钮，打开设计完成的报表的打印预览视图，如图 5-11 所示。

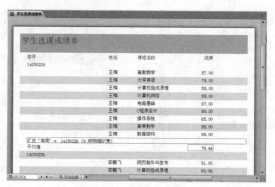

图 5-11　报表数据预览

微课5-3：标签向导

2. 标签向导

在工作和日常生活中，常需要发送大量统一规格的信件，信封上的地址以及书信内容都极为相似。Access 提供建立邮寄标签的标签向导，它可以快速地生成通信时所需的信封地址标签或书信内容。标签向导的功能十分强大，它不但支持标准型号的标签的创建，也支持自定义标签的创建。

【例 5.3】根据教师表中的相关信息建立邮寄标签，保存报表名称为"教师邮寄标签"。

操作步骤如下：

（1）打开"教学管理"数据库。

（2）单击"导航窗格"表对象列表中的"教师"表，单击"创建|报表|标签"按钮，弹出"标签向导"对话框，如图 5-12 所示。

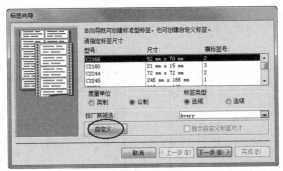

图 5-12 "标签向导"对话框

（3）在"标签向导"对话框中选择有关标签型号。可以选择系统提供型号的参数，来确定标签大小（尺寸）和在纸上横向打印的标签个数（横标签号）。这里希望自己设计标签，所以单击对话框中的"自定义"按钮，弹出"新建标签尺寸"对话框，如图 5-13 所示。

（4）单击"新建"按钮，弹出"新建标签"对话框。在"标签名称"文本框中输入标签名称"教师信封标签"。选择度量单位、标签类型、方向参数并确定"横标签号"和定义新标签的各个尺寸，如图 5-14 所示。

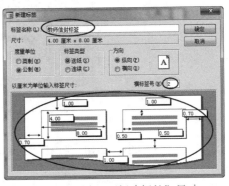

图 5-13 "新建标签尺寸"对话框

图 5-14 设置"新建标签"尺寸

（5）单击"确定"按钮，完成新标签的创建并返回上一级对话框，如图 5-15 所示。确定标签尺寸后，单击"关闭"按钮，返回标签向导并选定自定义的"教师信封标签"尺寸对话框，如图 5-16 所示。

图 5-15 确定"新建标签尺寸"

图 5-16 选定"教师信封标签"

（6）单击"下一步"按钮，打开"标签向导"的设置文本字体和颜色对话框中，选择标签中文本所要使用的字体和字号等。在对话框的左侧预览框中可预览文本字体和颜色，如图 5-17 所示。

（7）单击"下一步"按钮，在新打开的对话框中填写标签上要显示内容。要添加文本，则把光标置于"原型标签"中要添加文本的位置上，然后输入文本，这些文本可以出现在每个标签上。当在"原型标签"中添加字段时，可直接双击所需的字段。字段名被"{}"括号括起来，如图 5-18 所示。

图 5-17　选择标签字体和颜色

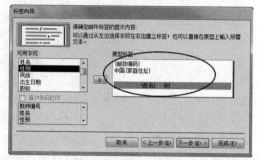

图 5-18　确定标签的内容和格式

（8）单击"下一步"按钮，打开对标签设置排序字段的对话框，把"可用字段"列表框中的"教师编号"字段添加到"排序依据"列表框中，如图 5-19 所示。

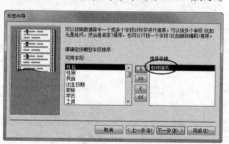

图 5-19　设置排序字段

（9）单击"下一步"按钮，打开"标签向导"的指定报表名称对话框，在名称文本框中输入报表标题"教师信封标签"。单击"完成"按钮，可以直接看到标签的打印预览视图，如图 5-20 所示。

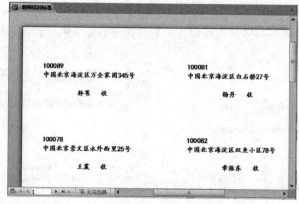

图 5-20　标签打印预览视图（部分）

（10）单击 "保存" 按钮，弹出 "另存为" 对话框，在 "报表名称" 文本框内输入 "教师邮寄标签"，单击 "确定" 按钮。

5.2.3　使用 "图表" 控件创建图表报表

图表报表是将数据表中的数据以直观的图表形式显示出来。使用 Access 提供的 "图表" 控件就可以创建图表报表。

微课5-4：使用 "图表" 控件创建图表报表

【例 5.4】以 "教师" 表为数据源，按职称统计男女教师的人数的图表报表，保存报表名称为 "按职称统计教师人数"。

操作步骤如下：

（1）打开 "教学管理" 数据库。

（2）单击 "创建 | 报表 | 报表设计" 按钮，打开报表设计视图，如图 5-21 所示。

（3）单击 "设计 | 控件 | 图表" 按钮，如图 5-22 所示。在 "主体" 节适当位置从左到右拖动，打开 "图表向导" 的选择数据源对话框，如图 5-23 所示。

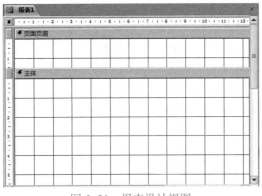

图 5-21　报表设计视图

图 5-22　选择 "图表控件"

（4）选择 "教师" 表，单击 "下一步" 按钮，打开 "图表向导" 的选择用于图表的字段对话框，如图 5-24 所示。

图 5-23　选择 "教师" 表

图 5-24　选择用于图表的字段

（5）选择 "教师编号" "性别" "职称" 字段，单击 "下一步" 按钮，打开 "图表向导" 的选择图表类型对话框，如图 5-25 所示。

（6）选择 "柱形图"，单击 "下一步" 按钮，打开 "图表向导" 的指定图表布局的对话框，把右侧字段拖动到左侧示例图表相应位置上，如图 5-26 所示。

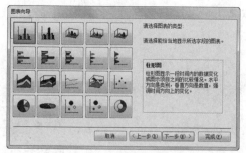

图 5-25　选择图表类型

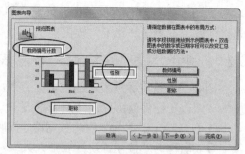

图 5-26　指定图表布局

（7）单击"下一步"按钮，打开"图表向导"指定图表标题对话框，输入标题"按职称统计男女教师人数"，如图 5-27 所示。

（8）单击"完成"按钮，单击"报表视图"按钮，结果如图 5-28 所示。

图 5-27　指定图表标题

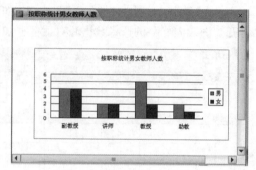

图 5-28　报表视图预览结果

（9）单击"保存"按钮，弹出"另存为"对话框，输入报表名称"按职称统计男女教师人数"，单击"确定"按钮保存。

 5.3　自己设计报表

使用报表向导只能进行一些简单的操作。有时，需要设计更加复杂的报表，以满足功能上的需求。Access 提供的报表设计视图比报表向导的功能更强大，利用报表设计视图不仅可以设计一个新的报表，还可以用来对一个已有的报表进行编辑和修改。

5.3.1　报表的设计视图

报表设计视图和窗体设计视图差不多，只是增加了组页眉、组页脚（可没有），如图 5-29 所示。在其设计视图中查看报表就如同坐在一个四周环绕着可用工具的工作台上工作。

单击"视图"按钮可以将设计视图状态切换到报表视图状态。使用"报表设计工具"可在设计、排列、格式和页面设置等方面做出精确的设计，如使用"格式"选项卡中的按钮可以更改字体、字号、对齐文本、更改边框或线条宽度，或者应用一些颜色或特殊效果。如使用"设计"选项卡的控件组按钮可添加控件，如标签、文本框和命令按钮等。

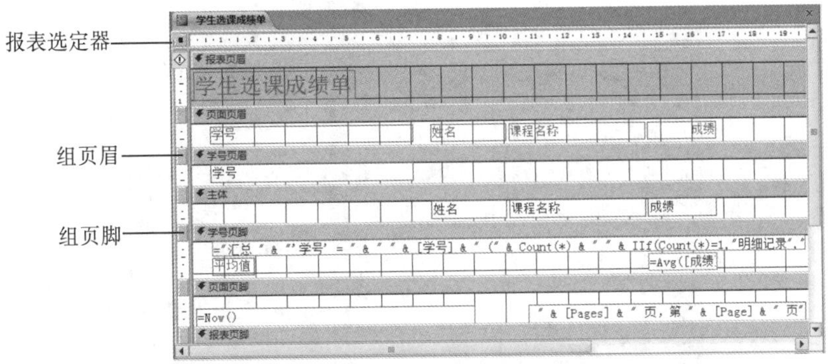

报表选定器————

组页眉————

组页脚————

图 5-29　报表设计视图

5.3.2　使用报表设计视图设计报表

使用报表的设计视图，可以按照自己的需要创建相应的报表。

【例 5.5】用【例 3.5】创建的"学生选课成绩"查询作为数据源，使用报表设计视图创建"学生成绩表"报表，报表形式如图 5-30 所示。

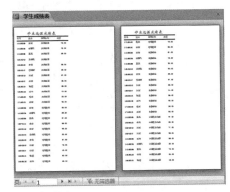

学号	姓名	课程名称	成绩
14150226	王楠	大学英语	78.00
14150236	李鹏飞	大学英语	78.00
14150356	夏天	大学英语	89.00
15131343	冯啸天	大学英语	
15150123	俞洋	大学英语	89.00
16040147	邰维献	大学英语	89.00
16040212	刘英	大学英语	67.00

图 5-30　报表打印预览效果（部分）

操作步骤如下：

（1）打开"教学管理"数据库。

（2）单击"创建|报表|报表设计"按钮，打开报表设计视图。

（3）单击"设计|工具|属性表"按钮，打开"属性表"窗格。选择"数据"选项卡，单击"记录源"组合框右侧下拉按钮，从其下拉列表中选择"学生选课成绩"查询，如图 5-31 所示。（也可单击"记录源"组合框右边的"生成器"按钮，用查询生成器创建所需字段。）

（4）单击"设计|工具|添加现有字段"按钮，打开"字段列表"框，将字段列表中的字段拖至报表设计视图主体节中。选中所有附加标签控件，采用剪切和粘贴的方法，将它们放在"页面页眉"节，并与所属的文本框对齐，如图 5-32 所示。

（5）由于在每页上都要打印"学生选课成绩表"标题，因此单击"设计|控件|标签"按钮，在页面页眉上添加所需的标签控件并输入相应的文本"学生选课成绩表"（见图 5-32）。

（6）单击"设计|控件|直线"按钮，在页面页眉上添加两条"直线"控件，作为控件之间的分隔线（见图 5-32）。

微课5-5：使用报表设计视图设计报表

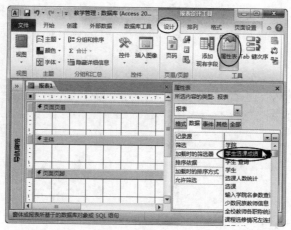

图 5-31 选择数据源

（7）对报表及报表上各个控件的格式进行相应的设置，如控件的大小、位置、颜色、特殊效果以及字体和字号等（见图 5-32）。

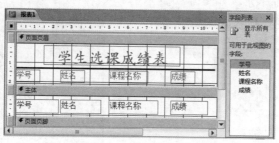

图 5-32 报表设计结果

（8）单击"保存"按钮，弹出"另存为"对话框，在报表名称文本框中输入"学生成绩表"，单击"确定"按钮保存。

（9）单击"视图"按钮，切换到打印预览或报表视图（见图 5-30）。请与图 5-11 比较有何区别。

5.3.3 报表的布局

1. 设置节的属性和大小

设置报表中各个节的属性的方法是：在报表设计视图下，在相应的节上的边框或任意空白处右击，从弹出的快捷菜单中选择"属性"命令，打开其"属性表"窗格，根据报表的需要输入相应的属性值。也可选定节，然后单击"设计|工具|属性表"按钮，打开"属性表"窗格进行设置。同窗体节设置操作。

2. 添加或删除报表页眉和页脚

在报表设计视图下，如果报表中包含报表页眉和页脚，可将鼠标指针放在报表设计区域（不要在控件上），右击，从弹出的快捷菜单中选择"报表页眉/页脚"命令，如图 5-33 所示。可以实现对报表页眉和页脚的添加；否则，使用该操作将删除报表页眉和页脚。

图 5-33 快捷菜单

3. 添加或删除页面页眉和页脚

在报表设计视图下，如果报表中不包含页面页眉和页脚，将鼠标指针放在报表设计区域（不要在控件上），右击，从弹出的快捷菜单中选择"页面页眉 / 页脚"命令（见图 5–33），可以实现对页面页眉和页脚的添加；否则，使用该操作将删除页面页眉和页脚。

4. 控件的操作

报表中的控件的操作可用报表格式工具中"设计"选项卡的各种控件按钮添加控件；"排列"选项卡的各种命令按钮对选中控件进行移动、对齐和大小调整等操作。这些操作和在窗体中的控件的操作相同，这里不再重复介绍。

5. 改变文本外观

用报表格式工具中的"格式"选项卡的各种命令按钮对选中的控件进行文本的字体、字号、颜色、边框、特殊效果和对齐方式等设置操作属性。

6. 插入日期和时间

如果需要在报表中插入当前系统的日期和时间，可以按以下步骤操作：

（1）打开要插入日期和时间的报表的设计视图。

（2）单击"设计 | 页眉 / 页脚 | 日期和时间"按钮，如图 5–34 所示，弹出"日期和时间"对话框，如图 5–35 所示。

（3）在"日期和时间"对话框中，在"包含日期"选项区域中选择所需要的日期格式；在"包含时间"选项区域中选择所需要的时间格式。

（4）单击"确定"按钮，系统将一个表示当前系统日期和时间的文本框控件放置在报表的报表页眉中。当在报表中没有报表页眉时，系统自动添加报表页眉，可以使用鼠标将日期和时间控件拖至报表的合适位置。

7. 插入页码

在报表的设计视图中为报表插入页码的操作步骤如下：

（1）打开要插入页码的报表的设计视图。

（2）单击"设计 | 页眉 / 页脚 | 页码"按钮（见图 5–34），弹出"页码"对话框，如图 5–36 所示。

图 5–34　"页眉 / 页脚"组

图 5–35　"日期和时间"对话框

图 5–36　"页码"对话框

（3）在"格式"选项区域中选择所需要的页码格式；在"位置"选项区域中选择所需要的页码位置；在"对齐"组合框下拉列表中，指定页码的对齐方式；如果需要在报表的第一页中显示页码，可以选中"首页显示页码"复选框。

（4）设置完成后，单击"确定"按钮，系统将在设定的位置上插入页码。

5.4　美化报表的外观

报表设计要做到数据清晰并且有条理地显示，使用户一目了然地浏览数据，因此报表的外观设计很重要。美化报表的外观是指在报表的基本功能实现以后，在报表设计视图中打开报表，然后对已经创建的报表进行各种修饰加工，以得到更加美观的报表。

5.4.1　使用主题格式

与窗体设计相同，在报表设计视图中也可以套用 Access 提供的许多主题格式快速设置报表外观。

使用报表的主题格式的操作方法是：在报表设计视图中，单击"设计 | 主题 | 主题"按钮，从打开的"主题"格式列表中选择主题格式，如图 5-37 所示，这时报表设计视图中的控件和报表外观会发生变化，它主要影响报表以及报表控件的字体、颜色以及边框属性。切换到报表的打印预览视图可以看到整个报表套用了指定的格式效果。如果不满意还可以在此基础上打开报表的"属性表"窗格进行编辑修改。

图 5-37　"主题"格式列表

5.4.2　使用条件格式

设置条件格式是根据一个或多个条件，为窗体或报表中控件的内容设置格式。例如，可以将条件格式设置为：如果选课成绩低于 60 分时，则成绩字段内容显示就变为红色粗体；或者可以设置一种格式，当课程的课时值大于 72 时，将"学时"字段的背景色显示为绿色等。这样做的目的是使满足条件的值更易于辨别。

微课5-6：使用条件格式

【例 5.6】为【例 5.5】创建的"学生成绩表"报表中成绩字段设置条件格式，成绩低于 60 分的显示为加粗、斜体，背景色为中灰色。

操作步骤如下：

（1）打开"学生成绩表"报表的设计视图。

（2）单击主体节中"成绩"字段文本框，单击"格式 | 控件格式 | 条件格式"按钮，也可右击"成绩"字段文本框，从弹出的快捷菜单中选择"条件格式"命令，弹出"条件格式规则管理器"对话框，如图 5-38 所示。

（3）从"显示其格式规则"列表框中选择"成绩"字段，单击"新建规则"按钮，弹出"新建格式规则"对话框，如图 5-39 所示。

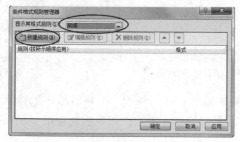

图 5-38　"条件格式规则管理器"对话框

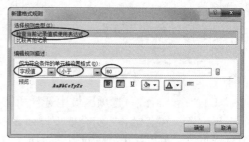

图 5-39　"新建格式规则"对话框

（4）按要求设置成绩字段值小于 60，加粗、倾斜，背景色为中灰色，如图 5-39 所示。

（5）单击"确定"按钮，返回"条件格式规则管理器"对话框，再单击"确定"按钮，完成条件格式设置。

（6）切换到报表的打印预览视图，可以看到报表中符合条件的成绩值的格式变化。

注意： 可通过"条件格式规则管理器"对话框中的"新建规则"按钮添加新条件格式；"编辑规则"按钮可编辑修改已有规则的格式；"删除规则"按钮可删除已建规则的格式。

5.4.3　为报表的控件进行格式化

同窗体操作一样可以使用"格式"和"排列"选项卡中各个功能按钮快速地对报表上的控件进行格式化操作。

操作步骤如下：

（1）在报表设计视图中选中要设置的控件。

（2）单击"格式"选项卡，利用其中的各个功能按钮可快速地对选定的控件进行美化操作。

（3）单击"排列"选项卡，利用其中的各个按钮可快速地对选定的多个对象进行大小、排列、间距、对齐设置等操作。

5.4.4　显示图片

在报表中可以加入图片，也可以为报表添加背景图片。这些操作与在窗体中的操作基本相同。

在报表中添加图片的操作步骤如下：

（1）打开一个报表的设计视图，单击"设计｜控件｜图像"按钮，在报表要显示图片的位置单击，弹出"插入图片"对话框。

（2）从"插入图片"对话框中选择图片文件，单击"确定"按钮。

（3）可以直接用鼠标拖动图片控件上的控制点来调整图片的大小。

（4）打开图片控件的"属性表"窗格，调整其控件属性，如选择图片的缩放方式和图片类型等。

在报表中添加背景图片的操作步骤如下：

（1）打开一个报表的设计视图。

（2）单击"格式｜背景｜背景图像"按钮，选择"浏览"命令，从弹出的"插入图片"对话框中选择图片。也可从报表的"属性表"窗格中的"格式"选项卡中的"图片"属性中，单击"生成器"按钮，再从弹出的"插入图片"对话框中选择作为背景的图片文件，并对图片的其他属性进行设置。

（3）单击"确定"按钮，完成对报表的背景设置。

5.5　报表的排序和分组

在 Access 数据库中除了可以利用报表向导实现记录的排序和分组外，还可以通过报表的设计视图对报表中的记录进行排序和分组。通过"设计"选项卡中"分组和汇总"组中各按钮可实现分组和排序以及相关汇总计算，如图 5-40 所示。

图 5-40　"分组和汇总"组

5.5.1　排序记录

排序记录是指将报表中的记录按照指定的升序或降序排列记录数据。操作方法：单击"设计 | 分组和汇总 | 分组和排序"按钮，从打开的"分组、排序和汇总"窗格中进行设置，如图 5-41 所示。

微课5-7：排序记录

【例 5.7】将【例 5.5】创建的"学生成绩表"报表按成绩从高到低顺序排列。操作步骤如下：

（1）打开"学生成绩表"报表的设计视图。

（2）单击"设计 | 分组和汇总 | 分组和排序"按钮，打开的"分组、排序和汇总"窗格，如图 5-41 所示。

（3）单击"添加排序"按钮，从弹出的字段列表中选择"成绩"字段，在"排序次序"列中选择"降序"排列，结果如图 5-42 所示。

（4）切换到"打印预览"视图，显示成绩值按降序排列的结果，如图 5-43 所示。

 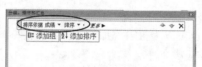

图 5-41　"分组、排序和汇总"窗格　图 5-42　设置排序属性内容　图 5-43　按"成绩"降序排列的结果

通过单击"添加排序"按钮，可以设置多个排序字段，顺序为先按第一排序字段值排序，第一排序字段值相同的记录再按第二排序字段值排序，依此类推。

5.5.2　分组记录

分组记录是指将具有共同特征的相关记录组成一个集合，在显示或打印时将它们集中在一起，并且可以为同组记录数据进行统计和汇总。利用分组可以提高报表的可读性，提高信息的利用效率。分组统计在报表设计视图的组页眉节和组页脚节中进行。组页眉用于在记录组的开头放置信息，如组名称；组页脚用于在记录组的结尾放置信息，如汇总计算同组数据。操作方法：单击"分组、排序和汇总"窗格中的"添加组"按钮打开分组属性选项进行设置，如图 5-44 所示。

分组属性各选项的含义如下：

- "有 / 无组页眉""有 / 无组页脚"：用于设置是否显示分组字段的组页眉和组页脚。
- "汇总方式和类型"：设置按哪个字段进行汇总以及如何对该字段进行统计计算。
- 分组形式：指定对报表按字段值或表达式值的分组方式，分组方式取决于分组字段的数据类型，如图 5-45 和图 5-46 所示。

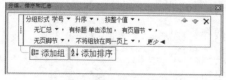 

图 5-44　设置分组属性内容　图 5-45　文本型分组形式　图 5-46　日期 / 时间型分组形式

- 设置在同一页中打印组的所有记录，或打印部分记录。

1. 按字段值分组

按字段值分组就是按分组形式指定某个字段名，此字段值相同的为一组。

【例5.8】修改"学生成绩表"报表。要求：每个学生为一组，组页眉中显示学号和姓名值，组页脚中添加一条直线。

微课5-8：分组记录

操作步骤如下：

（1）打开"学生成绩表"报表的设计视图。

（2）单击"设计|分组和汇总|分组和排序"按钮，打开"分组、排序和汇总"窗格（见图5-41）。

（3）单击"添加组"按钮，从"分组形式"字段列表中选择"学号"字段，"排序次序"列中按默认 "升序"排列，单击"更多"按钮，显示所有选项，如图5-47中"分组、排序和汇总"窗格所示。

（4）设置有页眉节，有页脚节，设计视图中显示"学号页眉"节和"学号页脚"节，如图5-47所示。

（5）把主体节中的"学号"和"姓名"字段移动到"学号页眉"节适当位置，在"学号页脚"节添加一条直线，并做适当格式化，如图5-47所示。

（6）切换到"打印预览"视图，报表分组的结果如图5-48所示。

图 5-47　设置分组形式

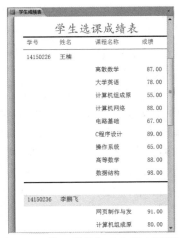

图 5-48　按"学号"分组报表预览图

通过单击"添加组"按钮，可以设置多个分组字段，顺序为先按第一字段值分组，第一字段值相同组再按第二个字段值分组，依此类推。

2. 按表达式分组

按表达式分组就是分组形式指定一个表达式，此表达式值相同的记录为一组。

【例5.9】以"学生"表为数据源，创建名为"各年级学生名单"报表。要求：把同一级的学生分为一组（学号的前两位为同一年级），组页眉中显示"××级"（××为学号前两位），无组页脚，结果如图5-49所示。

微课5-9：按表达式分组

操作步骤如下：

（1）打开"教学管理"数据库。

（2）单击"创建|报表|报表设计"按钮，打开报表设计视图。

（3）单击"设计|工具|属性表"按钮，打开"属性表"窗格。选择"数据"

选项卡，单击"记录源"组合框右侧下拉按钮，从其下拉列表中选择"学生"表。

（4）单击"设计 | 工具 | 添加现有字段"按钮，将字段列表中的"姓名""性别""民族""出生日期"四个字段拖至报表设计视图主体节中。选中所有附加标签控件，采用剪切和粘贴的方法将它们放在"页面页眉"节，并与所属的文本框对齐，如图 5-50 所示。

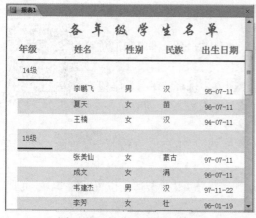

图 5-49　按表达式分组结果　　　　图 5-50　设置按表达式分组方式

（5）单击"设计 | 分组和汇总 | 分组和排序"按钮，打开"分组、排序和汇总"窗格。

（6）单击"添加组"按钮，从"分组形式"字段列表中选择"表达式"选项，弹出"表达式生成器"对话框，输入表达式"=left([学号], 2)"，单击"确定"按钮，组页眉显示"=left([学号], 2) 页眉"。

（7）在组页眉中添加一个文本框控件，其附加标签放在页面页眉上，标签的标题属性输入"年级"，文本框中输入"=left([学号], 2) & " 级 ""（见图 5-50）。

（8）按图 5-49 所示位置，添加两条直线控件。

（9）对报表及报表上各个控件的格式进行相应的格式设置，如控件的大小、位置、颜色、特殊效果以及字体和字号等（见图 5-50）。

（10）单击"保存"按钮，弹出 "另存为"对话框，在报表名称文本框中输入"各年级学生名单"。

（11）切换到"打印预览"视图，如图 5-49 所示。请与图 5-48 比较有何区别。

5.5.3　删除报表分组与排序字段

操作步骤如下：

（1）在报表的设计视图中打开需要删除记录排序与分组字段的报表。

（2）在"分组、排序和汇总"窗格中选定分组字段或排序字段，单击其右边的删除按钮。

5.5.4　调整报表的分组和排序顺序

操作步骤如下：

（1）在报表的设计视图中打开需要改变记录分组与排序字段的报表。

（2）在"分组、排序和汇总"窗格中选定分组字段或排序字段，单击其右边的升序或降序按钮。

5.6　在报表中使用计算和汇总

在报表中，有时需要对某个字段按照指定的规则进行计算，因为有时报表不仅需要详细的信息，还需要给出每个组或整个报表的汇总信息。

5.6.1　在报表中添加计算型控件

报表除了可以直接将数据源中的数据输出之外，还可以在报表中添加控件，用来输出一些经过计算才能得到的数据。文本框则是最常用的显示计算数值的控件类型。除了文本框之外，其他任何有"控件来源"属性的控件都可以作为计算控件。

报表是按节来设计的，选择用来放置计算型控件的报表节是很重要的。对于使用 Sum、Avg、Count、Max、Min 等聚合函数的计算控件，系统将根据控件所在的节确定如何计算。报表节中的统计计算规则如下：

（1）如果计算型控件放在报表页眉或报表页脚节中，则计算结果是针对整个报表的。

（2）如果计算型控件放在组页眉或组页脚节中，则计算结果是针对每一个组的。

（3）聚合函数在页面页眉或页面页脚节中无效。

（4）主体节中的计算型控件是对数据源中每一条记录进行计算的结果。

5.6.2　利用计算型控件进行统计运算

利用计算型控件进行统计运算并输出结果有两种操作形式：针对一条记录的横向计算和针对多条记录的纵向计算。

1. 横向计算

横向计算就是针对一条记录的若干字段进行的计算，计算型控件放在主体节中，并设置其"控件来源"属性为相应字段的运算表达式即可。

【例 5.10】　根据"教学管理"数据库中教师表的"工资"字段的数据，添加一个"税款"的计算控件，求出每个教师的纳税情况的报表；在"页面页眉"节中距上边 0.1cm，距左边 0.5cm 位置添加一个名为 lab1 的标签，其标题为"教师缴纳税金表"；在"页面页眉"节中距上边 0.1cm，距左边 10 cm 位置添加一个名为"tPage"计算控件，用来输出页码，其显示格式为"当前页 / 总页数"，如 1/10,2/10…10/10。所建报表名称保存为"教师缴纳税金报表"。（说明：工资超过 5 000 元的超出部分按 10% 交税，否则不交税。）预览如图 5-51 所示。

微课5-10：利用计算型控件进行统计运算

操作步骤如下：

（1）打开"教学管理"数据库。

（2）单击"创建 | 报表 | 报表设计"按钮，打开报表设计视图。

（3）单击"设计 | 工具 | 属性表"按钮，打开"属性表"窗格。选择"数据"选项卡，单击"记录源"组合框右侧下拉按钮，从其下拉列表中选择"教师"表。

（4）单击"设计 | 工具 | 添加现有字段"按钮，将字段列表中的"教师编号"、"姓名"、"学院代码"和"工资"四个字段拖至报表设计视图主体节中。选中所有附加标签控件，采用剪切和粘贴的方法，将它们放在"页面页眉"节，并与所属的文本框对齐，如图 5-52 所示。

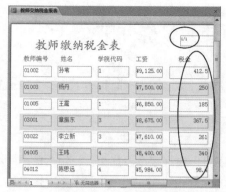

图 5-51　报表打印预览结果视图

图 5-52　设置横向计算报表

（5）单击"设计 | 控件 | 文本框"按钮，在"主体"节中添加一个文本框控件，在其附加标签的标题属性中输入"税金"，并移动到"页面页眉"节右边位置；在文本框中输入表达式"=IIf([工资]>5000,([工资]-5000)*.1,0)"，如图 5-52 所示。

（6）单击"设计 | 控件 | 文本框"按钮，在"页面页眉"节中添加一个文本框控件，删除其附加标签，在文本框中输入表达式"=[Page] & "/" & [Pages]"，并在其"属性表"的"格式"选项卡中设置距上边 0.1cm，距左边 10cm；在其"全部"选项卡的名称框中输入"tPage"，如图 5-52 所示。

（7）单击"设计 | 控件 | 标签"按钮，"页面页眉"节中添加一个标签控件，在其"属性表"的"格式"选项卡中设置距上边 0.1cm，距左边 0.5cm；在其"全部"选项卡的名称框中输入"lab1"，标题框中输入"教师缴纳税金表"。

（8）单击"保存"按钮，弹出"另存为"对话框，在报表名称文本框中输入"教师缴纳税金报表"。

（9）切换到"打印预览"视图，如图 5-51 所示。

2. 纵向计算

多数情况下，报表统计计算是针对一组记录或所有记录进行的。要对一组记录进行计算，就需要在该组的组页眉或组页脚节中创建计算型控件。要对整个报表进行计算，就需要在该报表的报表页眉或报表页脚节中创建计算型控件，还要用到系统提供的内置统计函数才能完成相应的操作。

微课 5-11：利用计算型控件进行统计运算

【例 5.11】在【例 5.8】的基础上修改"学生成绩表"报表。要求：在报表中添加三个计算控件，分别统计每个学生已学课程数、平均成绩以及全部学生的平均成绩，成绩保留两位小数，在"学号页眉"节添加两条直线，把"学生选课成绩表"标签移到"报表页眉"适当位置，另存为"学生成绩汇总表"报表。预览最后一页如图 5-53 所示。

操作步骤如下：

（1）打开"学生成绩表"报表的设计视图。

（2）右击报表空白处，从弹出的"快捷菜单"中选择"报表页眉 / 页脚"命令，显示"报表页眉"和"报表页脚"节，把"页面页眉"中的"学生选课成绩表"标签移动到"报表页眉"节适当位置，如图 5-54 所示。

（3）通过单击"设计 | 控件 | 文本框"按钮，在"学号页脚"节添加两个文本框控件，在

"报表页脚"节添加一个文本框控件，它们的附加标签的标题属性分别输入"已学课程数："、"平均成绩："和"总平均成绩："，对应的文本框输入表达式"=count([成绩])"、"=avg([成绩])"和"=avg([成绩])"；设置成绩文本框的"小数位数"属性值为 2，如图 5–54 所示。

（4）在"学号页脚"节添加两条直线，并做整体格式化，如图 5–54 所示。

（5）切换到"打印预览"视图，单击最后一页导航按钮，预览结果如图 5–53 所示，在"学号页脚"节显示每个学生的汇总信息。在报表页脚即最后显示全部学生的汇总信息。

（6）选择"文件 | 对象另存为"命令，在弹出的"另存为"对话框中输入"学生成绩汇总表"，单击"确定"按钮保存，如图 5–55 所示。

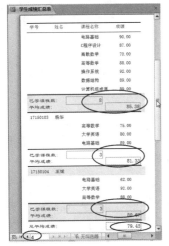

图 5–53　最后一页预览视图结果　图 5–54　设置分组属性和汇总方式　图 5–55　"另存为"对话框

5.7 多 列 报 表

多列报表是在报表的一页中安排打印两列或更多列。多列报表最常见的形式是邮寄标签，可以用报表向导来建立标签，也可以将一个设计好的普通报表设置成多列报表。

1. 创建普通报表

在创建普通报表时，需要注意的是报表页眉、报表页脚、页面页眉和页面页脚中的控件可以放置在这些节中的任意位置上，而多列报表的组页眉、组页脚和主体节的控件将占满一个列的宽度。例如，如果要打印 3 列、每列 4cm 的多列报表，在报表的设计视图中，应将控件放在相应节的 0 ~ 4cm 的位置上。在"属性表"窗格中可精确设置各个控件的位置和大小。

2. 将普通报表设置成多列报表

操作步骤如下：

（1）在报表的设计视图中打开需要设置为多列页面的报表。

（2）单击"页面设置 | 页面布局 | 列"按钮，弹出"页面设置"对话框"列"选项卡。

（3）在该选项卡中进行设置，如图 5–56 所示。

（4）单击"确定"按钮。

图 5–56　多列报表页面设置

5.8 子 报 表

在报表的设计和应用中，通过利用子报表实现一对多关系的表之间的联系，主报表显示"一"端表的记录，而子报表则显示与"一"端表当前记录所对应的"多"端表的记录。与子窗体不同，在报表中添加的子报表只能在"打印预览"视图中预览，不像子窗体那样可进行编辑。

子报表是插入其他报表中的报表。在多个报表合并时，其中一个报表必须作为主报表，其余的报表为子报表，最多可包含七级子报表。主报表可以基于表、查询或 SQL 语句等数据源，也可以不基于任何数据源。

5.8.1 创建子报表

子报表的创建方法有两种：一种是在已有的报表中创建子报表；另一种是通过将某个已有的报表添加到其他已有的报表中来创建子报表。

1. 在已有的报表中创建子报表

在已有的报表中创建子报表之前，应确保主报表和子报表之间已经建立正确的关系，这样才能保证在子报表中打印的记录与在主报表中打印的记录保持正确的对应关系。

微课5–12：
子报表

【例5.12】以"学院"表为数据源，用"报表"按钮快速创建一个名为"学院信息报表"的报表，在该报表中创建子报表"教师信息"。

操作步骤如下：

（1）打开"教学管理"数据库。

（2）选定"导航窗格"列表中"学院"表，单击"创建 | 报表 | 报表"按钮，单击"保存"按钮，弹出"另存为"对话框，在"报表名称"文本框内输入"学院信息报表"，单击"确定"按钮。

（3）单击"视图"按钮，切换到"报表设计"视图，调整控件布局，为子报表留出适当位置。

（4）查看"设计 | 控件"中的"使用控件向导"命令并使之在选中状态，单击"设计 | 控件 | 子窗体 / 子报表"按钮，单击"主体"节要放置子报表的位置，弹出"子报表向导"对话框，如图 5-57 所示。

（5）选中"使用现有的表和查询"单选按钮，单击"下一步"按钮，打开确定子报表包含字段的对话框，选择子报表需要的 "教师"表，在"可用字段"列表框中选择需要的字段，将其添加到"选定字段"列表框中，如图 5-58 所示。

（6）单击"下一步"按钮，打开"确定主 / 子报表链接方式"对话框，选中"从列表中选择"单选按钮，如图 5-59 所示。

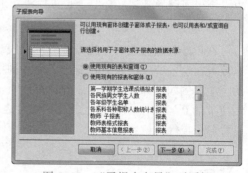

图 5-57 "子报表向导"对话框

（7）单击"下一步"按钮，打开给出子报表的名称对话框，在文本框中输入子报表名称"教师信息"。单击"完成"按钮，完成子报表的设计。设置结果如图 5-60 所示。

（8）切换到"打印预览"视图，如图 5-61 所示。

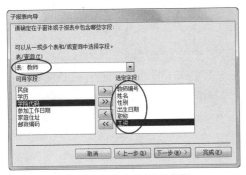

图 5-58　选定数据源字段

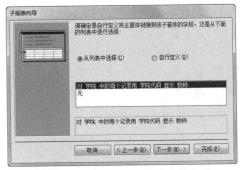

图 5-59　确定主/子报表链接方式

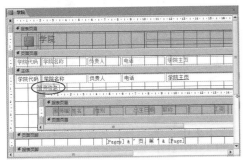

图 5-60　主/子报表设置结果

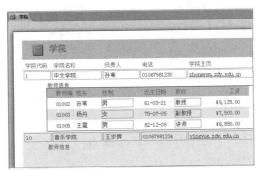

图 5-61　主/子报表打印预览视图

2. 将已有的报表添加到主报表中

在 Access 中，还可以在数据库窗口中选择某个报表作为子报表插入其他报表中。

操作步骤如下：

（1）打开要作为主报表的报表的设计视图。

（2）将作为子报表的报表从"导航窗格"报表对象列表框中拖至主报表的适当位置上。

（3）调整控件布局，预览，最后单击"保存"按钮保存。

添加了子报表控件后，可以在报表的设计视图中继续调整子报表的位置、字体、前景以及背景等格式。

5.8.2　主报表与子报表的链接

在主报表中加入子报表时，子报表的数据源中应具有链接主报表的相关字段，由系统参照数据库中表之间的关系自动建立这种链接，该链接可以确保在子报表中打印的记录与在主报表中打印的记录保持正确的对应关系。在通过子报表向导创建子报表时，直接对链接的属性进行设置。建立链接的操作步骤如下：

（1）在创建子报表时，当打开图 5-62 所示的"确定主/子报表链接方式"对话框时，选中"自行定义"单选按钮，单击"下一步"按钮。

（2）打开定义主/子报表的链接字段对话框，在"窗体/报表字段"组合框的下拉列表中选择主报表的链接字段，如"学院代码"，在"子窗体/子报

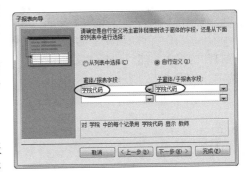

图 5-62　主/子报表的链接字段

表字段"组合框的下拉列表中选择子报表的链接字段,如"学院代码",如图 5-62 所示。单击"下一步"按钮,完成主 / 子报表的链接字段定义。

如果是通过报表向导创建的子报表,即使在选中的字段中没有链接字段,Access 也会自动将它们包含在数据源中。链接的字段并不一定要显示在主报表或子报表上,但它们必须包含在基础数据源中。

5.9 打 印 报 表

报表设计完成后,就可以打印输出。在打印之前,首先要确认使用的计算机是否连接打印机,并且已经安装打印机的驱动程序,还要根据报表的大小选择适合的打印纸。

5.9.1 页面设置

可以用两种方法进行页面设置。

方法一:

操作步骤如下:

(1)右击需要进行页面设计的报表,从弹出的快捷菜单中选择"设计视图"命令,打开其设计视图。

(2)单击"报表设计工具|页面设置"选项卡,用功能组中的各个按钮进行具体设置,如图 5-63 所示。具体操作略。

方法二:

操作步骤如下:

(1)在"导航窗格"的报表对象列中单击选定需要进行页面设置的报表,然后选择"文件|打印|打印预览"命令,弹出"打印预览"选项卡,如图 5-64 所示。

图 5-63 "页面设置"选项卡中的组

图 5-64 "打印预览"选项卡

(2)用各个组中的按钮进行具体设置。

5.9.2 打印

打印报表的操作步骤如下:

(1)在"导航窗格"的报表对象列中单击选定需要进行打印的报表,然后选择"文件|打印"命令,弹出"打印"选项,如图 5-65 所示。

(2)根据需要进行选择打印。

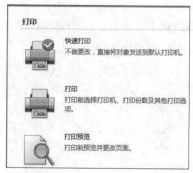

图 5-65 "打印"选项

习　　题

一、选择题

（1）以下有关报表的叙述中正确的是（　　　）。

    A. 报表只能将数据源中的数据输出，在报表中无法完成统计计算

    B. 通过报表可以进行人机交互，修改数据源的数据

    C. 报表可以用作数据输出，在报表中可以完成统计计算

    D. 报表设计完成后，数据源的数据改变，报表输出的数据不随之改变

（2）在报表的设计视图中，不适合包含的控件是（　　　）。

    A. 标签控件　　B. 图形控件　　　C. 文本框控件　　D. 选项组控件

（3）在设计报表时，如果在报表每一页的页脚处都打印页码，应该将插入的页码放置在（　　　）。

    A. 报表页脚　　B. 页面页脚　　　C. 主体节的底部　D. 页面页眉

（4）函数 Now() 返回的值是（　　　）。

    A. 返回系统当前日期　　　　　B. 返回日期的日数

    C. 返回时间中的小时数　　　　D. 返回系统当前的日期与时间

（5）以下有关报表的叙述中正确的是（　　　）。

    A. 在报表中必须包含报表页眉和报表页脚

    B. 在报表中必须包含页面页眉和页面页脚

    C. 报表页眉打印在报表每页的开头，报表页脚打印在报表每页的末尾

    D. 报表页眉打印在报表第一页的开头，报表页脚打印在报表最后一页的末尾

（6）以下有关报表的叙述中正确的是（　　　）。

    A. 在报表中可以进行排序但不能进行分组操作

    B. 子报表只能通过报表向导创建

    C. 交叉表报表是交叉表报表向导创建的

    D. 交叉表报表的数据源应该是交叉表查询

（7）要实现报表的分组统计，其操作区域是（　　　）。

    A. 报表页眉或报表页脚区域　　　B. 页面页眉或页面页脚区域

    C. 主体区域　　　　　　　　　　D. 组页眉或组页脚区域

（8）报表的记录源不可以是（　　　）。

    A. 表　　　　　B. SELECT 语句　C. 查询　　　　　D. 组页眉或组页脚区域

二、填空题

（1）报表有四种视图，它们是_____、_____、_____和_____。

（2）交叉表报表是以_____为数据源的报表。

（3）主报表最多可以包含_____级子报表。

（4）在主报表中加入子报表时，子报表的记录源中应具有_____相关字段。

三、思考题

（1）报表有几种类型？

（2）报表由哪几部分组成？每部分的作用是什么？

（3）报表和窗体的区别是什么？

（4）报表中如何对输出的数据进行排序和分组？

四、上机练习题

1. 练习目的

以"教学管理"数据库为练习实例，掌握创建和设计各种报表的方法，掌握常用控件的使用方法，掌握使用报表进行数据统计、分组和排序的方法。

2. 练习内容

（1）使用报表向导创建一个按"学院名称"分组，按"学号"排序的学生信息报表。报表包括"学院名称"、"学号"、"姓名"、"性别"、"出生日期"、"籍贯"和"民族"等信息。

（2）使用报表设计视图根据输入的学院名称和课程名输出学生成绩表。要求：报表页眉中显示标题"学生成绩表"，页面页眉中显示"学院名称"和"课程名称"，每页的底部显示页码，报表页面设置纸张大小为 B5。提示：为报表记录源设计一个参数查询。

（3）使用报表设计视图设计"学生登记卡"，报表格式如图 5-66 所示。提示：签发的日期值使用文本框，在其中放置"=Now()"函数表达式。

（4）使用报表设计视图设计一个交叉表报表，输出学生第一学期所有选课的成绩和平均成绩。提示：首先按照题目要求创建一个交叉表查询作为报表的数据源。

（5）以"教师"表为数据源，使用报表设计视图设计一个按照"职称"分组的报表，计算出不同职称教师的平均工资和教师人数。参照【例 5.11】。

（6）以"学生"表为数据源，创建一个主报表只显示"学号""姓名"字段信息；以"选课"表为数据源，用"子窗体/子报表"控件创建子报表，显示学生选课的成绩。参照【例 5.12】。

（7）用标签向导创建一个以"教师"表为数据源的标签。参照【例 5.3】。

（8）以"学生"表为数据源，使用"图表"控件创建一个图表报表并命名为"各民族男女学生人数统计图表"，如图 5-67 所示。

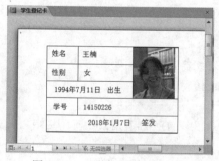

图 5-66 "学生登记卡"报表

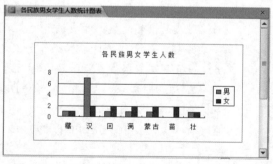

图 5-67 "各民族男女学生人数统计图表"报表

第 6 章

宏

本章介绍宏和事件的概念；创建宏和宏组的方法；在窗体和报表中使用宏的方法；利用宏创建菜单的方法等。

6.1 宏的有关概念

6.1.1 宏的概念

宏是指能自动执行某种操作的命令。一个宏可以包含一个或多个基本宏操作命令，其中每个操作完成特定的功能，如打开某个窗体或打印某个报表。使用宏能够向窗体、报表和控件中添加功能，而无须在 VBA 模块中编写代码。在 Access 中，一共有 70 种基本宏操作。在使用中常将宏操作命令排成一组，按照顺序执行，以完成一种特定任务。这些命令可以通过窗体或控件的某个事件的触发来实现，或在数据库的运行过程中自动实现。例如，为某个窗体上的某个命令按钮定义的"单击"事件，或在启动 Access 时自动打开某个应用系统的启动界面等。

6.1.2 事件的概念

事件是一种特定的操作，在某个对象上发生或对某个对象发生。Access 可以响应多种类型的事件，如鼠标单击、数据更改、窗体打开或关闭及许多其他类型的事件。事件的发生通常是用户操作的结果。事件过程是由宏或程序代码（VBA 模块）构成的，用于处理引发的事件或由系统触发的事件运行的过程。

例如，在窗体 A1 上有一个名为"查询学生基本信息"的命令按钮控件（见图 6-1），通过该控件的"单击"事件，可以响应其上定义的宏操作（见图 6-2），打开名为"学生基本信息"的窗体。

在命令按钮控件的"单击"事件下定义的"打开窗体"的宏操作

单击命令按钮控件

图 6-1　窗体 A1

图 6-2　为控件事件定义的宏操作

6.1.3 宏的功能

宏的具体功能如下：

- 显示和隐藏工具栏。
- 打开和关闭表、查询等对象。
- 执行报表的预览、打印功能。
- 设置窗体中控件的值。
- 设置窗口的大小。
- 执行菜单上的选项命令。
- 执行查询操作及数据筛选等功能。

6.2 宏的创建

宏对象可以是独立的宏，也可以是依附于窗体或报表上的宏，即嵌入的宏。无论是哪种宏，都是利用宏设计器来创建生成宏。创建宏时，就是以对话框的形式从系统提供的下拉列表（所有宏操作）中选择每个操作，弹出该宏操作所对应的参数设置界面，通过参数的设置，来控制宏的执行方式（见图6-2）。

6.2.1 宏的设计窗口

宏的创建是在宏设计器中完成的。打开宏设计器的操作方法：单击"创建 | 宏与代码 | 宏"按钮，打开"宏设计器"窗口，如图6-3所示。

宏设计器窗口左侧是"添加新操作"组合框，右侧是"操作目录"窗格（默认自动打开）。各部分意义如下：

- "添加新操作"组合框：用来定义宏操作。具体操作为：单击其右侧下拉列表按钮，从弹出的所有宏操作列表中选择需要的宏操作，如图6-4所示。选择一个宏操作后会自动打开其操作参数的对话框，通过参数的设置，来控制宏的执行方式（见图6-2）。也可在"添加新操作"组合框中输入宏命令并按【Enter】键打开其参数设置对话框。

图6-3 宏设计器窗口

图6-4 宏操作名列表

- "操作目录"窗格中，把宏操作按类型组织，便于选择使用。具体操作为：双击宏操作命令，将其添加到"添加新操作"框中，并打开其操作参数设置对话框。窗格中还

以目录树的形式显示本数据库已创建的宏以及含有宏的对象，这些宏可以被正在生成的宏使用。利用"搜索"框可进行查找。单击"显示 / 隐藏 | 操作目录"按钮，可隐藏或显示"操作目录"窗格。

- 在编辑宏时会显示"设计"选项卡，有三组功能按钮。添加操作时，宏设计器中会显示更多选项。

6.2.2 常用的宏操作

Access 中常用的宏操作如表 6-1 所示。

表 6-1　常用的宏操作

宏 操 作	用　　　　途
AddMenu	创建菜单栏或快捷菜单
ApplyFilter	用筛选、查询或 SQL 语句的 WHERE 子句来限制表、窗体或报表中显示的记录
Beep	使计算机的扬声器发出嘟嘟声
CancelEvent	取消引起宏操作的事件
CloseWindow	关闭指定的表、查询、窗体、报表或模块窗口。若没有指定窗口，则关闭活动窗口
FindRecord	在表、查询或窗体中查找符合指定准则的第一条记录
Echo	运行宏时，显示或不显示状态信息
FindNextRecord	查找下一条记录，依据在它前面 FindRecord 操作使用的查找准则进行查找
GoToControl	将光标移动到窗体中特定的控件上
GoToPage	将光标移动到窗体中特定页的第一个控件上
GoToRecord	在表、查询或窗体中添加新记录或将光标移动到下一条、前一条、首条、末条或特定的记录
MaximizeWindows	最大化活动窗口
MinimizeWindows	最小化活动窗口
RestoreWindow	将最大化或最小化的窗口恢复到原来的大小
MoveAndSizeWindow	移动或调整活动窗口的尺寸
MessageBox	显示信息的消息框
OpenForm	在"数据表"、"窗体"、"设计"或"打印预览"视图中打开窗体，并且可以使用筛选条件限制在打开的窗体中显示的记录
OpenQuery	在"数据表"、"窗体"、"设计"或"打印预览"视图中打开查询
OpenReport	在"设计"或"打印预览"视图中打开报表
OpenTabel	在"数据表"、"设计"或"打印预览"视图中打开表
PrintObjet	打印活动的数据库对象，如数据表、窗体、报表和模块
QuitAccess	退出 Access
RunCode	运行一个指定 Visual Basic 函数过程
RunMacro	运行指定的宏
SelectObject	选定一个数据库的对象
ShowAllRecords	取消所有筛选设置，显示正在处理的表或查询中的所有记录
StopAllMacro	取消所有运行的宏
StopMacro	取消当前的宏

6.2.3 创建和设置宏操作

1. 创建嵌入的宏

嵌入的宏就是在窗体或报表及其控件上创建宏操作，它在导航窗格的宏对象中不显示，但可在"宏设计器"的"操作目录"窗格的"在此数据库中"窗体或报表中显示，说明它是嵌在这些对象中（见图 6-3）。

【例 6.1】创建一个嵌入的宏。要求：在"教学管理"数据库中创建一个名为 A1 的窗体，窗体中创建一个标题为"查询学生基本信息"的命令按钮，利用宏操作来实现在窗体视图中单击此按钮，即可打开"学生基本信息"窗体。

操作步骤如下：

（1）打开"教学管理"数据库。

（2）单击"创建 | 窗体 | 窗体设计"按钮，打开窗体"设计视图"窗口。

（3）单击"设计 | 控件 | 按钮"按钮，在窗体中创建一个命令按钮，弹出"命令按钮向导"对话框，单击"取消"按钮。也可先取消"使用控件向导"选项，直接创建一个命令按钮（见图 6-1）。

（4）单击"工具 | 属性表"按钮，弹出"属性表"窗格，在"格式"选项卡的"标题"属性框中输入命令按钮的标题"查询学生基本信息"。

（5）单击"属性表"的"事件"选项卡，单击"单击"行右侧的生成器按钮，弹出"选择生成器"对话框，如图 6-5 所示。选择"宏生成器"选项，单击"确定"按钮，打开"宏设计器"窗口，如图 6-6 所示。

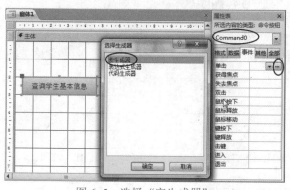

图 6-5 选择"宏生成器"

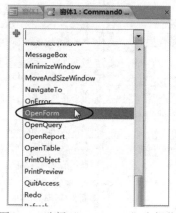

图 6-6 选择"OpenForm"宏操作

（6）单击"添加新操作"右侧下拉按钮，从下拉列表中选择"OpenForm"宏操作，也可直接输入"OpenForm"；也可双击"操作目录"窗格中"操作"目录下"数据库对象"下的"OpenForm"宏操作，弹出为"OpenForm"操作设置参数的对话框，如图 6-7 所示。

（7）单击"窗体名称"下拉按钮，从弹出的下拉列表中选择"学生基本信息"窗体（注意列表中所列出的是本数据库已创建的所有窗体），其他参数取系统默认值。

（8）单击"关闭"按钮，弹出"是否保存对宏所做的更改并更新该属性"提示框，如图 6-8 所示。单击"是"按钮保存。

（9）单击"窗体视图"按钮，切换到窗体视图，再单击"查询学生基本信息"命令按钮，即可打开"学生基本信息"窗体视图。

（10）单击"保存"按钮，保存窗体名称为"A1"。

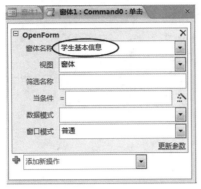

图 6-7 设置宏操作参数

图 6-8 是否保存提示框

2. 创建独立的宏

独立的宏就是有宏名称，并且显示在"导航窗格"的宏对象中，能被其他程序或对象使用。

【例 6.2】创建一个独立的宏。要求：在"教学管理"数据库中创建一个名为"查看女学生基本信息"的宏，其操作功能为打开"学生基本信息"窗体，并只在窗体中显示女学生的记录。

微课6-2：创建独立的宏

操作步骤如下：

（1）打开"教学管理"数据库。

（2）单击"创建|宏与代码|宏"按钮，打开"宏设计器"窗口。参见图 6-6。

（3）在"添加新操作"组合框的下拉列表中选择"OpenForm"操作，弹出为"OpenForm"操作设置参数的对话框。

（4）设置操作参数：在"窗体名称"框中选择"学生基本信息"，在"当条件"文本框中输入对窗体数据源的筛选条件"[学生]![性别]='女'"，也可单击右侧表达式生成器按钮，从弹出的"表达式生成器"对话框中设置条件。在"数据模式"组合框中选择显示记录的选项"只读"，如图 6-9 所示。

（5）单击"保存"按钮，弹出"另存为"对话框，在"宏名称"文本框内输入"查看女学生基本信息"，单击"确定"按钮保存。

图 6-9 宏操作参数的设置

（6）单击"运行"按钮，查看宏操作执行的情况。

（7）单击"关闭"按钮，关闭宏。

比较【例 6.1】和【例 6.2】有什么不同？

对于已创建的宏可以进行编辑修改，操作方法：右击"导航窗格"中的宏名，从弹出的快捷菜单中选择"设计视图"命令，打开"宏设计器"窗口，在此窗口中进行具体编辑修改并保存。

6.3 运 行 宏

运行宏有许多方法。可以在数据库窗口或宏设计窗口中单击"运行"按钮 ! 来运行宏，也可以由窗体或报表对象以及控件触发事件运行宏，还可以通过快捷键或定制的菜单命令来运行宏。

6.3.1 单步执行宏

宏在设计完成后，为确保宏能够正确运行，可以对宏进行调试，使用"单步"执行宏按钮 ，可以看到宏的执行过程和每个操作的结果，并且可以修改出现错误的宏操作。

微课6-3：单步执行宏

【例6.3】创建一个宏名为"查看第二个女学生"的宏，其功能为在"学生基本信息"窗体中查看第二个女学生的记录。

采用单步执行宏的操作步骤如下：

（1）打开"教学管理"数据库。

（2）单击"创建|宏与代码|宏"按钮，打开"宏设计器"窗口。参见图6-6。

（3）单击"添加新操作"组合框并在其中输入"OpenForm"命令后按【Enter】键，弹出为"OpenForm"操作设置参数的对话框，设置参数如图6-10所示。

（4）单击"添加新操作"组合框并输入"FindRecord"命令后按【Enter】键，弹出为"FindRecord"操作设置参数的对话框，设置参数如图6-10所示。

（5）单击"添加新操作"组合框并输入"FindNextRecord"命令后按【Enter】键，弹出为"FindNextRecord"操作设置参数的对话框，设置参数如图6-10所示。

（6）单击"单步"按钮，宏将被锁定为单步执行宏的状态。（再次单击"单步"按钮，可以取消单步执行宏的状态。在此设定为单步执行。）

（7）单击"保存"按钮，输入宏名"查看第二个女学生"。

（8）单击"运行"按钮，弹出"单步执行宏"对话框，如图6-11所示。

图6-10　宏设计器窗口

图6-11　"单步执行宏"对话框

（9）单击对话框中的"单步执行"按钮，将执行该宏操作并继续调试下一个宏操作。若操作的结果存在着问题或错误，如图6-12所示。可以单击"停止所有宏"按钮停止宏的执行并返回宏设计窗口进行修改。修改完毕后，再次单击"运行"按钮重新单步执行宏操作。若要连续执行其余的宏，可以单击"继续"按钮，将关闭"单步执行宏"对话框，并按照宏操作排列的顺序逐个执行完成。

（10）在宏的调试过程中如果某个宏操作执行发生错误，将弹出"操作失败"对话框。对话框中给出了发生错误的宏操作的宏名、操作名称、条件和参数等。单击对话框中的"停止所有宏"按钮，进入宏设计窗口对出错的宏操作进行修改。

一个宏包含有多个宏操作，可通过"折叠/展开"选项组按钮，进行折叠或展开显示。

折叠就是把参数设置框隐藏，只显示宏命令，如在"查看第二个女生"的宏设计器窗口（见图 6-10），单击"折叠 / 展开 | 全部折叠"按钮，窗口变为如图 6-13 所示。

图 6-12　"操作失败"对话框

图 6-13　折叠窗口

6.3.2　直接运行宏

要直接运行某个宏可以采用以下四种方法：

方法一：在"导航窗格"中直接双击"宏"对象列中要运行的宏。

方法二：在"导航窗格"中右击"宏"对象列中要运行的宏，从弹出的快捷菜单中选择"运行"命令。

方法三：在打开的宏设计器窗口中，单击"运行"按钮。

方法四：在对象的事件属性中设置了宏（嵌入的宏或输入一个独立的宏名），则宏将在该事件触发时运行。

6.3.3　从一个宏中运行另一个宏

RunMacro 操作可以用来调用另一个需要运行的宏，并且可以不受限制地多次运行宏。当被调用宏运行完成后，Access 将控制返回到 RunMacro 的下一个操作。如果运行一个含有 RunMacro 操作的宏时遇到 RunMacro 操作，Access 将运行被调用的宏。该宏运行完以后，Access 将返回原来的宏并继续执行下一个操作。

6.3.4　自动运行宏——Autoexec

在 Access 中可以定义一个名为 Autoexec 的宏，当打开一个数据库时，Access 会查找名字为 Autoexec 的宏，如果该宏存在，它将自动运行。所以，可以把打开一个数据库应用系统的起始界面的宏操作 OpenForm 存放在 Autoexec 宏中，这样每次打开该数据库时，会自动运行 Autoexec 宏并打开其中 OpenForm 宏操作所要打开的系统的起始界面。

如果不需要运行 Autoexec 宏，可以在启动数据库应用系统时，按住【Shift】键。

6.4　宏　　组

每个宏作为单独的数据库对象被分配一个宏名称，并且宏之间没有任何联系。如果能够将几个相关或相近的宏组织在一起构成宏组，并为宏组分配一个宏名称作为数据库对象，将有助于宏的管理和维护。

微课6-4：创建宏组

6.4.1　创建宏组

【例 6.4】创建一个宏组，名称定为"打开窗体的宏组"，其中包含三个宏，名称分别为："打开学生窗体""打开教师窗体""打开课程安排窗体"，分别用于实现打开教学管理数据库中的"学生基本信息"、"教师基本信息"和"课程安排"窗体。

操作步骤如下：

（1）打开"教学管理"数据库。

（2）单击"创建 | 宏与代码 | 宏"按钮，打开"宏设计器"窗口。

（3）添加第一个子宏。从"添加新操作"下拉列表中选择"Submacro"操作，如图 6-14 所示。在"子宏"文本框中输入宏组的第一个宏名"打开学生窗体"，在其下"添加新操作"下拉列表中选择"OpenForm"操作，在操作参数设置框中的"窗体名称"组合框中选择"学生基本信息"，如图 6-15 所示。

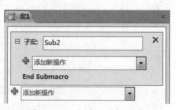

图 6-14 添加一个子宏

图 6-15 设置操作参数

（4）添加第二个子宏。从"添加新操作"下拉列表中选择"Submacro"操作，在"子宏"文本框中输入宏组的第二个宏名"打开教师窗体"，在其下"添加新操作"下拉列表中选择"OpenForm"操作，在操作参数设置框中的"窗体名称"组合框中选择"教师基本信息"，如图 6-16 所示。

（5）添加第三个子宏。从"添加新操作"下拉列表中选择"Submacro"操作，在"子宏"文本框中输入宏组的第三个宏名"打开课程安排窗体"，在其下"添加新操作"下拉列表中选择"OpenForm"操作，在操作参数设置框中的"窗体名称"组合框中选择"课程安排"，如图 6-17 所示。

（6）单击"折叠 / 展开 | 折叠操作"按钮，如图 6-17 所示。注意"折叠操作"和"全部折叠"的区别。

图 6-16 创建设置第二个子宏

图 6-17 创建设置第三个子宏

（7）单击"保存"按钮，在弹出的"另存为"对话框的"宏名称"文本框中输入"打开窗体的宏组"。单击"确定"按钮，保存该宏组。

宏组隶属于宏，显示在数据库窗口中宏对象列表中。宏对象的名称就是宏组的名称，而宏名用于在同一个宏组中区分不同的宏，此时的宏名不再是数据库对象。当直接运行宏组时，只运行宏组中排在最前面的宏名。

对宏组中的宏的使用则需要通过"宏组名 . 宏名"形式来引用。

6.4.2 特殊的宏组——AutoKeys

在 Access 中可以创建一个宏名称为 AutoKeys 的宏组。在这个宏组中，将一个操作或一组操作指派给某个特定的键或组合键。指定键的键名作为宏名，当按下指定的键或组合键时。Access 就会执行相应的宏操作。表 6-2 所示可以用来在 AutoKeys 宏组中指派键或组合键。

表 6-2　AutoKeys 组合键

组 合 键	说　　　　明
^A 或 ^4	Ctrl+ 任何字母或数字键
F1	任何功能键（F1 ~ F12）
^F1	Ctrl + 任何功能键
+F1	Shift+ 任何功能键
INSERT	Ins
^INSERT	Ctrl +Ins
+INSERT	Shift+Ins
DELETE 或 DEL	Delete
^DELETE 或 DEL	Ctrl+ Delete
+DELETE 或 DEL	Shift+ Delete

【例 6.5】为教学管理数据库创建一个 AutoKeys 宏组，其功能为当按【Ctrl+F】组合键时，打开"学生基本信息"窗体；为当按【Ctrl+Q】组合键时弹出"确实要退出本数据库系统？"消息提示框，并且单击"确定"按钮退出 Access。

操作步骤如下：

（1）打开"教学管理"数据库。

（2）单击"创建 | 宏与代码 | 宏"按钮，打开"宏设计器"窗口。

（3）添加第一个子宏。从"添加新操作"下拉列表中选择"Submacro"操作，参见图 6-14。在"子宏"文本框中输入"^f"，在其下"添加新操作"下拉列表中选择"OpenForm"操作，在操作参数设置框中的"窗体名称"组合框中选择"学生基本信息"，如图 6-18 所示。

微课6-5：特殊的宏组

（4）添加第二个子宏。从"添加新操作"下拉列表中选择"Submacro"操作，参见图 6-14。在"子宏"文本框中输入"^q"，在其下"添加新操作"下拉列表中选择"MessageBox"操作。在操作参数设置框中的"消息"文本框中输入"确实要退出本数据库系统？"，如图 6-18 所示。

（5）从第二个子宏中的"添加新操作"下拉列表中选择"QuitAccess"操作，其"选项"框中用默认值，如图 6-18 所示。

（6）单击"保存"按钮，在"另存为"对话框中的"宏名称"文本框中输入"AutoKeys"。

（7）按【Ctrl+F】组合键，即可打开"学生基本信息"窗体。

（8）按【Ctrl+Q】组合键，即可打开如图 6-19 所示的消息提示框。单击"确定"按钮退出。

在一个数据库中只能定义一个 AutoKeys 宏组，可以将需要由快捷键执行的所有宏存放在该宏组中。只要打开包含名为 AutoKeys 的宏的数据库，按下定义好的快捷键，就会执行该键对应的宏操作。

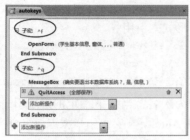

图 6-18　组合键对应的宏操作

图 6-19　消息提示框

6.5　条　件　宏

在 Access 中，宏可以决定如何运行。宏能测试一个条件是否为真，并在此条件为真时运行指定的宏操作。宏将根据条件结果的真或假而沿着不同的路径执行。

6.5.1　创建具有条件的宏

创建具有条件的宏要用 IF 宏操作命令。IF 操作的参数设置最重要的就是条件表达式的设置，判断条件为真时执行的宏操作，通过"添加 Else"设置条件为假时执行的宏操作。

【例 6.6】创建一个条件是"true"值时，弹出"欢迎使用教学管理系统！"的消息框，保存宏名为"欢迎"。

微课6-6：创建
条件宏

操作步骤如下：

（1）打开"教学管理"数据库。

（2）单击"创建|宏与代码|宏"按钮，打开"宏设计器"窗口。

（3）在"添加新操作"组合框的下拉列表中选择"if"操作，弹出为"if"操作设置参数的对话框，如图 6-20 所示。

（4）在"if"文本框中输入条件"true"，也可用右侧生成器按钮来编辑生成条件表达式，如图 6-20 所示。

（5）从"添加新操作"下拉列表中选择"MessageBox"，弹出为"MessageBox"操作设置参数的对话框，在"消息"文本框中输入"欢迎使用教学管理系统！"，其他按系统默认值，如图 6-21 所示。

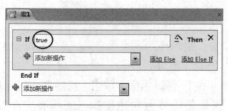

图 6-20　设置条件为"true"值

图 6-21　设置提示的信息

（6）单击"保存"按钮，在"另存为"对话框中的"宏名称"
文本框中输入"欢迎"，单击"确定"按钮保存。

（7）单击"运行"按钮，弹出消息提示框，如图 6-22 所示。
以上是一个条件固定为真的特例。

图 6-22　消息提示框

6.5.2　具有条件的宏的执行

具有条件的宏的执行与一般宏的执行方法相同，也可以有多种方式。当执行到具有条件的
宏时，Access 将先求出条件表达式的结果，然后根据表达式的结果决定宏是否执行。

如果条件的结果为真，将执行对应的操作，否则，系统转到没有指定条件的其他操作上或
转到用"添加 Else"设置条件为假时执行的宏操作。

6.6　在窗体和报表上使用宏

在 Access 中，宏的一个主要用途就是将宏链接到窗体或报表中。由窗体、窗体上的控件、
报表或报表的节上的事件的触发来运行宏。

6.6.1　用于窗体上的宏

宏可以通过以下方式作用于窗体：

（1）可以从导航窗格中的宏对象列表中选择要使用的宏名直接拖至打开窗体的设计视图
上，这样窗体中将被添加一个为宏名的命令按钮控件，并且自动将该宏添加在命令按钮的"单击"
事件上。在窗体视图中单击命令按钮时，就可以执行宏中定义好的操作。

（2）可以打开窗体上的控件属性对话框，选择"事件"选项卡，在需要的事件（如单击）
的属性值上单击下拉按钮，从打开的下拉列表中选择已有宏；也可以单击"生成器"按钮，在
弹出的对话框中选择"宏生成器"选项，打开宏设计窗口直接定义宏。

下面通过示例来说明宏与窗体控件的链接关系。

【例 6.7】在"学生基本信息"窗体上添加命令按钮，并定义相应的宏，
实现单击命令按钮即可对窗体中记录进行相应的操作。

微课6-7：用于
窗体上的宏

操作步骤如下：

（1）打开"教学管理"数据库。

（2）在"学生基本信息"窗体添加命令按钮。

在导航窗格中右击"学生基本信息"窗体，从弹出的快捷菜单中选择"设
计视图"命令，打开其窗体的设计视图，在窗体的页脚上添加四个命令按钮控件，
如图 6-23 所示。

（3）定义一个宏组。

单击"创建|宏与代码|宏"按钮，打开"宏设计器"窗口。添加第一个子宏。从"添加新操作"
下拉列表中选择"Submacro"操，在"子宏"文本框中输入宏名"上一个"，在其下"添加新操作"
下拉列表中选择"GoToRecord"操作，在操作参数设置框中的"对象类型"框中选择"窗体"，
在"对象名称"框中选择"学生基本信息"，在"记录"框中选择"向前移动"，如图 6-24 所示。
用相同的方法创建其他"下一个"、"新记录"和"关闭"三个子宏，如图 6-24 所示。单击"保
存"按钮，为宏组命名为"学生信息"。

（4）建立窗体上的命令按钮的"单击"事件和宏之间的关系（在控件中嵌入宏）。

切换到"学生基本信息"窗体设计视图，单击选中"上一个记录"命令按钮控件，单击"工具|属性表"按钮；或者右击打开快捷菜单，选择"属性"命令，弹出命令按钮控件的属性对话框。单击"事件"选项卡中"单击"事件的下拉按钮，在下拉列表给定的宏中选择"学生信息.上一个"，如图 6-25 所示。其余的命令按钮也依照此方法分别为"单击"事件指定"学生信息"宏组中相应的宏。

图 6-23　为窗体添加命令按钮控件　图 6-24　　"学生信息"的宏组设计　　图 6-25　为命令按钮的"单击"事件指定宏

通过上述设计，窗体上的命令按钮和宏建立联系，当单击命令按钮时可以完成定义好的相关操作。

【例 6.8】在教学管理数据库中先创建一个名为"登录权限检查"的窗体，如图 6-26 所示，窗体上有一个标题为"请输入用户名："的标签；有一个名称为 txt1 的文本框；有一个名称为 cmd1 其标题为"登录"的命令按钮；有一个名称为 cmd2 其标题为"退出"的命令按钮。其次创建一个名为"登录验证"的条件宏。要求：在"登录权限检查"窗体的文本框中输入用户名（在此假定正确的用户名为"GLYABC"），如果输入正确，则打开【例 5.8】创建的"登录学生基本信息"窗体；否则，弹出提示框"无此用户，重新输入！"。

操作步骤如下：

（1）打开"教学管理"数据库。

（2）按要求创建"登录权限检查"窗体（见图 6-26）。（略）

（3）单击"创建|宏与代码|宏"按钮，打开"宏设计器"窗口。

（4）从"添加新操作"下拉列表中选择"if"操作，弹出为"if"操作设置参数的对话框，如图 6-27 所示。

（5）在"if"文本框中输入条件"[Forms]![登录权限检查]![txt1]="GLYABC""，在"添加新操作"下拉列表中选择"OpenForm"操作，在操作参数设置框中的"窗体名称"组合框中选择"登录学生基本信息"，如图 6-28 所示。

（6）单击右侧"添加 Else"超链接，从其"添加新操作"下拉列表中选择"MessageBox"，弹出为"MessageBox"操作设置参数的对话框，在"消息"文本框中输入"无此用户，重新输入！"，如图 6-29 所示。

图 6-26　"登录权限检查"窗体

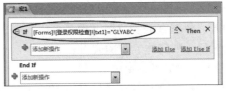

图 6-27　设置"if"条件

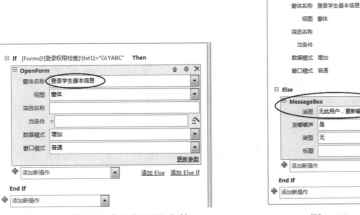

图 6-28　条件为真要打开的窗体

图 6-29　设置消息提示

（7）单击"保存"按钮，在"另存为"对话框中的"宏名称"文本框中输入"登录验证"，单击"确定"按钮保存。

（8）打开"登录权限检查"窗体的设计视图，选定"登录"按钮 cmd1，在其"事件"选项卡的单击列表中选择"登录验证"宏；选定"退出"按钮 cmd2，设置其单击"事件"属性为 QuitAccess 宏操作。

（9）切换到窗体视图进行验证。

6.6.2　宏用于报表

宏对报表的作用是在报表的打印或打印格式的控制上。通过在宏或事件过程中执行 OpenReport 和 PrintObject 操作，可以自动设置打印报表的方式。

例如，可以通过单击窗体上的某个按钮、从自定义菜单中选择一条命令，或通过按组合键来打印报表。

如果要限制打印的记录范围，或要在打印预览中打开报表，可使用 OpenReport 操作。使用该操作来打印报表时，Access 将根据"打印"对话框中的默认设置打印报表。

如果要在打印报表之前设置打印参数，可使用 PrintObject 操作。PrintObjec 操作包含对应于"打印"对话框中所有打印的参数。

6.7　使用宏创建自定义的菜单

在 Access 中可以为自己的数据库应用系统创建菜单系统，一个菜单系统包括多级菜单。制作菜单系统需要依靠宏来实现，菜单系统本身也是靠宏来运行的。创建一个菜单系统的操作步骤如下：

（1）设计菜单系统所包括的多级菜单内容，如图 6-30 所示的三级菜单。一级菜单含有：数据输入、数据查询、数据管理、打印数据、退出系统五个菜单项，并为每个菜单命令准备好需要的对象（如窗体、查询或报表）。

（2）创建二级菜单中对应每一个三级菜单的宏。

（3）创建一级菜单中对应每一个二级菜单的宏。

（4）创建组合了多级菜单的菜单栏的宏。

（5）将自定义菜单栏宏设置为数据库的菜单，或者附加于需要的界面（如窗体或报表）上，即成为某一个界面激活时的菜单。

图 6-30　设计菜单系统

6.7.1　创建第三级菜单

创建"学生基本信息查询"所包含的下级菜单命令（三级菜单）的宏的操作步骤如下：

（1）打开"宏设计器"窗口，创建如图 6-31 所示的三个子宏，每个子宏的名称即为三级菜单中每一条菜单命令的名称，对应的宏操作以及操作参数设置具体如图 6-31 所示。

（2）单击"保存"按钮，为创建的宏命名为"学生查询子菜单"。

6.7.2　创建第二级菜单

1. 创建"数据查询"所包含的下级菜单命令（二级菜单）的宏

操作步骤如下：

（1）打开"宏设计器"窗口，创建如图 6-32 所示的三个子宏，每个子宏的名称即为二级菜单中每一条菜单命令的名称，还可以为菜单命令设定"热键"，在"热键"字符前加上"&"符号。对应的宏操作以及操作参数设置具体如图 6-32 所示。由于"学生基本信息查询（&S）"的菜单命令要打开下级（三级）菜单，所以选择"AddMenu"宏操作，菜单名称与该菜单命令一致，菜单宏名称为其要打开的下级菜单的宏名称"学生查询子菜单"。

图 6-31　三级菜单

图 6-32　"数据查询"二级菜单

（2）单击"保存"按钮，为创建的宏命名为"数据查询"。

2. 创建包含"数据输入"下拉菜单命令的宏

操作步骤如下：

（1）打开"宏设计器"窗口，创建如图 6-33 所示的三个子宏，每个子宏的名称即为二级菜单中每一条菜单命令的名称，对应的宏操作以及操作参数设置具体如图 6-33 所示。

（2）单击"保存"按钮，为创建的宏命名为"数据输入"。

3. 创建包含"打印数据"下拉菜单命令的宏

操作步骤如下：

（1）打开"宏设计器"窗口，创建如图 6-34 所示的一个子宏，子宏的名称即为二级菜单中"打印数据"菜单命令的名称，对应的宏操作以及操作参数设置具体如图 6-34 所示。

图 6-33　"数据输入"二级菜单

图 6-34　"打印数据"二级菜单

（2）单击"保存"按钮，为创建的宏命名为"打印学生选课成绩表"。

4. 创建包含"数据管理"下拉菜单命令的宏

操作步骤如下：

（1）打开"宏设计器"窗口，创建如图 6-35 所示的一个子宏，子宏的名称即为二级菜单中"数据管理"菜单命令的名称，对应的宏操作以及操作参数设置具体如图 6-35 所示。

（2）单击"保存"按钮，为创建的宏命名为"数据表备份"。

5. 创建包含"退出系统"下拉菜单命令的宏

操作步骤如下：

（1）打开"宏设计器"窗口，创建如图 6-36 所示一个子宏，子宏的名称即为二级菜单中"退出系统"菜单命令的名称，对应的宏操作以及操作参数设置具体如图 6-36 所示。

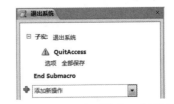

图 6-35　"数据管理"二级菜单　　　　图 6-36　"退出系统"二级菜单

（2）单击"保存"按钮，为创建的宏命名为"退出系统"。

6.7.3　创建第一级菜单

上面已经创建完成各个下拉菜单的宏，下一步是将它们组合到其所属的菜单栏中，即创建第一级菜单所包含的各个菜单命令的宏。

操作步骤如下：

（1）打开"宏设计器"窗口，选择"AddMenu"创建一级菜单，输入每一条菜单命令的名称，在对应的"菜单宏名称"文本框中输入或选择已创建的菜单宏名称，将菜单栏所属的所有二级菜单的宏添加到菜单栏的宏中，具体设置如图6–37所示。

（2）单击"保存"按钮，将创建的宏命名为"系统菜单"。

图 6–37　设计菜单栏的宏

6.7.4　将菜单栏附加于相应的窗体或报表上

完成菜单栏和下拉菜单的宏的设计后，如果要使在打开某个窗体或报表时激活菜单系统，就要设置菜单和窗体或报表的所属关系。

【例6.9】使创建好的系统菜单成为"系统主控界面"窗体打开时的窗体菜单。

操作步骤如下：

（1）打开"系统主控界面"窗体的设计视图，单击"设计 | 工具 | 属性表"按钮，打开窗体的"属性表"窗格，选择"其他"选项卡。

（2）在"菜单栏"文本框中输入窗体所需要的菜单栏的宏的名称"系统菜单"，如图6–38所示，关闭窗体的"属性表"窗格。

（3）切换到"系统主控界面"窗体视图，单击"加载项"选项卡，屏幕上出现有菜单栏的窗口，如图6–39所示。

图 6–38　窗体"属性表"窗格

图 6–39　教学管理系统主控界面

习　题

一、选择题

（1）以下有关宏的叙述中不正确的是（　　　）。

　　A. 宏的使用非常方便，不需要记住语法，也不需要编程

　　B. 宏的执行效率比模块代码要低

　　C. 宏的运行是不能受任何条件控制的

　　D. 使用宏可以自动执行重复任务

（2）打开一个查询的宏操作是（　　　）。

　　A. OpenForm　　　B. OpenTable　　　C. OpenReport　　　D. OpenQuery

（3）宏操作 QuitAccess 的功能是（　　　）。

　　A. 关闭窗体　　　B. 退出宏　　　　C. 退出查询　　　　D. 退出 Access

（4）OpenForm 的宏操作是打开（　　　）。

　　A. 表　　　　　　B. 窗体　　　　　C. 查询　　　　　　D. 报表

（5）运行宏的宏操作是（　　　）。

　　A. RunCode　　　B. RunMacro　　　C. RunApp　　　　　D. RunSQL

（6）宏组是由（　　　）组成的。

　　A. 若干宏　　　　B. 若干宏操作　　C. 程序代码　　　　D. 模块

（7）使用宏组的目的是（　　　）。

　　A. 设计出包含大量操作的宏　　　　B. 设计出功能复杂的宏

　　C. 对多个宏进行组织和管理　　　　D. 一次运行多个宏

（8）引用宏组中的宏的语法格式是（　　　）。

　　A. 宏组名 . 宏名　B. 宏名 . 宏组名　C. 宏组名！宏名　　D. 宏组名 # 宏名

（9）在宏的条件表达式中，要引用"rptA"窗体上名为"txt2"控件的值，可以使用的引用表达式是（　　　）。

　　A. Reports!rptA!txt2　　　　　　　B. Report!rptA!txt2

　　C. rptA!txt2　　　　　　　　　　　D. txt2

（10）要限制宏命令的操作范围，可以在创建宏时定义（　　　）。

　　A. 宏条件表达式　　　　　　　　　B. 宏操作对象

　　C. 宏操作目标　　　　　　　　　　D. 窗体或报表控件属性

（11）在运行宏的过程中，宏不能修改的是（　　　）。

　　A. 数据库　　　B. 表　　　　　C. 窗体　　　　　D. 宏本身

二、填空题

（1）宏是由＿＿＿＿＿＿＿组成的集合。

（2）AutoKeys 宏组中，以＿＿＿＿＿＿＿代替宏名。

（3）如果没有为 CloseWindow 宏操作指定任何操作参数，CloseWindow 将关闭＿＿＿＿＿＿＿对象。

（4）为宏设置条件是为了＿＿＿＿＿＿＿。

（5）在启动数据库的同时，按住＿＿＿＿＿＿＿键，可以使数据库中的 Autoexec 宏不被自动执行。

三、思考题

（1）什么是宏？什么是事件？

（2）一般命令按钮控件触发宏的事件是什么？

（3）Autoexec 宏组的作用是什么？

（4）如何调试宏？

四、上机练习题

1. 练习目的

以"教学管理"数据库为练习实例，掌握创建宏和宏组的方法，掌握运行宏和调试宏的方法。

2. 练习内容

（1）设计一个如图 6-40 所示的"课程信息"窗体，单击窗体上的命令按钮可以完成相应的操作。

提示：创建一个包括窗体上所有命令按钮操作的宏组，其中涉及的宏操作有 GoToRecord、CloseWindow。然后为每一个命令按钮的"单击"事件赋予相应的宏组名．宏名。参见图 6-41。

在窗体设计视图下，打开窗体属性对话框，选择"格式"选项卡，做如下设置：滚动条"两者均无"；记录选择器"否"；导航按钮"否"；分隔线"否"，如图 6-42 所示。

图 6-40 课程信息窗体

图 6-41 课程信息宏组

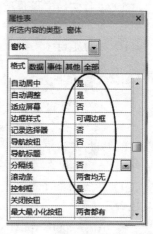

图 6-42 窗体"属性表"窗格

（2）在一个检查用户身份的界面（窗体）中输入用户名（假定正确的用户名为"USRE12"），如果输入正确，弹出信息对话框并显示"欢迎进入系统"，如图 6-43 所示；否则，在信息对话框中提示出错，重新输入。

提示：为"用户检查"窗体上的"登录"命令按钮的"单击"事件定义一个名为"用户检查宏"的宏，在该宏中为宏操作设置条件，如图 6-44 所示。

（3）利用宏 Autoexec 和 AutoKeys，启动"教学管理系统"的起始界面窗体。

提示：创建一个"教学管理系统的"启动界面窗体，如图 6-45 所示。创建 Autoexec 宏，如图 6-46 所示。为窗体上的命令按钮的"单击"事件定义 AutoKeys 宏组，如图 6-47 所示。

图 6-43　用户检查对话框　　　　　　　　图 6-44　宏设计视图

图 6-45　"教学管理"启动窗体　　图 6-46　Autoexec 宏设计视图　图 6-47　AutoKeys 宏组设计视图

（4）试着创建图 6-30 所示的系统菜单，并使系统菜单成为"系统主控界面"窗体打开时的窗体菜单。

第 7 章

编程工具 VBA 和模块

本章介绍模块及其相关的概念；VBA 编程基础和编程环境；VBA 的数据库编程；VBA 代码的调试方法；VBA 程序的错误处理方法。

 ## 7.1　VBA 模块简介

在 Access 系统中，借助前面章节介绍的宏对象可以完成事件的响应处理，如打开和关闭窗体、报表等。但宏的使用也有一定的局限性：一是宏只能处理简单的操作，无法实现复杂的操作和必要的判断控制；二是宏对数据库对象的处理能力比较弱。

Access 提供 VBA 编程技术，VBA 在开发中的应用，大大加强了对数据管理应用功能的扩展，使开发出来的系统更具有灵活性和自动性，从而使数据库应用系统的功能更加完善。

7.1.1　VBA 介绍

VBA（Visual Basic for Applications）是 Microsoft Office 系列软件的内置编程语言，VBA 的语法与独立运行的 Visual Basic 编程语言互相兼容。当某个特定的任务不能用其他 Access 对象实现，或实现起来较为困难时，可以利用 VBA 语言编写代码，完成这些特殊的、复杂的操作。

模块是由 VBA 语言的声明和过程组成的集合，它们作为一个整体来存储使用。

7.1.2　宏和模块

1. 模块和宏的区别

使用宏比较简单，不需要编程，而使用模块，要求对编程有一定的基本知识，它比宏要复杂。模块的运行速度快，而宏的运行速度慢。宏的每个基本操作在 VBA 中都有相应的等效语句，如在模块中使用这些语句就可以实现所有单独的宏命令，所以模块的功能比宏更加强大。

2. 模块的功能

模块的功能主要有以下几点：

（1）维护数据库。可以将事件过程创建在窗体或报表的定义中，这样更有利于数据库的维护。而宏是独立于窗体和报表的，所以维护相对困难。

（2）创建自定义函数。使用这些自定义的函数可以避免编写复杂的表达式。

（3）显示详细的错误提示。可以检测错误并进行显示。这样就有更加友好的用户界面，对用户的下一步操作有利。

（4）执行系统级的操作。可以对系统中的文件进行处理，使用动态数据交换（DDE），应用 Windows 系统函数和数据通信。

3. 模块的分类

模块有两种基本类型：类模块和标准模块。

（1）类模块。类模块是包含类的定义的模块，包括其属性和方法的定义。类模块有三种基本形式：窗体类模块、报表类模块和自定义类模块。它们各自与某一窗体或报表相关联。为窗体（或报表）创建第一个事件过程时，Access 将自动创建与之关联的窗体或报表模块。单击窗体（或报表）设计视图中"设计"选项卡"工具"组中的"查看代码"按钮，可以查看窗体（或报表）的模块。

（2）标准模块。标准模块包含在数据库窗口的模块对象列表中。标准模块包括通用过程和常用过程，这些过程不与 Access 数据库文件中的任何对象相关联。也就是说，如果控件没有恰当的前缀，这些过程就没有指向 Me（当前对象）或控件名的引用，但可以在数据库中任何其他对象中引用标准模块中的过程。

4. 模块的组成

通常，模块由以下两部分组成：

第一部分是声明部分：可以在这部分定义变量、常量、自定义类型和外部过程。在模块中，声明部分与过程部分是分割开来的，声明部分中设定的常量和变量是全局性的，可以被模块中的所有过程调用。

第二部分是事件过程部分：这是一种自动执行的过程，用来对用户或程序代码启动的事件或系统触发的事件做出响应。

7.1.3　将宏转换为 VBA 代码

Access 能够自动将宏转换为 VBA 的事件过程或模块，这些事件过程或模块执行的结果与宏操作的结果相同。可以转换窗体（或报表）中的宏，也可以转换不附加于特定窗体（或报表）的宏。将宏转换成 VBA 代码的操作步骤如下：

（1）新建一个宏或者选择一个已有的宏。

（2）单击"设计 | 工具 | 将宏转换为 Visual Basic 代码运行"按钮，弹出"转换宏"对话框，选中"给生成的函数加入错误处理"和"包含宏注释"两个复选框，单击"转换"按钮，如图 7-1 所示。

图 7-1　"转换宏"对话框

7.2　VBA 编程的基本概念

VBA 程序设计是一种面向对象的程序设计。面向对象程序设计是一种系统化的程序设计方法，它基于面向对象模型，采用面向对象的程序设计语言编程实现。

在 VBA 编程中，首先，必须理解对象、属性、方法和事件。

7.2.1　对象

对象：任何可操作实体，如数据表、窗体、查询、报表、宏、文本框、列表框、对话框和命令按钮等都可被视为对象。

Access 根对象有六个，如表 7-1 所示。

表 7-1　Access 根对象

对象名	说　　明
Application	应用程序，即 Access 环境
DBEngine	数据库管理系统、表对象、查询对象、记录对象、字段对象等都是它的子对象
Debug	立即窗口对象，在调试阶段可用其 Print 方法在立即窗口显示输出信息
Forms	所有处于打开状态的窗体所构成的对象
Reports	所有处于打开状态的报表所构成的对象
Screen	屏幕对象

7.2.2　属性

属性：指每个对象具有的特征和状态。

在程序代码中，则通过赋值的方式来设置对象的属性，其格式为：

```
对象 . 属性 = 属性值
```

【例 7.1】使用属性示例。

```
Label1.Caption=" 学生成绩表 "                    '设置标签 1 的标题为 " 学生成绩表 "
```

说明：在上例中，单引号 """ 后的内容为注释，下同。

7.2.3　方法

方法：用于描述对象的行为，每个对象都有自己的若干方法，从而构成该对象的方法集。可以把方法理解为内部函数，可以用来完成某种特定的功能。对象方法的调用格式为：

```
[对象 .]方法 [参数名表]
```

说明：方括号内的内容是可选的。

【例 7.2】使用 Debug 对象的 Print 方法，输出表达式 "2+3" 的结果。

```
Debug.Print 2+3                                '输出 2+3 的结果
```

除窗体、控件的 SetFocus（获得控制焦点）、Requery（更新数据）等方法外，用得最多的是 DoCmd 对象的一些方法。使用 DoCmd 对象的方法，可以在 VBA 中运行 Access 的操作，如执行打开窗体（OpenForm）、关闭窗体（Close）、SelectObject（指定数据库对象）等。

【例 7.3】 使用 Docmd 对象的 OpenForm 方法，打开"学生"窗体。

```
Docmd.OpenForm " 学生 "              ' 打开 " 学生 " 窗体
```

7.2.4　事件

事件是一种特定的操作，在某个对象上发生或对某个对象发生。在 Access 系统中，不同的对象可以触发的事件不同。总体来说，Access 中的事件主要有键盘事件、鼠标事件、窗口事件、对象事件和操作事件等。

1.　键盘事件

键盘事件是操作键盘所引发的事件，像"按下键"（KeyDown）、"释放键"（KeyUp）和"击键"（KeyPress）等都属于键盘事件。

2.　鼠标事件

鼠标事件即操作鼠标所引发的事件。鼠标事件的应用较广，特别是"单击"（Click）事件。除"单击"事件外，鼠标事件还有"双击"（DblClick）、"鼠标移动"（MouseMove）、"鼠标按下"（MouseDown）和"鼠标释放"（MouseUp）等。

【例 7.4】 鼠标单击 Command1 命令按钮时，使文本框 Text1 中的字号变为 14。

```
' 鼠标的单击事件
Private Sub Command1_Click()
    Text1.FontSize=14
End Sub
```

3.　窗口事件

窗口事件是指操作窗口时所引发的事件。常用的窗口事件有"打开"（Open）、"加载"（Load）、"调整大小"（Resize）、"激活"（Activate）、"成为当前"（Current）、"卸载"（Unload）、"停用"（Deactivate）和"关闭"（Close）。对于报表，Open 事件发生在报表被预览或被打印之前。

【例 7.5】 窗体加载时，窗体的标题设置为当前的系统日期。

```
' 窗口的加载事件
Private Sub Form_Load()
    Me.caption=date()         ' 窗体加载时，窗体的标题设置为当前的系统日期
End Sub
```

4.　对象事件

对象事件主要是指选择对象进行操作时所引发的事件。常用的对象事件有"获得焦点"（GotFocus）、"失去焦点"（LostFocus）、"更新前"（BeforeUpdate）、"更新后"（AfterUpdate）和"更改"（Change）等。

5.　操作事件

操作事件是指与操作数据有关的事件。常用的操作事件有"删除"（Delete）、"插入前"（BeforeInsert）、"插入后"（AfterInsert）、"成为当前"（Current）、"不在列表中"（NotInList）、"确认删除前"（BeforeDelConfirm）和"确认删除后"（AfterDelConfirm）等。

7.3　VBA 开发环境

在 Office 中提供的 VBA 开发环境称为 VBE（Visual Basic Editor），又称 VBE 编辑器，它以 Visual Basic 编程环境的布局为基础，提供集成的开发环境。VBE 可以用于创建和编辑 VBA 程序，也可以用于编辑已录制的宏和编写新的宏。

7.3.1　打开 VBE 窗口

在 Access 中，打开 VBE 窗口有以下三种方法：

微课7–1：打开
VBE窗口

方法一：单击"创建 | 宏与代码 | 模块"按钮，打开 VBE 窗口，并且在 VBE 窗口中创建一个空白模块。

方法二：如果已有一个标准模块，可在导航窗格中双击该模块，则在 VBE 窗口中打开该模块。

方法三：对于属于窗体或报表的模块可以打开窗体或报表的设计视图，单击"设计 | 工具 | 查看代码"按钮，即可打开 VBE 窗口，并显示模块的开始部分。也可直接定位到窗体或报表上指定对象的事件处理过程，方法是：单击属性窗口的"事件"选项卡中某个事件框右侧的"生成器"按钮，弹出"选择生成器"对话框，选择其中的"代码生成器"选项，如图 7–2 所示。单击"确定"按钮，即可打开 VBE 窗口，并显示模块的开始部分。

图 7–2　"选择生成器"对话框

7.3.2　VBE 窗口

打开一个模块即在屏幕上打开 VBE 窗口。VBE 窗口由 VBE 工具栏、工程窗口、属性窗口、代码窗口和立即窗口等组成，如图 7–3 所示。这些工具栏和子窗口都可以通过选择"视图"菜单中的相关命令来打开。

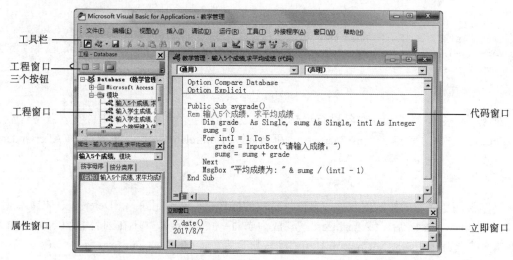

图 7–3　VBE 窗口

1. VBE 工具栏

VBE 工具栏中包括创建模块时常用的命令按钮，几个比较重要的按钮的功能如图 7-4 所示。各按钮功能简要说明如下：

- "Microsoft Access" 按钮：单击此按钮切换到 Access 的数据库窗口。若要重新返回 VBE 窗口，可在设计视图中单击 "设计 | 工具 | 查看代码" 按钮或任务栏中的 VBE 最小化按钮。
- "插入模块" 按钮：单击该按钮右侧的下拉按钮，打开下拉列表，含有 "模块"、"类模块" 和 "过程" 三个选项，如图 7-4 所示，选择一项即可插入新模块。
- "运行子过程 / 用户窗体" 按钮：单击此按钮运行模块中的程序。
- "中断" 按钮：单击此按钮中断正在运行的程序。
- "重新设置" 按钮：单击此按钮结束正在运行的程序。
- "设计模式" 按钮：单击此按钮在设计模式和非设计模式之间进行切换。
- "工程资源管理器" 按钮：用于打开工程资源管理器。
- "属性窗口" 按钮：用于打开属性窗口。
- "对象浏览器" 按钮：用于打开对象浏览器。

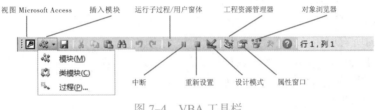

图 7-4　VBA 工具栏

2. 工程窗口

工程窗口是工程资源管理器窗口的简称，其列表框中列出了在应用程序中用到的模块对象和类对象等。工程窗口标题栏下有三个按钮（见图 7-3）：单击 "查看代码" 按钮可显示选定模块的代码窗口；单击 "查看对象" 按钮，可显示选定对象的窗体；单击 "切换文件夹" 按钮可隐藏或显示对象文件夹。

3. 属性窗口

属性窗口中列出了在工程窗口所选对象的各种属性，可按字母序和按分类序两种方式查看这些属性。也可以编辑这些对象的属性，这通常比在设计窗口中编辑对象的属性要方便和灵活很多。

为了在属性窗口显示某个 Access 类对象，必须选定该对象后单击 "查看对象" 按钮，在设计视图中打开该对象。

4. 代码窗口

在代码窗口中可以输入和编辑 VBA 代码。双击工程窗口中的一个模块或类对象，会弹出相应的代码窗口并显示相应的声明和指令代码，供检查、编辑和测试。用户可以打开多个代码窗口，且可以方便地在代码窗口之间进行复制和粘贴。

代码窗口包含一个成熟的开发和调试系统。代码窗口包含两个组合框，左边是 "对象" 组合框，右边是 "过程" 组合框。"对象" 组合框中列出的是所有可用的对象名称，选择某一对象后，在"过程"组合框中将列出该对象所有的事件过程。

代码窗口中提供以下功能：

（1）自动显示提示信息。在代码窗口中输入命令时，VBE 编辑器会自动显示关键字列表、参数列表（子过程和函数过程必要的参数以及参数的顺序）等提示信息，如图 7-5 所示。在列表中选择所要的信息，按【Enter】键或【Tab】键可使其跳上屏幕。也可以使用输入关键字首字的方法，按【Ctrl+J】组合键调出列表。

（a）关键字提示　　　　　　　　　　　　　　　（b）函数参数提示

图 7-5　自动显示提示信息

（2）上下文关联的帮助。如果滞留在一个命令上而想了解它的功能，可以按【F1】键打开相应的帮助窗口。

（3）快速访问子过程。在"过程"组合框的下拉列表中选择一个子过程，VBA 会立即定位到该处。

（4）对象浏览器。使用 VBA 的对象浏览器可以查看对象模型中的所有可用的命令。该浏览器不仅用于正在使用的 VBA 的版本，而且可用于其他可以通过 VBA 进行控制的应用程序（如 Excel 等）。按【F2】键可调出对象浏览器，如图 7-6 所示。

图 7-6　"对象浏览器"窗口

5. 立即窗口

立即窗口是用来进行表达式计算、简单方法的操作及进行程序测试的工作窗口。该窗口是一种中间结果暂存窗口，即其中的代码是不能存储的。

使用立即窗口测试模块中的某一子过程，可采取以下步骤：

（1）鼠标指针指向并在子过程中单击。

（2）选择"视图 | 立即窗口"命令，或按【Ctrl+G】组合键，打开立即窗口。

（3）单击工具栏中的"运行子过程/用户窗体"按钮，可在立即窗口测试子过程的运行情况。

如果使用立即窗口来检查某一 VBA 代码行的执行结果，或进行表达式计算并显示其值，可以直接在窗口中输入相应的语句行，并按【Enter】键即可。也可在立即窗口中首先输入"?"或"Print"命令，后面接着输入表达式或函数，最后按【Enter】键来查看表达式或函数的运行结果。

【例 7.6】　在立即窗口中使用 Debug 对象的 Print 方法，计算半径为 5.6 的圆的面积，并输出结果。

在立即窗口输入"Debug.Print 3.1416*5.6^2"，按【Enter】键，在下一行得到圆的面积 98.520576（表达式中 * 代表乘号，^2 代表平方），如图 7-7（a）所示。

【例 7.7】　在立即窗口中使用"?"或"Print"语句显示表达式的值。

在立即窗口输入"Print" 今天是："& date()"，表达式中的 date() 是能返回系统当前日期的函数，按【Enter】键后出现图 7-7（b）所示窗口中的第 2 行的

微课7-2：
Debug对象的
Print方法

结果；再输入"? 25+6"，按【Enter】键后出现表达式 25+6 运算后返回的值 31。

（a）　　　　　　　　　　　　　　　　　（b）

图 7-7　利用立即窗口实现表达式计算并显示其结果

 ## 7.4　VBA 编程基础

VBA 的编程涉及常量、变量及数据类型等基础知识。

7.4.1　数据类型

VBA 一般用变量保存计算的结果、进行属性的设置、指定方法的参数以及在过程间传递数值。为了高效率地执行，VBA 为变量定义了一个数据类型的集合。在 Access 中，很多地方都要指定数据类型，包括过程中的变量、定义表和函数的参数等。

1. 基本的数据类型

VBA 支持多种数据类型，表 7-2 列出了 VBA 程序中的基本数据类型，以及它们所占用的存储空间、取值范围和默认值。

表 7-2　VBA 的数据类型

数据类型	关键字	类型符	所占字节数	范　围
字节型	Byte	无	1 字节	0 ~ 255
布尔型	Boolean	无	2 字节	True 或 False
整型	Integer	%	2 字节	-32 768 ~ 32 767
长整型	Long	&	4 字节	-2 147 483 648 ~ 2 147 483 647
单精度	Single	!	4 字节	负数：-3.402 823E38 ~ -1.401 298E-45 正数：1.401 298E-45 ~ 3.402 823E38
双精度	Double	#	8 字节	负数：-1.797 693 134 862 32E308 ~ -4.940 656 458 412 47E-324 正数：4.940 656 458 412 47E-324 ~ 1.797 693 134 862 32E308
货币型	Currency	@	8 字节	-922 337 203 685 477.580 8 ~ 922 337 203 685 477.580 7
日期型	Date	无	8 字节	100 年 1 月 1 日—9999 年 12 月 31 日
字符型	String	$	与串长有关	0 ~ 65 535 个字符
对象型	Object	无	4 字节	任何对象引用
变体型	Variant	无	根据分配确定	

2. 用户自定义数据类型

用户自定义数据类型需使用 Type…End Type 语句（简称 Type 语句）。Type 语句定义的数据类型由基本数据类型构造而成，且可以包含多个基本数据类型或一个已经定义的 Type 类型。

例如，以下 Type 语句定义了一个名为 Student 的数据类型，由 Sno（学号）、SName（姓名）、SAge（年龄）三个分量组成：

```
Type Student
    SNo As String        '字符型
    SName As String      '字符型
    SAge As Integer      '整型
End Type
```

自定义数据类型必须使用 Type 语句在模块的声明部分进行定义后方可使用。所谓使用即可以声明这种数据类型的变量（声明变量的方法请参见第 7.4.3 小节），通过【例 7.8】可了解自定义数据类型（如 Student）的具体使用。

【例 7.8】声明一个 Student 类型的变量 Stu，并操作分量。

```
Dim Stu As Student              '声明一个 Student 类型的变量 Stu
Stu.SNo="201609001"             '给变量赋值，注意变量名和分量名之间用英文句号
Stu.SName=" 陈京京 "
Stu.SAge=18
Debug.Print stu.SNo,stu.SName,stu.Sage     '在立即窗口输出变量值
```

为 Stu 变量赋值还可以用 With…End With 语句来简化一些重复部分：

```
With Stu
    .SNo="201609001"            '注意分量名前用的英文句号
    .SName=" 陈京京 "
    .SAge=18
End With
```

7.4.2　常量

常量是指在程序运行过程中始终固定不变的量。VBA 的常量包括数值常量、字符常量、日期常量、符号常量、固有常量和系统定义常量等。

- 数值常量由数字等组成，如 345、456.78。
- 字符常量由定界符 "" 将字符括起来，如 "This is a string"。
- 日期常量由符号 "#" 将字符括起来，如 #02/22/2017#。
- 符号常量是需要声明的常量，用 Const 语句来声明并设置其值，如 Const PI=3.1415926。对于程序中经常出现的常量，以及难以记忆且无明确意义的数值，使用符号常量可使代码更容易读取与维护。
- 系统定义的常量有三个：True、False 和 Null。
- 固有常量是 Access 自动定义的常量。所有固有常量都可以在宏或 VBA 代码中使用。通常，固有常量通过前两个字母来指明定义该常量的对象库。来自 Access 的常量以 "ac" 开头，来自 VB 库的常量则以 "vb" 开头。可以使用对象浏览器来查看所有对象库中的固有常量列表。

7.4.3　变量

变量是指在程序运行过程期间取值可以变化的量。在 VBA 代码中声明和使用指定的变量来存储值、计算结果或操作数据库中的任意对象。

1. 变量的命名规则

在为变量命名时应遵循以下准则：

（1）变量名必须以英文字母开头，由字母、数字或下画线等组成。

（2）变量名不能包含空格、句点等字符。

（3）变量名的长度不能超过 255 个字符，且变量名不区分大小写。

（4）不能在某一范围内的相同层次中使用重复的变量名。

（5）变量的名字不能是 VBA 的关键字、对象名称或属性名称。

2. 声明变量

变量一般应先声明再使用。变量声明有两个作用：一是指定变量的数据类型；二是指定变量的适用范围。VBA 应用程序并不要求在过程中使用变量以前明确地进行声明。如果使用一个没有明确声明的变量，Visual Basic 会自动将它声明为 Variant 数据类型。

变量声明语句为：

```
Dim <变量名> [As <数据类型>]
```

该语句的功能是：变量声明，并为其分配存储空间。其中，Dim 是关键字，说明这个语句是变量的声明语句，给出变量名并指定这个变量对应的数据类型。如果没有 As 子句，则默认该变量为 Variant 类型。

说明：在 VBA 语句格式中，通常方括号表示可选项，尖括号表示必选项（其中的内容由用户给定），具体使用时不包括方、尖括号。以后不再赘述。

【例 7.9】 声明字符串变量，并为之赋值。

```
Dim StudentName As String        '声明一个名为 StudentName 的字符型变量
StudentName=" 王楠 "             '为变量 StudentName 赋值
StudentName=" 夏天 "             '为变量 StudentName 重新赋值
```

VBA 允许在同一行内声明多个变量，变量间用英文逗号分隔。

【例 7.10】 在一个语句中声明三个不同类型的变量，其中 aaa 为布尔型变量、bbb 为变体型变量、ccc 为日期型变量。

```
Dim aaa As Boolean,bbb,ccc As Date
```

如果要求在过程中使用变量前必须进行声明，可进行设置。

操作步骤如下：

（1）单击"创建 | 宏与代码 | 模块"按钮，打开 VBE 窗口。

（2）单击"工具 | 选项"按钮，打开"选项"对话框。

（3）选择"编辑器"选项卡，然后选中"代码设置"选项区域中的"要求变量声明"复选框，如图 7-8 所示。

当"要求变量声明"复选框被选中时，Access 将自动在数据库所有新模块（包括与窗体或报表相关的新建模块）的声明部分中生成一个 Option

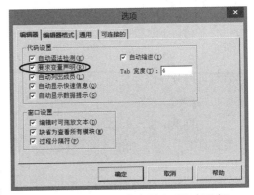

图 7-8　选中"要求变量声明"复选框

Explicit 语句。该语句的功能是在模块级别中强制对模块中的所有变量进行显式声明。

7.4.4　变量的作用域

变量的作用域确定了在什么范围内该变量是有效的或是能够被访问的。变量的作用域是在模块中声明确定的，分为全局变量、模块级变量和过程级变量三种。

1. 全局变量

全局变量又称公用变量，在应用程序的所有模块的过程和函数中都有效。全局变量通常在模块顶部的声明部分用 Public 关键字来声明。例如：

```
Public V1 As Integer        '声明一个名为 V1 的整型公用变量
```

全局变量可以在不同模块的过程间起传递数据的作用。但全局变量在整个程序运行期间都要占用存储空间，而且在过程调用时，容易造成变量值的意外修改。

2. 模块级变量

模块级变量又称私有变量，可以在声明该变量的模块内的所有过程中使用，即在其他模块中无效。模块级变量在模块顶部的声明部分用 Private 或 Dim 关键字来声明。例如：

```
Private w1 As Integer       '声明一个名为 w1 的整型模块级变量
```

在模块级，关键字 Private 和 Dim 之间没有什么区别，但 Private 更好些，因为很容易把它和 Public 区别开来，使代码更容易理解，加强可读性。

3. 过程级变量

过程级变量又称局部变量，只有在声明该变量的过程中才可以被使用。过程级变量在过程内用 Dim 或者 Static 关键字来声明。例如：

```
Dim u1 As Integer
```

或

```
Static u1 As Integer        '声明一个名为 u1 的整型过程级变量
```

在整个应用程序运行时，用 Static 声明的局部变量中的值一直存在，而用 Dim 声明的变量只在过程执行期间才存在。

注意：

（1）用户不能在过程中声明全局变量，而在特定模块中声明的全局变量可用于所有模块。

（2）在过程中未进行说明就直接使用的变量默认为过程级变量。

7.4.5　运算符和表达式

在 VBA 编程语言中，提供了许多运算符来完成各种形式的运算和处理。根据运算不同，运算符可以分成四种类型：算术运算符、关系运算符、逻辑运算符和连接运算符。

1. 算术运算符

用于算术运算，主要有 ^（指数）、–（取负）、*（乘法）、Mod（取余）、/（浮点除法）、\（整数除法）、+（加法）和 –（减法）。

说明：

（1）"–"作为取负时是单目运算符。

（2）浮点除法"/"执行标准除法，结果为浮点数。

（3）整数除法"\"，结果为整数。操作数一般为整数，若为小数则四舍五入成整数后再运算。运算结果若为小数则截断取整。

（4）取余的操作数如果是小数，系统会四舍五入变成整数后再运算。若被除数是负数，余数也是负数；若被除数是正数，余数也是正数。

【例 7.11】算术运算示例（见表 7-3）。

表 7-3　算术运算示例

示　例	结　果	示　例	结　果
?10.20\4.9	2	?-12.7 mod -5	-3
?9\3.2	3	?12 mod 5	2

注意：在【例 7.11】中，"示例"为立即窗口中输入的内容，"结果"为按【Enter】键后出现的内容，即表达式运算后输出的结果。以下同此。

2. 关系运算符

关系运算符有 =、<、>、>=、<=、<> 等，用于关系运算，关系表达式的运算结果为逻辑值。若关系成立，结果为 TRUE，若关系不成立，结果为 FALSE。关系运算的规则有：

（1）当两个操作数均为数值型时，按数值大小比较。

（2）当两个操作数均为字符串时，按字符的 ASCI I 码值从左到右一一比较。

说明：在默认状态英文字符不区分大小写，否则用 Option Compare 语句设置。请查帮助。

【例 7.12】关系运算示例（见表 7-4）。

表 7-4　关系运算示例

示　例	结　果	示　例	结　果
?"abc"="ABC"	True	?"12"<="3"	True
?"abc">"ABC"	False	?"abc"<>"ABC"	False
?"a">="ab"	False	?"ABCDE" Like "*CD*"	True
?2<3	True	?"ABCDE">"ABRA"	False

3. 逻辑运算符

逻辑运算符有 And（与）、Or（或）和 Not（非），用于逻辑运算。优先级由高到低为：Not → And → Or。逻辑运算可用来描述 VBA 中的复杂关系表达式，运算结果为逻辑值 True 或 False。

【例 7.13】逻辑运算示例（见表 7-5）。

表 7-5　逻辑运算示例

示　例	结　果	示　例	结　果
?10>4 and 5>3	True	?10>4 Or 3>5	True
?10>4 and 3>5	False	?10<4 Or 3>5	False
?10>4 Or 5>3	True	?Not (10<4)	True

在数学中，表示某个数在某个区域时用表达式 $10 \le X<20$，在 VBA 程序中应写成：X>=10　And　X<20，如果写成 10<=X<20 形式是错误的。

4. 连接运算符

用于字符串连接。常见的连接运算符有 &、+。例如：

```
?"ABCD"+"EFGHI"          ' 结果为："ABCDEFGHI"
```

> ?"VB" & " 程序设计教程 "　　　　' 结果为："VB 程序设计教程 "

说明：

（1）连接符两边的操作数都为字符串时，上述两个连接符等价。

（2）+（连接符）的两个操作数均应为字符串类型。若其中一个操作数是非字符型的，则会出现出错信息。

（3）&（连接符）的两个操作数既可为字符型也可为数值型。当是数值型时，系统自动先将其转换为数字字符串，然后进行连接操作。

【例 7.14】连接运算示例（见表 7-6）。

表 7-6　连接运算示例

示　例	结　果	示　例	结　果
?"100"+"123"	"100123"	?100&123	" 100　123"
?"Abc"+123	出错信息（类型不匹配）	?"Abc"&"123"	"Abc123"
?"100"&123	"100 83"	?"Abc"&123	" Abc 83"

5. 表达式和优先级

表达式就是用运算符将常量、变量、函数等数据连接起来构成的式子，如 "5+2*10 mod 10 \ 9 / 3 +2 ^2"。表 7-7 给出了运算符的优先顺序。

表 7-7　运算符的优先级

优　先　级	高 ——————→ 低			
	算术运算符	连接运算符	关系运算符	逻辑运算符
高　↓　低	指数运算（^）		相等（=）	非（Not）
	负数（-）		不等（<>）	
	乘法和除法（*、/）	字符串连接（&）	小于（<）	与（And）
	整数除法（\）	字符串连接（+）	大于（>）	
	求模运算（Mod）		小于等于（<=）	或（Or）
	加法和减法（+、-）		大于等于（>=）	

说明：

（1）不同类型运算符优先级由高到低为：算术运算符→连接运算符→关系运算符→逻辑运算符。

（2）所有算术运算符和逻辑运算符必须按表所列优先顺序处理。

（3）所有关系运算符和连接运算符的优先级相同，也就是说，按从左到右顺序处理。

（4）括号优先级最高。可以用括号改变优先顺序，强令表达式的某些部分优先运行。

【例 7.15】运算符优先级示例（见表 7-8）。

表 7-8　运算符优先级示例

示　例	结　果
?5+2*10 mod 10\9/3 + 2^2	11
?3*3\3/3	9
?(3*3\3)/3	1

7.4.6　数组

数组是在有规则的结构中包含一种数据类型的一组数据，又称数组元素变量。数组变量由变量名和数组下标构成，通常用 Dim 语句来定义数组。

1. 一维数组

定义格式如下：

```
Dim  <数组名> ([<下标下限> to] <下标上限>) [As <数据类型>]
```

默认情况下，下标下限为 0。

【例 7.16】定义一维数组。

```
Dim curMoney(30) As Currency
```

例【7.16】语句声明的一维数组名为 curMoney，类型为 Currency，数组元素从 curMoney(0) ~ curMoney(30) 共有 31 个元素。

数组的下标也可以不从 0 开始定义，模块的顶部使用 Option Base 语句，可将第一个元素的默认起始值从 0 改为其他值。

【例 7.17】声明一个有 30 个元素的数组变量 curMoney，其下标起始值设置成 1。

```
Option Base 1
Dim curMoney(30) As Currency
```

也可以利用 To 子句来对数组下标进行显式声明。

【例 7.18】用 To 子句在定义一维数组时对数组下标进行显式声明。

```
Dim curMoney(1 To 30) As Currency
Dim strName(100 To 150)  As String
```

在例【7.18】中，两语句分别指定数组的下标从 1 开始到 30 结束和从 100 开始到 150 结束。

2. 多维数组

多维数组指有多个下标的数组。在 VBA 中可以声明的多维数组最多到 60 维。

例如：

```
Dim T(2,3)As Integer
```

定义了一个二维数组，数组名为 T，类型为 Integer，该数组有 3 行（0 ~ 2）4 列（0 ~ 3）共 12 个元素，占据 12（3×4）个整型变量的空间，各元素如图 7-9 所示。

	第 0 列	第 1 列	第 2 列	第 3 列
第 0 行	T(0,0)	T(0,1)	T(0,2)	T(0,3)
第 1 行	T(1,0)	T(1,1)	T(1,2)	T(1,3)
第 2 行	T(2,0)	T(2,1)	T(2,2)	T(2,3)

图 7-9　二维数组 T(2,3) 的 12 个元素

7.4.7　VBA 常用函数

在 VBA 中，除在模块创建中可以定义子过程与函数过程完成特定功能外，又提供近百个内置的标准函数，可以方便完成许多操作。

标准函数一般用于表达式中，有的能和语句一样使用。其使用形式如下：

```
<函数名>([<参数1>] [,<参数2>]…[,<参数 n>])
```

其中，函数名必不可少，函数的参数放在函数名后的圆括号中。参数可以是常量、变量或表达式，可以有一个或多个，少数函数为无参数函数，如 Date()。

1. 算术函数

算术函数完成数学计算功能。主要包括以下算术函数（第 3 章介绍的函数在此不再赘述，请参见表 3-6）：

（1）绝对值函数：Abs(< 数值表达式 >)。

（2）向下取整函数：Int(< 数值表达式 >)。

（3）取整函数：Fix(< 数值表达式 >)。

（4）四舍五入函数：Round(< 数值表达式 >[,< 表达式 >])。

（5）符号函数：Sgn(< 数值表达式 >)。

（6）随机函数：Rnd(< 数值表达式 >)。

功能：产生一个位于 [0,1) 区间范围的随机数，为单精度类型。如果数值表达式值小于 0，每次产生相同的随机数；如果数值表达式大于 0，每次产生不同的随机数；如果数值表达式等于 0，产生最近生成的随机数，且生成的随机数序列相同；如果省略数值表达式参数，则默认参数值大于 0。

【例 7.19】随机函数 Rnd 示例。

```
?Int(100*Rnd())          '产生 [0,99] 的随机整数
?Int(101*Rnd())          '产生 [0,100] 的随机整数
?Int(Rnd*6)+1            '产生 [1,6] 的随机整数
```

2. 字符串函数（见表 3-7）

（1）字符串截取函数：

Left(< 字符串表达式 >,<N>)：从字符串左边起截取 N 个字符构成的子串。

Right(< 字符串表达式 >,<N>)：从字符串右边起截取 N 个字符构成的子串。

Mid(< 字符串表达式 >,<N1>,[<N2>])：从字符串左边第 N1 个字符起截取 N2 个字符所构成的字符串。

（2）Space(< 数值表达式 >)：生成空格字符函数。

（3）Len(< 字符串表达式 >)：字符串长度检测函数。

【例 7.20】字符串长度检测函数 Len 示例。

```
Dim str As String*10
str="123"
?Len(str)               '返回值为 10，str 为定长的字符串
```

（4）删除空格函数。

Ltrim(< 字符表达式 >)：返回字符串去掉左边空格后的字符串。

Rtrim(< 字符表达式 >)：返回字符串去掉右边空格后的字符串。

Trim(< 字符表达式 >)：返回删除前导和尾随空格符后的字符串。

（5）字符串检索函数：InStr([Start,]<Str1>,<Str2>[,Compare])。

功能：检索字符串 Str2 在 Str1 中最早出现的位置，返回一个整型数。Start 为可选参数，为数值表达式，设置检索的起始位置，若省略，从第一个字符开始检索。Compare 也为可选参数，值可以取 1、2 或 0（默认值）。取 0 表示做二进制比较；取 1 表示做不区分大小写的文本比较；取 2 表示做基于数据库中包含信息的比较。若指定了 Compare 参数，则 Start 一定要有参数。

注意：如果 Str1 的串长度为零，或 Str2 表示的串检索不到，则 Instr 返回 0；如果 Str2 的串长度为零，Instr 返回 Start 的值。

【例 7.21】 字符串检索函数 Instr 示例。

```
str1="98765"
str2="65"
?Instr(str1,str2)          '返回 4
?Instr(3,"aSsiAB","a",1)   '返回 5。从字符 s 开始，检索出字符 A
```

3. 日期 / 时间函数（见表 3-8）

（1）获取系统日期和时间函数。

Date()：返回当前系统日期。

Time()：返回当前系统时间。

Now()：返回当前系统日期和系统时间。

（2）截取日期分量函数。

Year(< 日期表达式 >)：返回日期表达式年份的整数。

Month(< 日期表达式 >)：返回日期表达式月份的整数。

Day(< 日期表达式 >)：返回日期表达式日期的整数。

【例 7.22】 日期 / 时间函数示例。

```
?DD=#2017-9-10#
?Year（DD）      '返回 2017
?Month（DD）     '返回 9
?Day（DD）       '返回 10
```

（3）返回包含指定年月日的日期函数：DateSerial(< 表达式 1>,< 表达式 2>,< 表达式 3>)。

功能：返回指定年月日的日期，其中表达式 1 为年、表达式 2 为月、表达式 3 为日。

注意：每个参数的取值范围应该是可接受的；即日的取值范围应在 1 ~ 31，而月的取值范围应该在 1 ~ 12。此外，当任何一个参数的取值范围超出可接受的范围时，它会适时进位到下一个较大的时间单位。例如，如果指定了 35 天，则这个天数被解释成一个月加上多出来的日数，多出来的日数将由其年份与月份来决定。

【例 7.23】 Dateserial 函数示例。

```
?Dateserial(2010,4,2)     '返回 #2010-4-2#
?Dateserial(2009-1,8-2,0) '返回 #2008-5-31#
```

4. 类型转换函数

类型转换函数的功能是将一种特定的数据类型转换成指定的数据类型。

（1）字符串转换成字符代码函数：Asc(< 字符串表达式 >)。

功能：返回首字符的 ASCII 码。

【例 7.24】 Asc 函数示例。

```
?asc("abcde") '返回 97
```

（2）字符代码转换成字符函数：Chr(< 字符代码 >)。

功能：返回与字符代码相关的字符。

【例 7.25】 Chr 函数示例。

```
?chr(97)   '返回 a
?chr(13)   '返回回车符
```

（3）数字转换成字符串函数：Str(< 数值表达式 >)。

功能：将数值表达式值转换成字符串。注意，当一数字转成字符串时，总会在前面保留一个空格来表示正负。表达式值为正，返回的字符串包含一前导空格表示有一正号。

【例 7.26】Str 函数示例 1。

```
?str(99)        '返回 "  99"，有一前导空格
?str(-6)        '返回 "-6"
```

【例 7.27】Str 函数示例 2。

```
m=2.17
?Len(Str(m)+Space(5))          '返回 10
```

（4）字符串转换成数字函数：Val(< 字符串表达式 >)。

功能：将数字字符串转换成数值型数字。

注释：数字串转换时可自动将字符串中的空格、制表符和换行符去掉，当遇到它不能识别为数字的第一个字符时，停止读入字符串。当字符串不是以数字开头时，函数返回 0。

【例 7.28】Val 函数示例。

```
?val("18")          '返回 18
?val("123    45")   '返回 12345
?val("12ab3")       '返回 12
?val("ab123")       '返回 0
```

7.5　VBA 常用语句

一条语句是能够执行一定任务的一个命令。程序中的功能是靠一连串的语句的执行累积起来实现的。VBA 中的一条语句是一个完整的命令。它可以包含关键字、运算符、变量、常数和表达式。

7.5.1　语句的书写规则

通常将一个语句写在一行中，但当语句较长，一行写不下时，可以利用续行符（下画线）"_"将语句接续到下一行中。有时需要在一行中写几个语句，这时需要用到冒号 "："将不同的几个语句分开。

如果在输入一行语句并按【Enter】键后，该行代码以红色文本显示，同时也可能显示一个出错信息，则必须找出语句中的错误并更正它。

7.5.2　注释语句

注释语句用于对程序或语句的功能给出解释和说明。通常一个好的程序都会有注释语句，这对程序的维护有很大的好处。

在 VBA 程序中，注释内容一般被显示成绿色文本。可以通过以下两种方式添加注释。

（1）使用 Rem 语句，格式如下：

```
Rem 注释语句
```

这种注释语句需要另起一行书写。若放在其他语句之后，则需要用冒号隔开。

（2）使用 "'"，格式如下：

```
' 注释语句
```

这种注释语句可以直接放在其他语句之后而无须分隔符。

7.5.3 赋值语句

赋值语句指定一个值或表达式给变量。赋值语句通常会包含一个等号 "="。

语法形式如下：

```
Let <变量名>=<值或表达式>
Set <变量名>=<值或表达式>
```

说明：赋值语句用于指定变量为某个值或某个表达式。用 Let 语句赋值，对应的数据类型为字符、数值类型等。Let 通常可以省略。用 Set 语句赋值，对应的是复杂数据类型，可以是用户自定义的数据类型或对象类型的数据。

【例 7.29】 带有注释和赋值语句的过程。

```
Rem 这是一个接受输入和显示信息的过程
Sub Sninput()
    Dim stuName As String,grade As Single    '声明 stuname 和 grade 两个变量
    grade=80.5                               '为变量 grade 赋值
    stuName=InputBox("请输入姓名: ")          'InputBox 函数给出提示，并接受输入值
    'InputBox 函数的返回值赋给变量 stuName
    MsgBox "姓名: " & stuName & " 成绩:" & grade    '显示学生姓名和成绩
End Sub
```

过程的执行结果如图 7-10 所示。

图 7-10 接受输入和显示信息的过程

 7.6 VBA 程序流程控制语句

在 VBA 程序中，按语句代码执行的顺序可以分为顺序结构、分支结构和循环结构。

- 顺序结构，按照语句顺序顺次执行。
- 分支结构，又称选择结构，根据条件选择执行路径。
- 循环结构，重复执行某一段程序语句。

顺序流程的控制比较简单，只是按照程序中的代码顺序依次执行，而对程序走向的控制则需要通过控制语句来实现。在 VBA 中，可以使用选择结构语句和循环结构语句来控制程序的走向。

7.6.1 选择结构语句

在解决一些实际问题时，往往需要按照给定的条件进行分析和判断，然后根据判断结果的不同执行程序中不同部分的代码，这就是选择结构。

1. If 条件语句

If 条件语句是常用的一种选择结构语句，它有三种语法形式。

（1）单分支结构。

格式如下：

```
If <条件表达式> Then <语句块>
```

功能：若"条件表达式"为真时，执行"语句块"，否则执行 If 语句后的语句。

单分支结构流程如图 7-11 所示。

【例 7.30】单分支结构的使用。

```
If x<y Then t=x:x=y:y=t          '如果 x 小于 y，就把 x 和 y 交换
```

（2）双分支结构。

格式如下：

```
If  <条件表达式>  Then
    <语句块 1>
[ Else
    <语句块 2> ]
End If
```

功能：若"条件表达式"为真时，执行"语句块 1"，之后转向执行 End If 后的语句；若"条件表达式"为假时，由 Else 语句执行"语句块 2"，之后执行 End If 后的语句，若没有 Else 语句，直接执行 End If 后的语句。

双分支结构流程如图 7-12 所示。

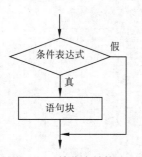

图 7-11　单分支结构流程

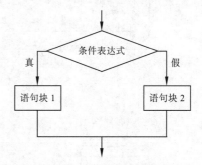

图 7-12　双分支结构流程

【例 7.31】如果用电量没有超过 100 度，应按平价（0.48 元/度）电费收，如果用电量超过 100 度，则超过部分按议价（0.96 元/度）收费。编写程序，要求根据输入的用电量，计算出应付的电费。计算应付电费的窗体按图 7-13 所示进行设计，其中应收金额即应付电费。

图 7-13　电费收缴计算程序窗体

窗体中"计算"按钮的鼠标单击事件代码设计如下：

```
Private Sub cmd1_Click()
    Dim  s  as single      ' 定义一个变量s用于表示用电量
    Dim  p  as single      ' 定义一个变量p用于表示应收金额
    s=Val(Txt1.Value)      ' 将 "用电量:"后的文本框中输入的值赋给变量s
    If  s>100    Then
        p=(s-100)*0.96+100*0.48
    Else
        p=s*0.48
    End If
    Txt2.Value=p
End Sub
```

（3）多分支结构。

格式如下：

```
If  <条件表达式1>  Then
    <语句块 1>
ElseIf  <条件表达式2>  Then
        <语句块 2>
…
ElseIf  <条件表达式n>  Then
        <语句块 n>
[Else
    <语句块 n+1> ]
End If
```

功能：若"条件1"为真，则执行"语句块1"，之后转向执行 End If 后的语句；否则，再判断"条件2"，为真时，执行"语句块2"……依此类推；当所有的条件都不满足时，执行"语句块 n+1"。

多分支结构流程如图 7-14 所示。

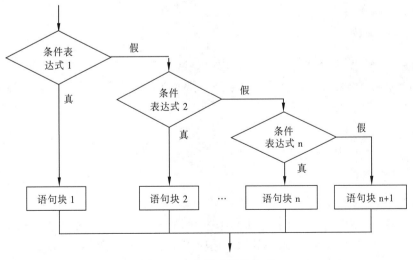

图 7-14　多分支结构流程

【例 7.32】编制程序，可接收输入的学生课程成绩 x（百分制），并根据成绩划分等级：当 x ≥ 90 时，输出"优秀"；当 80 ≤ x<90 时，输出"良好"；当 70 ≤ x<80 时，输出"中"；当 60 ≤ x<70 时，输出"及格"；当 x<60 时，输出"不及格"。

设计"成绩划分"窗体如图 7-15 所示。其中"确定"按钮的鼠标单击事件代码如下：

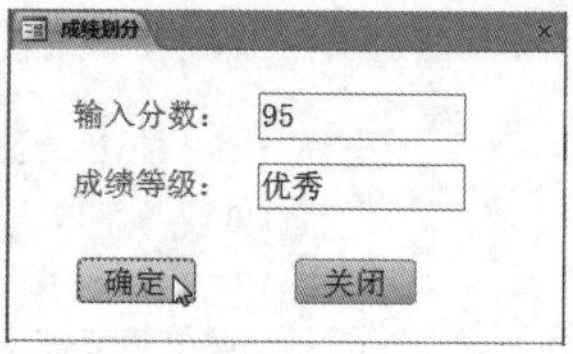

图 7-15　"成绩划分"窗体

```
Private Sub Cmd1_Click()
    Dim score!
    score=val(Txt1.Value)
    If  score>=90 Then
        Txt2.Value=" 优秀 "
    ElseIf  score>=80 Then
        Txt2.Value=" 良好 "
    ElseIf score>=70 Then
        Txt2.Value = " 中 "
    ElseIf  score>=60 Then
        Txt2.Value=" 及格 "
    Else
        Txt2.Value=" 不及格 "
    End If
End Sub
```

除上述条件语句外，VBA 提供三个函数来完成相应选择操作。

（1）IIf 函数。

```
IIf(< 条件式 >,< 表达式 1>,< 表达式 2>)
```

该函数是根据"条件式"的值来决定函数返回值。"条件式"的值为"真（True）"，函数返回"表达式 1"的值；"条件式"的值为"假（False）"，函数返回"表达式 2"的值。

【例 7.33】将变量 a 和 b 中值大的量存放在变量 Max 中。

```
Max=IIf(a>b,a,b)
```

（2）Switch 函数。

```
Switch(< 条件式 1>,< 表达式 1> [,< 条件式 2>，< 表达式 2>… [,< 条件式 n>,< 表达式 n>]])
```

该函数将返回与条件式列表中最先为 True 的那个条件表达式所对应的表达式的值。

【例 7.34】根据变量 x 的值来为变量 y 赋值。

```
x=-3
y=Switch(x>0,1,x=0,0,x<0,-1)                    'y 的值将为 -1
```

（3）Choose 函数。

```
Choose(< 索引式 >,< 选项 1>[,< 选项 2>,…[,< 选项 n>]])
```

该函数是根据"索引式"的值来返回选项表中的某个值。当"索引式"值为 1，函数返回"选项 1"的值；"索引式"值为 2，函数返回"选项 2"的值；依此类推。

【例 7.35】根据变量 x 的值来为变量 y 赋值。

```
x=2 : m=5
```

```
y=Choose(x,5,m+1,m)                                    'y 的值将为 6
```

2. Select Case 语句

从上面的例子可以看出，如果条件复杂，分支太多，使用 If 语句就会显得累赘，而且程序变得不易阅读。这时，可使用 Select Case 语句来写出结构清晰的程序。

Select Case 语句可根据表达式的求值结果，选择几个分支中的一个执行。其语法形式如下：

```
Select Case <表达式>
    Case <值1>
        <语句块1>
…
    Case <值n>
        <语句块n>
    Case Else
        <语句块n+1>
End Select
```

Select Case 语句具有以下几部分：

（1）表达式：必要参数，可为任何数值表达式或字符串表达式。

（2）值 1～值 n：可以为单值或一列值（用逗号隔开），与表达式的值进行匹配。

如果"值"中含有关键字 To，如 2 To 8，则前一个值必须是小的值（如果是数值，指的是数值大小；如果是字符串，则指字符排序），且"表达式"的值必须介于两个值之间。如果"值"中含有关键字 Is，则"表达式"的值必须为真。

（3）语句块 1～语句块 n+1：都可包含一条或多条语句。

如果有一个以上的 Case 子句与"表达式"匹配，则 VBA 只执行第一个匹配的 Case 后面的语句块。如果前面的 Case 子句与"表达式"都不匹配，则执行 Case Else 子句中的"语句块 n+1"。

可将另一个 Select Case 语句放在 Case 子句后的语句中，形成 Select Case 语句的嵌套。

【例 7.36】用 Select Case 语句实现分数等级输出。

```
Private Sub Cmd1_Click()
    Dim score!
    score=val(Txt1.Value)
    Select Case score
        Case 90 To 100
            Txt2.Value="优秀"
        Case 80 To 89
            Txt2.Value="良好"
        Case 70 To 79
            Txt2.Value="中"
        Case 60 To 69
            Txt2.Value="及格"
        Case Else
            Txt2.Value="不及格"
    End Select
End Sub
```

7.6.2 循环结构语句

在解决一些实际问题时，往往需要重复某些相同的操作，即对某一语句或语句序列执行多次，解决这类问题要用到循环结构。VBA 提供多种循环结构语句。

1. For…Next 语句

For 循环可以将一段程序重复执行指定的次数，循环中使用一个循环变量，每执行一次循环，其值都会增加（或减少）。语法形式如下：

```
For <循环变量>=<初值> To <终值> [Step <步长>]
    <语句块1>
[Exit For]
    [<语句块2>]
Next [<循环变量>]
```

其中，循环变量是一个数值型变量。若未指定步长，则默认为 1。如果步长是正数，则初值应小于等于终值；否则，初值应大于等于终值。Exit For 语句用于强制跳出循环。

VBA 在开始时，将循环变量的值设为初值。在执行到相应的 Next 语句时，就把步长加（减）到循环变量上。For…Next 语句的流程如图 7-16 所示。

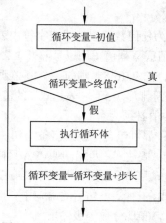

图 7-16　For…Next 语句的流程

【例 7.37】利用 For…Next 循环语句，求 1+2+…+100 之和。

```
Dim n as integer,s as integer
    s=0
    For n=1 to 100
    s=s+n
    Next n
Debug.Print  s
```

2. Do…Loop 语句

用 Do…Loop 语句可以定义要多次执行的语句块。也可以定义一个条件，当这个条件为假时，就结束这个循环。Do…Loop 语句有以下两种格式：

（1）格式一。

```
Do[{While|Until}<条件>]          '语句中的竖线表示两边任选其一，以下同
    [<语句块1>]
[Exit Do]
    [<语句块2>]
Loop
```

格式一中 Do While…Loop 循环语句的特点：当条件结果为真时，执行循环体，并持续到条件结果为假或执行到选择 Exit Do 语句，结束循环。程序流程如图 7-17 所示。

【例 7.38】Do While…Loop 循环示例。

```
k=0
Do While   k<=10
     k=k+1
Loop
```

以上循环的执行次数是 11 次。

格式一中 Do Until…Loop 循环语句的特点：当条件结果为假时，执行循环体，并持续到条件结果为真或执行到选择 Exit Do 语句，结束循环。程序流程如图 7-18 所示。

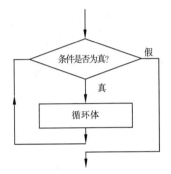

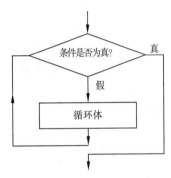

图 7-17　Do While…Loop 循环语句流程　　　图 7-18　Do Until…Loop 循环语句流程

【例 7.39】Do Until…Loop 循环示例。

```
k=0
Do Until   k<=10
k=k+1
Loop
```

以上循环的执行次数是 0 次。

（2）格式二。

```
Do
     [<语句块1>]
[Exit Do]
     [<语句块2>]
Loop [{While|Until}<条件>]
```

格式二中 Do…Loop While 循环语句的特点：程序执行时，首先执行循环体，然后再判断条件，当条件结果为真时，执行循环体，并持续到条件结果为假或执行到 Exit Do 语句时，结束循环。程序流程如图 7-19 所示。

【例 7.40】Do…Loop While 循环示例。

```
num=0
Do
     num=num+1
     Debug.Print num
Loop While   num>2
```

运行程序，显示结果为 1。

格式二中 Do…Loop Until 循环语句的特点：程序执行时，首先执行循环体，然后再判断条件，当条件结果为假时，执行循环体，并持续到条件结果为真或执行到 Exit Do 语句时，结束循环，程序流程如图 7-20 所示。

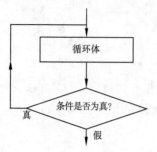

图 7-19　Do…Loop While 循环语句流程

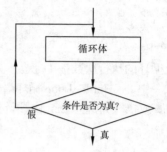

图 7-20　Do…Loop Until 循环语句流程

【例 7.41】 Do…Loop Until 循环示例。

```
num=0
Do
    num=num+1
    Debug.Print num,
Loop  Until  num>2
```

运行程序，显示结果为 1 2 3。

3. While…Wend 语句

For…Next 循环适合于解决循环次数事先能够确定的问题。对于只知道控制条件，但不能预先确定需要执行多少次循环体的情况，可以使用 While 循环。

While 语句格式如下：

```
While  条件
    [ 循环体 ]
Wend
```

程序流程如图 7-21 所示。

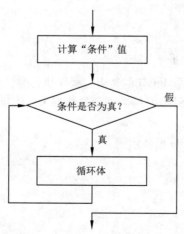

图 7-21　While…Wend 循环语句流程

（1）While 语句说明。"条件"可以是关系表达式或逻辑表达式。While 循环就是当给定的"条件"为 True 时，执行循环体；为 False 时不执行循环体。因此，While 循环又称当型循环。

（2）执行过程：

① 执行 While 语句，判断条件是否成立。

② 如果条件成立，就执行循环体；否则，转到步骤④。

③ 执行 Wend 语句，转到①执行。

④ 执行 Wend 语句下面的语句。

（3）While 循环的几点说明：

① While 循环语句本身不能修改循环条件，所以必须在 While…Wend 语句的循环体内设置相应语句，使得整个循环趋于结束，以避免死循环。

② While 循环语句先对条件进行判断，然后才决定是否执行循环体。如果开始条件就不成立，则循环体一次也不执行。

③ 凡是用 For…Next 循环编写的程序，都可用 While…Wend 语句实现。反之，则不然。

【例 7.42】 While…Wend 循环示例。

```
x=1
While x<5
    Debug.Print x,
    x=x+1
Wend
```

该程序段的执行结果是： 1　2　3　4。

7.6.3 GoTo 控制语句

GoTo 语句用于实现无条件转移。使用格式为：

```
GoTo 标号
```

程序运行到此语句，会无条件转移到其后的"标号"位置，并从那里继续执行。GoTo 语句使用时，"标号"位置必须首先在程序中定义好，否则转移无法实现。

【例 7.43】 GoTo 语句示例。

```
s=0
For i=1 to 1000
    s=s+i
    If s>=5000 then GoTo mline
Next i
mline:Debug.print s
```

7.7　VBA 常见操作

在 VBA 编程过程中会经常用到一些操作，如打开或关闭某个窗体或报表、给某个量输入一个值、根据需要显示一些提示信息等，这些功能就可以使用 VBA 的输入框、消息框等完成。

7.7.1　打开和关闭操作

1. 打开窗体操作

一个程序中往往包含多个窗体，可以用代码的形式关联这些窗体，从而形成完整的程序结构。

命令格式为：

```
Docmd.OpenForm FormName,View,FilterName,WhereCondition,
DataMode,WindowMode
```

其中各参数说明如下：

（1）FormName：必选，Variant 型。字符串表达式，表示当前数据库中窗体的有效名称。

（2）View：可选枚举常量 AcFormView，指定窗体的视图方式。AcFormView 可以是下列常量之一：

① acDesign：在"设计"视图中打开窗体。

② acFormDS：数据表视图。

③ acFormPivotChart：数据透视图。

④ acFormPivotTable：数据透视表。

⑤ acNormal：默认值（表示参数留空时取此值，以下同）。在"窗体"视图中打开窗体。

⑥ acPreview：在"预览"视图中打开窗体。

（3）FilterName：可选，Variant 型。字符串表达式，表示当前数据库中查询的有效名称。

（4）WhereCondition：可选，Variant 型。字符串表达式，表示不包括 WHERE 关键字的有效 SQL WHERE 子句。

（5）DataMode：可选枚举常量 AcFormOpenDataMode。设定窗体的数据输入模式，只应用于在"窗体"视图或"数据表"视图中打开的窗体。AcFormOpenDataMode 可以是以下常量之一：

① acFormAdd：用户可以添加新记录，但是不能编辑现有记录。

② acFormEdit：用户可以编辑现有记录和添加新记录。

③ acFormPropertySettings：默认值。将由窗体的 AllowEdits、AllowDeletions、AllowAdditions 和 DataEntry 属性设置的数据模式中打开窗体。

④ acFormReadOnly：用户只能查看记录。

（6）WindowMode：可选枚举常量 AcWindowMode。设定打开窗体时所采用的窗口模式。AcWindowMode 可以是下列常量之一：

① acDialog：窗体的 Modal 和 PopUp 属性设为"是"。

② acHidden：窗体隐藏。

③ acIcon：打开窗体并在 Windows 工具栏中最小化。

④ acWindowNormal：默认值。窗体采用它的属性所设置的模式。

说明：语法中的可选参数可以留空，但是必须包含参数的逗号。如果位于末端的参数留空，则在指定的最后一个参数后面不必使用逗号。

【例 7.44】编辑语句，在"窗体"视图中打开"雇员"窗体，并只显示"姓氏"字段为 King 的记录。可以编辑显示的记录，也可以添加新记录。

```
DoCmd.OpenForm "雇员",,," 姓氏 = 'King'"
```

2. 打开报表操作

命令格式为：

```
Docmd.OpenReport ReportName,View,FilterName,WhereCondition,WindowMode
```

其中各参数说明如下：

（1）ReportName：Variant 型，必选。字符串表达式，代表当前数据库中报表的有效名称。

（2）View：可选枚举常量 AcView，指定报表的视图方式。AcView 可取下列常量之一：

① acViewDesign：以设计视图方式显示。

② acViewNormal：默认值，立即打印报表。

③ acViewPreview：以打印预览方式显示。

其余三个参数与打开窗体 OpenForm 操作中的三个参数基本相同。

【例 7.45】 编辑语句，使用已有的查询 Report Filter，来打印 Sales Report 报表。

```
DoCmd.OpenReport "Sales Report",acViewNormal,"Report Filter"
```

3. 关闭操作

命令格式为：

```
Docmd.Close[ObjectType,ObjectName,Save]
```

其中各参数说明如下：

（1）ObjectType：可选枚举常量 AcObjectType。即可以是下列 AcObjectType 常量之一：

① acDatabaseProperties：数据库属性。

② acDefault：默认窗口。

③ acForm：窗体对象。

④ acFunction：函数对象。

⑤ acMacro：宏对象。

⑥ acModule：模块对象。

⑦ acQuery：查询对象。

⑧ acReport：报表对象。

⑨ acTable：表对象。

（2）ObjectName：可选，Variant 型。字符串表达式，ObjectType 参数所选类型的对象的有效名称。

（3）Save：可选枚举常量 AcCloseSave，即可以是下列 AcCloseSave 常量之一：

① acSaveNo：不保存。

② acSavePrompt：默认值，如果正在关闭 Visual Basic 模块，该值将被忽略。模块将关闭，但不会保存对模块的更改。

③ acSaveYes：保存。

说明：有关该操作及其参数如何使用的详细信息，请参阅 Access 的有关帮助。

如果将 objecttype 和 objectname 参数留空（默认常量 acDefault 用作 ObjectType 值），则 Microsoft Access 将关闭活动窗口。如果指定 Save 参数并将 ObjectType 和 ObjectName 参数留空，则必须包含 ObjectType 和 ObjectName 参数的逗号。

【例 7.46】 编辑语句，使用 Close 方法关闭"订单回顾"窗体，在不进行提示的情况下，保存所有对窗体的更改。

```
DoCmd.Close acForm,"订单回顾",acSaveYes
```

7.7.2　输入框（InputBox）

InputBox 函数用于显示自定义的对话框，其中可显示提示信息，等待用户在文本框中输入文本，并单击"确定"按钮，返回用户在文本框中输入的字符串。若用户单击"取消"按钮，函数将返回长度为零的字符串 ("")。

语法如下：

```
InputBox(prompt[,title][,default][,xpos][,ypos][,helpfile, context])
```

InputBox 函数语法中的参数说明如表 7-9 所示。

表 7-9　InputBox 函数中的参数

参　　数	说　　　　明
prompt	必选。为对话框中显示的字符提示信息。如果有多行，可以在行间使用回车符（Chr(13)）或换行符（Chr(10)）来分隔行
title	可选。为对话框标题栏中显示的字符内容。若忽略此项，标题栏中将显示应用程序名
default	可选。作为默认响应显示在文本框中的字符内容。若忽略此项，文本框显示为空
xpos	可选。指定对话框左边缘距屏幕左边缘的水平距离。若忽略此项，则对话框水平居中
ypos	可选。指定对话框上边缘距屏幕顶部的垂直距离。若忽略此项，则距顶部约三分之一处
helpfile	可选。用于标识为对话框提供上下文相关帮助的帮助文件，若选此项则还需选 context
context	可选。协助 helpfile 选项，为适当的帮助主题指定帮助上下文编号。同时提供 helpfile 和 context 时，用户可以按【F1】键来查看相关的帮助主题

【例 7.47】在窗体中有一个名为 command12 的命令按钮，设计其 click 事件代码，事件所完成的功能是：接收从键盘输入的 10 个大于 0 的整数，找出其中的最大值和对应的输入位置。

```
Private Sub command12_Click()
    max=0
    max_n=0
    For i=1 To 10
        num=Val(InputBox("请输入第" & i & "个大于 0 的整数: "))
        If(num>max) Then
            max=num
            max_n=i
        End If
    Next i
    MsgBox "最大值为第" & max_n & "个输入的 " & max
End Sub
```

7.7.3　消息框（MsgBox）

MsgBox 函数用于显示一个消息对话框。当用户在消息框中单击某一按钮后，该函数将返回一个整数值，返回的值表示用户单击了哪一个按钮。

语法如下：

```
MsgBox(prompt[,buttons][,title][,helpfile,context])
```

语法中与 InputBox 函数用法相同的一些参数如 prompt、title 等这里不再赘述。参数 buttons 为数值表达式，用于指定对话框中显示的按钮数和类型、使用的图标样式、默认按钮的标识以及消息框的形态等。如果省略，则 buttons 的默认值为 0。buttons 参数的具体取值如表 7-10 所示。表中的第一组值（0 ~ 5）确定在对话框中显示的按钮数目和类型；第二组值（16、32、48、64）确定在对话框中显示的图标样式；第三组值（0、256、512）确定哪个按钮为默认按钮；第四组（0、4096、16384）决定消息框的模式。每组只能使用其中的一个值，将这些数值（或对应的常量）相加生成 buttons 参数的数值表达式，也可以将各项值的总和作为 buttons 参数的值。例如，语句 "MsgBox "AAAA",1+32,"BBBB"" 和语句 "MsgBox "AAAA",33,"BBBB"" 以及语句 "MsgBox "AAAA",vbOKCancel+vbQuestion,"BBBB"" 是等效的。

表 7-10　MsgBox 函数中 buttons 参数的设置

	常　量	值	说　明
第一组	vbOKOnly	0	只显示"确定"按钮
	vbOKCancel	1	显示"确定"和"取消"按钮
	vbAbortRetryIgnore	2	显示"终止"、"重试"和"忽略"按钮
	vbYesNoCancel	3	显示"是"、"否"和"取消"按钮
	vbYesNo	4	显示"是"和"否"按钮
	vbRetryCancel	5	显示"重试"和"取消"按钮
第二组	vbCritical	16	显示重要消息图标
	vbQuestion	32	显示警告询问图标
	vbExclamation	48	显示警告消息图标
	vbInformation	64	显示通知消息图标
第三组	vbDefaultButton1	0	第一个按钮为默认值
	vbDefaultButton2	256	第二个按钮为默认值
	vbDefaultButton3	512	第三个按钮为默认值
第四组	vbApplicationModal	0	应用程序模式；用户必须响应消息框后才能继续进行在当前应用程序中的工作
	vbSystemModal	4096	系统模式；所有应用程序都将挂起，直到用户响应了消息框
	vbMsgBoxHelpButton	16384	将"帮助"按钮添加到消息框

MsgBox 函数的返回值表示单击操作所对应的按钮如表 7-11 所示。

表 7-11　MsgBox 函数返回值的含义

值	常　量	单击操作所对应的按钮	值	常　量	单击操作所对应的按钮
1	vbOK	确定	5	vbIgnore	忽略
2	vbCancel	取消	6	vbYes	是
3	vbAbort	终止	7	vbNo	否
4	vbRetry	重试			

【例 7.48】消息框即 MsgBox 函数使用示例。

在立即窗口输入语句 "?MsgBox ("AAAA",vbOKCancel+vbQuestion, "BBBB")"，按【Enter】键后将弹出图 7-22 所示的消息框。

图 7-22　MsgBox 消息框外观样式

7.8　VBA 模块的创建

模块将数据库中的 VBA 过程和函数放在一起，作为一个整体来保存。利用 VBA 模块可以开发十分复杂的应用程序。

过程是用 VBA 语言的声明和语句组成的单元，作为一个命名单位的程序段，它可以包含一系列执行操作或计算值的语句和方法。一般使用的过程有两种类型：Sub（子程序）过程和 Function（函数）过程。

7.8.1　VBA 标准模块

1. 创建模块

操作步骤如下：

（1）在数据库窗口中，单击"创建 | 宏与代码 | 模块"按钮，打开 VBE 窗口且创建一个空白模块。

（2）在模块代码窗口中输入程序代码。

2. 确定数据访问模型

Access 支持两种数据访问模型：传统的数据库访问对象 DAO 和 ActiveX 数据对象 ADO。DAO 的目标是使数据库引擎能够快速和简单地开发。ADO 使用了一种通用程序设计模型来访问一般数据，而不是基于某一种数据引擎，它需要 OLEDB 提供对低层数据源的链接。OLEDB 技术最终将取代以前的 ODBC，就像 ADO 取代 DAO 一样。

ADOX 对象集是在 ADO 基础上的扩展，这种扩展包括对象的创建、修改和删除等方面的内容。ADOX 还包括有关安全的对象，它可以管理数据库中的用户（Users）和组（Groups）及其权限。设置数据访问模型的操作步骤如下：

（1）在数据库窗口中，单击"创建 | 宏与代码 | 模块"按钮，打开 VBE 代码窗口。

（2）单击"工具 | 引用"按钮，弹出"引用"对话框。在"可使用的引用"列表框中，选择需要的引用，如果在模块中需要定义 Database 等类型对象，则应该选择"Microsoft Office 14.0 Access database engine Object Library"选项，单击"确定"按钮，如图 7–23 所示。

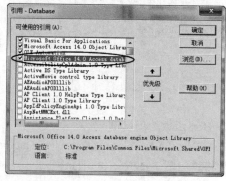

图 7–23　"引用"对话框

3. 模块的调用

模块的调用是对其中过程的使用。创建模块后，就可以在数据库中使用该模块中的过程。

模块的调用有以下两种方式：

（1）直接调用。对于所建立的模块对象，可以直接通过模块名进行调用。

例如，定义一个名为 Datapress 的模块，并在模块中定义一个名为 Findrecord 的函数过程。当需要在其他模块或过程中使用 Datapress 模块中的 Findrecord 函数过程时，可以按以下格式调用：

```
Datapress.Findrecord
```

（2）事件过程调用。事件过程的调用是将过程与发生在对象（如窗体或控件）上的事件联系起来，当事件发生后，相应的过程即被执行。

7.8.2　Sub 子过程的创建和调用

1. 子过程的定义

Sub 过程是执行一系列操作的过程，在执行完成后不返回任何值，是能执行特定功能的语句块。Sub 过程可以被置于标准模块和类模块中。

声明 Sub 过程的语法形式如下：

```
[Public|Private][Static] Sub <过程名>([<参数>[As <数据类型>]])
    <一组语句>
[Exit Sub]
    [<一组语句>]
End Sub
```

使用 Public 关键字表示在程序的任何地方都可以调用这些过程；用 Private 关键字可以使该子程序只适用于同一模块中的其他过程；使用 Static 关键字时，只要含有这个过程的模块是打开的，则所有在这个过程中的变量值都将被保留。若不使用以上关键字，Sub 过程是 Public 的。其中，"参数"表示调用过程所接受的参数；Exit Sub 语句的功能是跳出过程。

【例 7.49】 创建一个过程 swap，该过程的功能是使给定的两个参数 x 和 y 值互换。

```
Public Sub swap(x As Integer,y As Integer)
    Dim t As Integer
    t=x
    x=y
    y=t
End Sub
```

2. 子过程的创建

下面以创建【例 7.49】子过程 swap 为例，介绍子过程的创建。

（1）在工程窗口双击某个模块名打开该模块，单击"插入|过程"命令，弹出"添加过程"对话框。在"名称"文本框中输入子程序名 swap，在"类型"选项区域中选中"子程序"单选按钮，如图 7-24 所示。

（2）单击"确定"按钮，VBE 代码窗口中添加了一个名为 swap 的过程。

（3）在过程中输入【例 7.49】所示代码。单击标准工具栏上的"保存"按钮，保存模块。

3. 子过程的调用

子过程的调用格式为：

图 7-24　"添加过程"对话框

```
子过程名 [ 参数列表 ]
```

或

```
Call
子过程名 ( 参数列表 )
```

说明：

（1）参数列表中为实参或实元，它必须与形参保持个数相同，位置与类型一一对应。

（2）调用时把实参值传递给对应的形参。其中，值传递（形参前有 ByVal 说明）时实参的值不随形参的值变化而改变，而地址传递时实参的值随形参值的改变而改变。

（3）当参数是数组时，形参与实参在参数声明时应省略其维数，但括号不能省。

（4）调用子过程的形式有两种；用 Call 关键字时，实参必须加圆括号括起；反之则实参之间用 "," 分隔。

【例 7.50】调用【例 7.49】定义的 Swap 过程的示例。

```
Public Sub li59()
    Dim a As Integer : Dim b As Integer
    a=5: b=8
    swap a, b                    '调用 Swap 过程, 也可使用 Call Swap(a,b)
    MsgBox "交换后 a 的值为 " & a: MsgBox "交换后 b 的值为 " & b
End Sub
```

7.8.3　Function 函数过程的创建和调用

1. Function 函数过程的定义

Function 过程又称函数，也是能执行特定功能的语句块。函数也是一种过程。在 VBA 中，提供大量的内置函数，编程时可以直接引用。但有时需要按自己的要求定义函数，不过它是一种特殊的、能够返回值的 Function 过程。有没有返回值，是 Sub 过程和 Function 过程之间最大的区别。

声明函数的语法形式如下：

```
[Public | Private][Static] Function < 函数名 >([< 参数 >[As < 数据类型 >]])
[As < 返回值数据类型 >]
        [< 一组语句 >]
        [< 函数名 >=< 表达式 >]
    [Exit Function]
        [< 一组语句 >]
        [< 函数名 >=< 表达式 >]
    End Function
```

说明：使用 Public、Private 和 Static 关键字的意义与 Sub 过程相同。

可以在函数名末尾使用一个类型声明字符或使用 As 子句来声明被这个函数返回的变量的数据类型。如果没有，则 VBA 将自动赋给该变量一个最合适的数据类型。

【例 7.51】定义一个求圆面积的函数。

```
Public Function A (R As Single) As Single
    A=3.14*R^2                    '求半径为 R 的圆的面积 A
End Function
```

2. 函数过程的创建

在工程窗口双击某个模块名打开该模块，单击"插入 | 过程"按钮，弹出图 7-24 所示的"添加过程"对话框。在"名称"文本框中输入函数名称，在"类型"选项区域中选中"函数"单选按钮。单击"确定"按钮，VBE 代码窗口中即添加一个新的函数过程，输入相应代码后保存模块。

3. 函数过程的调用

调用 Function 函数非常方便。例如，要计算半径为 5 的圆的面积，调用【例 7.51】定义的函数的方法为 A(5)。若在立即窗口中输入"? A(5)"，按【Enter】键后将返回函数值 78.5。

7.8.4　过程调用中的参数传递

1. 形式参数与实际参数

形式参数是指在定义通用过程时，出现在 Sub 或 Function 语句中的变量名后面圆括号内的参数，是用来接收传送给子过程的数据，形参表中的各个变量之间用逗号分隔。

实际参数是指在调用 Sub 或 Function 过程时，写入子过程名或函数名后括号内的参数，其作用是将它们的数据（数值或地址）传送给 Sub 或 Function 过程与其对应的形参变量。

实参可由常量、表达式、有效的变量名、数组名（后加左、右括号，如 A()）组成，实参表中各参数用逗号分隔。

2. 参数传递（虚实结合）

参数传递指主调过程的实参（调用时已有确定值和内存地址的参数）传递给被调过程的形参，参数的传递有两种方式：按值传递、按地址传递。形参前加 ByVal 关键字的是按值传递，默认或加 ByRef 关键字的为按地址传递。

（1）传址（ByRef）。传址的参数传递过程是在调用过程时，将实参的地址传给形参。因此，如果在被调用过程和函数中修改了形参的值，则主调用过程或函数中的值也跟着变化。

【例 7.52】按地址传递参数示例。

子过程：

```
Private Sub GetData1(ByRef f As Integer)
    f=f+2
End Sub
```

主过程：

```
Private Sub  command1_Click()
    Dim J as Integer
    J=5
    Call GetData1(J)
    MsgBox J
End Sub
```

主过程执行后 J 的值变为 7。

（2）传值（ByVal）。传值的参数传递过程是主调用过程将实参的值复制后传给被调过程的形参。因此，如果在被调用过程和函数中修改了形参的值，则主调用过程或函数中的值不会跟着变化。

【例 7.53】按值传递参数示例。

子过程：

```
Private Sub GetData2 (ByVal f As Integer)
    f=f+2
End Sub
```

主过程：

```
Private Sub  command1_Click()
    Dim J as Integer
    J=5
    Call GetData2(J)
    MsgBox J
End Sub
```

主过程执行后 J 的值仍然为 5。

 ## 7.9　VBA 的数据库编程

前面介绍的是 Access 数据库对象处理数据的方法和形式，要开发出更具有实际应用价值的 Access 数据库应用程序，还应当了解和掌握 VBA 的数据库编程方法。

7.9.1　数据库引擎及其接口

VBA 通过 Microsoft Jet 数据库引擎工具来支持对数据库的访问。所谓数据库引擎实际上是一组动态链接库（DLL），当程序运行时被连接到 VBA 程序而实现对数据库的数据访问功能。数据库引擎是应用程序与物理数据之间的桥梁，它以一种通用接口的方式，使各种类型的物理数据库对用户而言都具有统一的形式和相同的数据访问与处理方法。

在 Microsoft Office VBA 中主要提供三种数据库访问接口：开放数据库互连应用编程接口（Open Database Connectivity API，ODBC API）、数据访问对象（Data Access Object，DAO）和 ActiveX 数据对象（ActiveX Data Objects，ADO）。

开放数据库互连应用编程接口（ODBC API）：Windows 提供的 32 位 ODBC 驱动程序对每一种客户机/服务器 RDBMS（Relational DataBase Management System，关系数据库系统）、流行的索引顺序访问方法（ISAM，Indexed Sequential Access Method）数据库（Jet、dBase 和 Foxpro）、扩展表（Excel）和划界文本文件都可以操作。在 Access 应用中，直接使用 ODBC API 需要大量 VBA 函数原型声明（Declare）和一些烦琐的编程，因此，在实际编程中很少直接进行 ODBC API 的访问。

数据访问对象（DAO）：DAO 提供一个访问数据库的对象模型。利用其中定义的一系列数据访问对象，如 Database、Querydef、Recordset 等对象，实现对数据库的各种操作。这是 Office 早期版本提供的编程模型，用来支持 Microsoft Jet 数据库引擎，并允许开发者通过 ODBC 和直接连接到其他数据库一样，连接到 Access 数据。DAO 适合于单系统应用程序或在小范围本地分布使用，其内部已经对 Jet 数据库的访问进行了加速优化，而且其使用起来也比较方便。因此，如果数据库是 Access 数据库且是本地使用，可以使用这种访问方式。

ActiveX 数据对象（ADO）：ADO 是基于组件的数据库编程接口，是一个和编程语言无关的 COM（Component Object Model，组件对象模型）组件系统。使用它可以方便地连接任何符合 ODBC 标准的数据库。

7.9.2　VBA 访问的数据库类型

VBA 通过数据库引擎可以访问的数据库有以下三种类型：

本地数据库：即 Access 数据库。

外部数据库：指所有的索引顺序访问方法（ISAM）数据库，如 dBase、FoxPro 等。

ODBC 数据库：符合开放数据库连接（ODBC）标准的 C/S 数据库，如 Microsoft SQL Server、Oracle 等。

7.9.3　数据访问对象（DAO）

DAO 包含很多对象和集合，通过 Jet 数据库来连接 Access 数据库和其他 ODBC 数据库。利用 DAO 可以完成对数据库的创建、修改、删除和对记录的定位和查询等。

通过 DAO 编程实现数据库的访问时，首先要创建对象变量，然后通过对象方法和属性来进行操作。下面给出数据库操作一般语句和步骤：

```
'定义对象变量
Dim ws As Workspace
Dim db As Database
Dim rs RecordSet
'通过 Set 语句设置各个对象变量的值
Set ws=DBEngine.Workspace(0)                    '打开默认工作区
Set db=ws.OpenDatabase(〈数据库文件名〉)         '打开数据库文件
Set rs=db.OpenRecordSet(〈表名、查询名或 SQL 语句〉)'打开数据记录集
Do While Not rs.EOF                  '利用循环结构遍历整个记录集直至末尾
…                                    '安排字段数据的各种操作
rs.MoveNext                          '记录指针移至下一条
Loop
rs.close                             '关闭记录集
db.close                             '关闭数据库
Set rs=Nothing                       '回收记录集对象变量的内存占有
Set db=Nothing                       '回收数据库对象变量的内存占有
…
```

实际上，在 Access 的 VBA 中提供一种 DAO 数据库打开的快捷方式，即 Set dbName = CurrentDB() 用以绕过模型层次开关的两层集合并打开当前数据库，但在 Office 其他套件（如 Word、Excel、PowerPoint 等）的 VBA 及 Visual Basic 6.0 的代码中则不支持 CurrentDB() 的用法。

7.9.4　ActiveX 数据对象（ADO）

ActiveX 数据对象（ADO）是基于组件的数据库编程接口，它是一个和编程语言无关的 COM 组件系统，可以对来自多种数据提供者的数据进行读取和写入操作。

通过 ADO 编程实现数据库访问时，首先要创建对象变量，然后通过对象方法和属性来进行操作。下面给出数据库操作一般语句和步骤：

程序段 1：在 Connection 对象上打开 RecordSet。

```
…
'创建对象引用
Dim cn As ADODB.Connection           '创建一连接对象
Dim rs As ADODB.RecordSet            '创建一记录集对象
```

```
cn.Open 〈连接串等参数〉              ' 打开一个连接
rs.Open 〈查询串等参数〉              ' 打开一个记录集

Do While Not rs.EOF                 ' 利用循环结构遍历整个记录集直至末尾
…                                    ' 安排字段数据的各种操作
rs.MoveNext                         ' 记录指针移至下一条
Loop
rs.close                            ' 关闭记录集
cn.close                            ' 关闭连接
Set rs=Nothing                      ' 回收记录集对象变量的内存占有
Set cn=Nothing                      ' 回收连接对象变量的内存占有
…
```

程序段 2：在 Command 对象上打开 RecordSet。

```
…
'创建对象引用
Dim cm As new ADODB.Command          ' 创建一命令对象
Dim rs As new ADODB.RecordSet        ' 创建一记录集对象

'设置命令对象的活动连接、类型及查询等属性
With cm
.ActiveConnection=〈连接串〉
.CommandType=〈命令类型参数〉
.CommandText=〈查询命令串〉
End With
Rs.Open cm, 〈其他参数〉              ' 设定 rs 的 ActiveConnection 属性
Do While Not rs.EOF                 ' 利用循环结构遍历整个记录集直至末尾
…                                    ' 安排字段数据的各类操作
rs.MoveNext                         ' 记录指针移至下一条
Loop
rs.close                            ' 关闭记录集
Set rs=Nothing                      ' 回收记录集对象变量的内存占有
```

在 Access 的 VBA 中为 ADO 提供类似 DAO 的数据库打开快捷方式，即 CurrentProject. Connection，它指向一个默认的 ADODB.Connection 对象，该对象与当前数据库的 Jet OLE DB 服务提供者一起工作。不像 CurrentDB() 是可选的，用户必须使用 CurrentProject.Connection 作为当前打开数据库的 ADODB.Connection 对象。如果试图为当前数据库打开一个新的 ADODB. Connection 对象，会收到一个运行错误提示，指明该数据库已被锁定。

7.9.5　数据库编程实例

本节将通过一个例子初步了解 VBA 的数据库编程。

【例 7.54】已知一个名为"学生"的 Access 数据库，库中的表 stud 存储学生的基本信息，包括学号、姓名、性别和籍贯。下面程序的功能是：通过图 7-25 所示的窗体向 stud 表中添加学生记录，对应"学号"、"姓名"、"性别"和"籍贯"的四个文本框的名称分别为 tNo、tName、tSex 和 tRes。当单击窗体中的"增加"命令按钮（名称为 command1）时，首先判断学号是否重复，如果不重复则向 stud 表中添加学生记录；如果学号重复，则给出提示信息。

图 7-25　stud 窗体

```
Option Compare Database
Dim ADOcn As New ADODB.Connection
Private Sub cmdClose_click()
DoCmd.Close
End Sub
Private Sub Form_Load()
    '打开窗口时，连接Access数据库
    Set ADOcn = CurrentProject.Connection
End Sub


Private Sub Command1_Click()
'增加学生记录
Dim strSQL As String
Dim ADOrs As New ADODB.Recordset
Set ADOrs.ActiveConnection=ADOcn
ADOrs.Open "select 学号 From Stud Where 学号='" + tNo + "'"
    If Not ADOrs.Eof Then        '如果该学号的学生记录已经存在，则显示提示信息
        MsgBox "你输入的学号已存在，不能增加！"
    Else
'增加新学生的记录
        strSQL = "Insert Into stud（学号，姓名，性别，籍贯）"
        strSQL = strSQL + "Values('" + tNo + "','" + tName + "','" + tSex + "','"
+ tRes + "')"
        ADOcn.Execute strSQL
        MsgBox "添加成功，请继续！"
    End If
ADOrs.Close
Set ADOrs = Nothing
End Sub
```

 **7.10　VBA 程序调试**

　　在编写程序时出错是不可避免的，在程序中查找并修改错误的过程称为调试。为了方便编程人员修改程序中的错误，绝大多数程序设计语言编辑器都提供程序调试手段。

　　程序中的错误主要有语法错误、运行错误和程序逻辑错误。语法错误是程序编写过程中出现的，主要是由于使用语句错误引起的，如命令拼写错、括号不匹配、变量未被声明和数据类型不匹配等。这类错误一般在编写程序时就会被 Access 检查出来，只需按照提示将有问题的地方修改正确即可。运行错误是在程序运行过程中发生的，如分母为 0、栈溢出等。运行错误示例如图 7-26 所示。程序逻辑错误是程序的逻辑错误引起的，是运行结果与期望不符的问题，是最难以处理的错误，需要对程序进行具体分析。可以通过反复地设计不同的运行条件来测试程序的运行状况，才能逐步改正逻辑错误。

（a）编译错误提示

（b）运行错误提示

图 7-26　错误提示

7.10.1 调试工具栏

对 VBA 程序的调试主要通过调试工具栏来实现。一般编写程序代码时,在 VBA 窗口中会有调试工具栏,如图 7–27 所示。如果调试工具栏是隐藏的,可以选择"视图 | 工具栏 | 调试"命令,将调试工具栏调出。

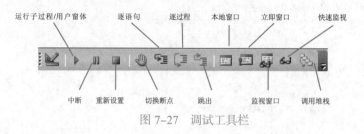

图 7–27 调试工具栏

7.10.2 设置断点

调试程序时,可以在程序中设置断点来中断程序的运行,然后通过检查各变量、属性的值,来确定程序是否执行正确。

设置断点的操作步骤如下:

(1)打开要设置断点的程序的代码窗口。

(2)直接在要设置断点的位置单击左边断点设定区,在代码上即出现断点表示,如图 7–28 所示。也可以选择要设置断点的代码行,单击调试工具栏中的"切换断点"按钮来设置断点。

(3)程序运行到断点处暂停运行后,如果需要检查程序中各变量的参数,可以直接将光标移到要查看的变量上,这时 Access 会显示出该变量的值。

(4)要取消设置的断点,可以再重复设置断点的操作,也可以选择"调试 | 清除所有断点"命令。

图 7–28 设置断点

7.10.3 程序运行跟踪

Access 提供五种程序运行方式,可以用于进行代码的跟踪和调试。

1. 逐语句执行

如果希望单步执行每一行程序代码,包括被调用过程中的程序代码,可单击工具栏中的"逐语句"按钮,在执行该命令后,VBA 运行当前语句,并自动转到下一条语句,同时将程序挂起。

有时,在一行中有多条语句,它们用冒号隔开。在使用"逐语句"命令时,将逐个执行该行中的每条语句,而该行要设置断点,则断点只需设置在应用程序执行的第一条语句上。

2. 逐过程执行

如果希望执行每一行程序代码,并将任何被调用过程作为一个单位执行,可单击工具栏中的"逐过程"按钮。

逐过程执行与逐语句执行的不同之处在于:当执行代码调用其他过程时,逐语句是从当前行转移到该过程中,在此过程中一行一行地执行,而逐过程执行则将调用其他过程的语句当作统一的语句，将该过程执行完毕，然后进入下一语句。

3. 跳出执行

如果希望执行当前过程中的剩余代码，可单击工具栏中的"跳出"按钮。在执行跳出命令时，VBA 会将该过程未执行的语句全部执行完，包括在过程中调用的其他过程，并且都是一步完成的。执行完过程后，程序返回到调用该过程的过程，则"跳出"命令执行完毕。

4. 运行到光标处

选择"调试 | 运行到光标处"命令，VBA 就会运行到当前光标处。当用户可以确定某一范围的语句是正确的，而对后面语句的正确性不能保证时，可以用该命令运行程序到某条语句，然后在该语句后逐步调试。

5. 设置下一语句

在 VBA 中，用户可自由设置下一步要执行的语句，可在程序中选择要执行的下一条语句，右击，在弹出的快捷菜单中选择"设置下一条语句"命令。这个命令必须在程序挂起时使用。

7.10.4 观察变量值

为了检查 VBA 程序执行是否正确，Access 提供观察变量值的方法。

1. 在模块窗口中查看数据

在调试程序时，常希望随时查看程序中的变量和常量的值，只要鼠标指针指向代码窗口中要查看的变量，就会直接在屏幕上显示当前值。这是查看数据的最简单的方法，但它只能查看一个变量的当前值。如果要查看几个变量或一个表达式的值，或需要查看对象以及对象的属性，就不能在模块代码窗口中查看。

2. 在本地窗口中查看数据

单击工具栏中的"本地窗口"按钮打开本地窗口，如图 7-29 所示。

本地窗口有三个列表，分别显示"表达式"、表达式的"值"和"类型"。有些变量，如用户自定义类型、数组和对象等，可包含级别信息。这些变量的名称左边有一个"+"按钮，可通过它控制级别信息的显示。

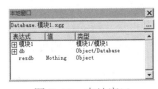

图 7-29 本地窗口

对于标准模块能显示当前模块的名称，并且也能展开显示当前模块中所有模块级变量。在本地窗口中，可通过选择现存值，并输入新值来更改变量的值。对于类模块，它的系统定义变量为 Me。Me 是对当前模块定义的当前类实例的引用。因为它是对象引用，所以能展开显示当前类实例的全部属性和数据成员。

3. 在监视窗口浏览数据

程序执行过程中，可利用监视窗口查看表达式或变量的值。可单击工具栏中的"监视窗口"按钮，打开监视窗口，选择"调试 | 添加监视"命令，设置监视表达式。通过监视窗口可展开 / 折叠级别信息、调整列标题大小以及就地编辑值等，如图 7-30 和图 7-31 所示。

图 7-30 "添加监视"对话框   图 7-31 监视窗口

4. 跟踪 VBA 代码的调用

在调试代码过程中，当暂停 VBA 代码执行时，可使用"调用堆栈"对话框查看那些已经开始执行但还未完成的过程列表。如果持续单击调试工具栏中的"调用堆栈"按钮，Access 会在列表的最上方显示最近被调用的过程，接着是次最近被调用的过程，依此类推。

7.11 错 误 处 理

利用以上介绍的程序调试方法，可以查出程序中的运行错误和逻辑错误。在程序出错时，VBA 按照所遇到的错误，停止程序执行并显示出相应的出错信息。此外，还可以在程序中加入专门用于错误处理的子程序，对可能出现的错误做出响应；错误发生时，程序能捕捉到，并知道如何处理。错误处理子程序由捕捉错误和处理错误两部分组成。

7.11.1 错误处理语句

1. 捕捉错误

要实现错误捕捉，可使用 On Error 语句。其格式如下：

```
On  Error  GoTo  行号 | 行标号 | 0
```

说明：该语句用来捕捉错误，并指定错误处理子程序的入口。"行号"或"行标号"是错误处理子程序的入口，位于错误处理子程序的第一行。发生错误时程序跳到指定的错误处理子程序入口位置。在设置捕捉错误语句后，无论检测到什么错误，都要转到指定的错误处理子程序。

使用 GoTo 0 语句可以关闭当前过程的错误捕获。如果有错误发生，VBA 会将错误传送到调用过程中的错误处理程序上；如果前面没有错误处理程序，则打开一个 Access 本身的错误信息对话框。

2. 从错误处理子程序返回

执行错误处理子程序后，为了继续进行操作，通常要从错误处理子程序返回控制，这可以通过 Resume 语句来实现。Resume 语句放在错误处理子程序中，执行错误处理子程序之后，在指定的位置恢复程序的执行。

Resume 语句根据指定程序恢复执行的位置，可以有如下四种格式：

（1）Resume：从发生错误的语句处继续执行。

（2）Resume Next：从发生错误的语句的下一个语句处继续执行。

（3）Resume 行号：从"行号"处继续执行。

（4）Resume 行标号：从"行标号"处继续执行。

7.11.2 错误处理应用举例

新建一个名为"删除表"的窗体，如图 7-32 所示。其作用是可以从当前数据库中删除指定表。窗体上放置文本框控件 Text0 用于输入表的名称，命令按钮控件 Command2 的单击事件用于处理删除表的操作。程序代码如下：

```
Private Sub  Command2_Click()
    On Error GoTo  deletable_Err          ' 设置错误捕捉
    Dim  tabName  As String              ' 声明表名称变量
    tabName=Me.Text0          ' 将当前窗体上文本框 Text0 的值赋给变量 tabName
    DoCmd.DeleteObject acTable,tabName    ' 删除 Text0 指定名称的表
    MsgBox tabName &   "表已经被删除。"    ' 删除表后给出的信息
    deletable_exit:                      ' 出错退出行标号
    Exit Sub
    deletable_Err:                       ' 出错的处理程序行标号
    MsgBox tabName &    " 表不存在 "      ' 给出出错的信息
    Me.Text0=""
    Resume  deletable_exit                ' 返回到出错设置退出
End Sub
```

程序运行结果如图 7-33 所示。

图 7-32 删除表窗体 　　　　图 7-33 程序运行结果

一、选择题

（1）在 Access 中编写事件过程使用的编程语言是（　　）。

　　A．QBASIC　　　　B．VBA　　　　C．SQL　　　　　　D．C++

（2）在 VBA 中定义标识符的最大的字符长度是（　　）。

　　A．255　　　　　　B．64　　　　　C．128　　　　　　D．100

（3）在 VBA 中有返回值的处理过程是（　　）。

　　A．声明过程　　　B．Sub 过程　　C．Function 过程　D．控制过程

（4）在特定的窗体或报表中包含的过程是（　　）。

　　A．窗体模块　　　B．子程序　　　C．标准模块　　　D．类模块

（5）当前对象（如窗体）的引用关键字是（　　）。

  A. Active   B. Me   C. Docmd   D. Ctrol

（6）VBA 的逻辑值进行算术运算时，True 值被当作（　　　）。

  A. 0   B. −1   C. 1   D. 任意值

（7）定义了二维数组 A（2 to 5，5），则该数组的元素个数为（　　　）。

  A. 25   B. 36   C. 20   D. 24

（8）已知程序段：

```
s=0
For i=1 to 10 step 2
   s=s+1
   i=i*2
Next i
```

当循环结束后，变量 i，s 的值分别为（　　　）。

  A. 10，6   B. 11，4   C. 22，3   D. 16，5

（9）设有以下窗体打开事件过程：

```
Private Sub Form_Open(Cancel As Integer)
    Dim a As Integer,i As Integer
    a=1
    For i=1 To 3
        Select Case i
            Case 1,3
                  a=a+1
            Case 2,4
                  a=a+2
        End Select
    Next i
    MsgBox a
End Sub
```

选中该窗体打开，即运行后，消息框的输出内容是（　　　）。

  A. 3   B. 4   C. 5   D. 6

（10）以下程序执行完后，变量 A 和 B 的值分别是（　　　）。

```
A=1
B=A
Do Until A>=5
   A=A+B
   B=B+A
Loop
```

  A. 1，1   B. 4，6   C. 5，8   D. 8，13

（11）假定有如下的 Sub 过程：

```
Sub sfun(x  As  Single,y  As  Single)
    t=x
    x=t/y
    y=t Mod y
End Sub
```

在窗体上添加一个命令按钮（名为 Command1），然后编写如下事件过程：

```
Private Sub Command1_Click()
    Dim a as single
    Dim b as single
    a=5
    b=4
    sfun a,b
    MsgBox a & chr(10)+chr(13) & b
End Sub
```

打开窗体运行后，单击命令按钮，消息框的两行输出内容分别为（　　）。

　　A．1 和 1　　　　　　　　　　B．1.25 和 1

　　C．1.25 和 4　　　　　　　　　D．5 和 4

（12）给定日期 DD，可以计算该日期当月最大天数的正确表达式是（　　）。

　　A．Day(DD)

　　B．Day(DateSerial(Year(DD),Month(DD),day(DD)))

　　C．Day(DateSerial(Year(DD),Month(DD),0))

　　D．Day(DateSerial(Year(DD),Month(DD)+1,0))

（13）现有一个已经建好的窗体，窗体中有一命令按钮，单击此按钮，将打开 tEmployee 表，如果采用 VBA 代码完成，下面语句正确的是（　　）。

　　A．Docmd.Openform "tEmployee"

　　B．Docmd.Openview "tEmployee"

　　C．Docmd.Opentable "tEmployee"

　　D．Docmd.Openreport "tEmployee"

（14）在有参函数设计时，要想实现某个参数的"双向"传递，就应当说明该形参为"传址"调用形式。其设置选项为（　　）。

　　A．ByVal　　　　B．ByRef　　　　C．Optional　　　　D．ParamArray

二、填空题

（1）VBA 的全称是_____。

（2）模块有两种基本类型_____和_____。

（3）模块包含一个声明区域和一个或多个子过程（以_____开头）或函数过程（以_____开头）。

（4）用户定义的数据类型可以用_____关键字说明。

（5）在 VBA 中变体类型的类型标识是_____。

（6）在使用 Dim 语句定义数组时，在默认情况下数组下标的下限为_____。

（7）Int(–3.25) 的结果是_____。

（8）在 VBA 编程中检测字符串长度的函数名是_____。

（9）VBA 程序的多条语句可以写在一行中，其分隔符必须使用符号_____。

（10）VBA 的三种流程控制结构是顺序结构、_____和_____。

（11）VBA 中使用的三种选择函数是_____、_____和_____。

（12）在窗体中添加一个命令按钮（名称为 Command1），然后编写如下代码：

```
Private Sub Command1_Click()
    Static b As Integer
```

```
    b=b+1
  End Sub
```

窗体打开运行后，三次单击命令按钮后，变量 b 的值是_____。

（13）以下程序段运行结束后，变量 x 的值为_____。

```
  x=2
  y=4
  Do
      x=x*y
      y=y+1
  Loop While y<4
```

三、思考题

（1）"模块"和"宏"相比有什么优势？

（2）在 Access 中执行 VBA 代码有哪几种方式？

（3）Sub 过程和 Function 过程的主要区别是什么？

（4）窗口有哪些事件？发生的顺序是什么？

四、上机练习题

1.　练习目的

以"教学管理"数据库为练习实例，掌握创建过程的方法，掌握简单的事件过程程序的编写方法，掌握 VBA 程序的调试方法以及对程序中的错误的处理方法。

2.　练习内容

（1）设计一个用户登录检查窗体，其上发生的事件用 VBA 代码编写。

（2）将一个设计好的宏，转换为 VBA 代码，并对宏操作对应的 VBA 代码进行分析。

（3）以图 4-112 所示为例，窗体上的各命令按钮的单击事件由 VBA 代码编写，实现单击该按钮打开相应的浏览信息窗体。

（4）编写一个程序。要求：在窗体上创建显示为"半径"、"周长"和"面积"的三个文本框，创建标题显示为"计算"和"关闭"的两个命令按钮。输入一个半径值，单击"计算"按钮，计算出"周长"和"面积"值，单击"关闭"按钮关闭窗体，如图 7-34 所示。

图 7-34　计算周长和面积窗体

第8章

应用开发实例

系统开发是用户使用数据库管理系统软件的最终目的。本章运用以前各章介绍的知识，采用系统提供的简单实用的设计方法，通过一个实例——图书借阅管理系统，来介绍 Access 应用系统的设计和开发过程。

图书借阅管理系统启动界面如图 8-1 所示。系统的设计任务可以分为如下两方面：图书借阅管理系统的数据库设计和系统功能设计。

图 8-1　图书借阅管理系统启动界面

8.1　系 统 分 析

通过对学校图书馆的图书借阅和管理状况的调查和分析，明确用户的需求和系统要实现的目标，提出系统实施的方案。

8.1.1　需求分析

在图书馆管理系统中主要涉及两类用户：图书馆的管理员和读者（即图书借阅者）。

管理员主要完成对图书的查询、增加、删除和修改等操作，为读者办理借书证（即注册）或注销借书证，对读者的借书、还书进行登记，对一些读者违规现象如借书逾期、图书损坏和图书丢失等行为进行相应的罚款。

读者完成对图书的查询，对其个人的相关的借阅信息，如借阅历史、在借图书、逾期图书信息及本人相关信息进行查询，进行借书和还书，以及违规后交纳罚款等操作。

系统处理的主要数据对象是图书和读者。和图书相关的信息有图书的基本信息、图书的分类信息；和读者相关的信息有读者的基本信息；和二者相关的信息有读者借阅图书的信息。

8.1.2　系统实现的功能

根据上述分析，可以确定系统应该实现的功能可以分成两个模块：一个是完成对图书信息的查询，对读者借书和还书等操作的管理；另一个是完成管理员对图书的增加、删除、修改和查询操作，以及对读者进行的注册、注销和违规处理等信息的管理。

8.1.3　系统模块图

根据对图书借阅管理系统所做出的系统需求分析，得到图 8-2 所示的系统功能模块图。

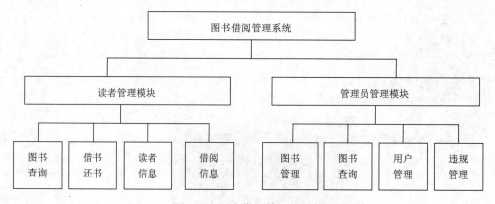

图 8-2　图书借阅管理系统模块图

8.2　数据库设计

对小型数据库应用系统来说，数据库设计虽然并不困难，但却非常重要。好的数据库设计，可以使系统具有较好的数据完整性和一致性；反之会导致系统效率下降，并且会影响数据库系统数据的可靠性。

8.2.1　概念设计

在设计图书借阅管理系统的数据库时，依据对系统做出的数据和功能上的需求分析，确定要存储的有关对象的信息和各个对象的基本属性信息，并确定这些对象之间的相互关系。这一步设计称为数据库的概念设计，设计出的模型称为数据库概念模型。

概念模型的建立方法主要采用的是 E-R（实体—联系）图的方法，即采用实体来描述对象，属性来描述对象的属性特征，联系来描述对象之间的关系，所以又称概念模型为实体—联系模型（简称 E-R 模型）。前面介绍过在 E-R 模型中使用矩形表示实体，使用菱形表示实体间的联系，使用椭圆形或圆形表示实体或联系的属性，使用无向线将实体与属性、实体与联系连接起来。在实体与联系的连线上还要注明联系的类型。在 E-R 模型中标注联系的类型时，数字 1 代表实体间一对一或一对多联系中的"一"，字母（如 m、n、k）代表实体间一对多或多对多联系中的"多"，图书借阅管理系统的概念模型如图 8-3 所示。

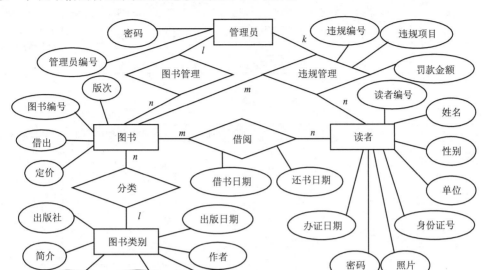

图 8-3 图书借阅管理系统的概念模型（E-R 模型）

8.2.2 逻辑结构设计

逻辑结构设计是根据设计完成的概念模型，按照"实体和联系可以转换成关系"的转换规则，转换生成 Access 数据库管理系统支持的数据库表的数据结构。根据以上设计的图书借阅管理系统的概念模型和实际应用中的需要，为系统设计出各数据表的数据结构和完整性约束条件如表 8-1 ~ 表 8-7 所示。

表 8-1 读者表

字 段 名 称	数据类型（宽度）	主　键	空 / 非空	约 束 条 件
读者编号	文本（20）	是	非空	无
姓名	文本（20）	否	非空	无
性别	文本（1）	否	非空	男或女
单位	文本（20）	否	非空	无
身份证号	文本（18）	否	非空	不得重复
照片	OLE 对象	否	空	无
办证日期	日期 / 时间	否	非空	无
密码	文本（20）	否	空	无
补充说明	在"身份证号"列上建立"无重复"索引；"密码"列的值以"*"的形式显示			

表 8-2 图书表

字 段 名 称	数据类型（宽度）	主　键	空 / 非空	约 束 条 件
图书编号	文本（20）	是	非空	无
版次	文本（20）	否	非空	无
借出	是 / 否	否	非空	无

续表

字 段 名 称	数据类型（宽度）	主　　键	空 / 非空	约 束 条 件
定价	货币（两位小数）	否	空	大于 0
图书分类号	文本（20）	否	非空	与图书类别表参照
补充说明	"图书分类号"列与"图书类别"表中的"图书分类编号"列有参照关系			

表 8-3　图书类别表

字 段 名 称	数据类型（宽度）	主　　键	空 / 非空	约 束 条 件
图书分类编号	文本（20）	是	非空	无
图书名称	文本（50）	否	非空	无
所属类别	文本（20）	否	非空	无
出版社	文本（20）	否	非空	无
作者	文本（20）	否	非空	无
出版日期	日期 / 时间	否	非空	无
简介	备注	否	空	无
补充说明				

表 8-4　借阅表

字 段 名 称	数据类型（宽度）	主　　键	空 / 非空	约 束 条 件
读者编号	文本（20）	是	非空	与读者表参照
图书编号	文本（20）		非空	与图书表参照
借书日期	日期 / 时间	否	空	无
补充说明	存放读者在借的图书信息			

表 8-5　借阅历史表

字 段 名 称	数据类型（宽度）	主　　键	空 / 非空	约 束 条 件
编号	自动编码	是	非空	无
读者编号	文本（20）	否	非空	与读者表参照
图书编号	文本（20）	否	非空	与图书表参照
借书日期	日期 / 时间	否	空	无
还书日期	日期 / 时间	否	空	无
补充说明	存放读者以往借阅的图书信息			

表 8-6　违规管理表

字 段 名 称	数据类型（宽度）	主　　键	空 / 非空	约 束 条 件
违规编号	自动编号	是	非空	无
违规项目	文本（20）	否	非空	无
读者编号	文本（20）	否	非空	与读者表参照
图书编号	文本（20）	否	非空	与图书表参照
罚款金额	货币	否	空	无
管理员号	文本（20）	否	非空	与管理员表参照
补充说明	"违规项目"列建立值列表，列表项目为：逾期、损毁和丢失			

表 8-7 管理员表

字 段 名 称	数据类型（宽度）	主 键	空 / 非空	约束条件
管理员编号	文本（20）	是	非空	无
密码	文本（20）	否	空	无
补充说明	"密码"列的值以"*"的形式显示			

8.2.3 物理结构设计

为了提高对数据表中数据的查找速度，在实现表的设计时，应该考虑建立适当的索引。在 Access 中数据表的单一字段被确定为主键后，系统会自动将其设置为"无重复索引"。当数据表的多个字段组合作为主键时，可以将主键中各个字段分别设置为"有重复索引"；除此之外，对于具有表间关联作用的字段也可以设置为"有重复索引"。图书借阅管理数据库中建立的索引情况如表 8-8 所示。

表 8-8 图书借阅管理数据库索引

表 名	字 段 名 称	索 引
读者表	身份证号	无重复索引
图书表	图书分类号	有重复索引
借阅表	读者编号、图书编号	有重复索引
借阅历史表	读者编号、图书编号	有重复索引
违规管理表	读者编号、管理员号、图书编号	有重复索引

8.2.4 数据库的创建

根据以上对数据库的概念设计、逻辑设计和物理设计，得出数据库中各表的数据结构。可以参照第 2 章中介绍的方法，使用 Access 的表对象的设计视图，根据以上得出的各表设计结果，完成对各个数据表的数据结构创建。

8.2.5 建立表间的关联

在 Access 中，建立表间的关联是维护数据的参照完整性和实现多表连接查询的基础。根据图书借阅管理数据库的概念设计、逻辑设计，结合图书借阅管理系统的实际应用状况，分析得出要建立的各表之间的关系如下：

（1）一位读者可以借阅多本图书，通过"读者编号"可以建立读者表与借阅表之间一对多的关系。

（2）一位读者曾经借阅了多本图书（可以重复多次借阅一本图书），通过"读者编号"可以建立读者表与借阅历史表之间一对多的关系。

（3）一本书可以借给多位读者，通过"图书编号"可以建立图书表与借阅表之间一对多的关系。

（4）一本书曾经借给过多位读者（包括一位读者的多次借阅），通过"图书编号"可以建立图书表与借阅历史表之间一对多的关系。

（5）在图书馆里一种图书可以有多本，通过"图书分类编号"可以建立图书类别表和图书表之间一对多的关系。

（6）一位读者可能出现多次或多种违规（逾期、损毁或丢失）情况，通过"读者编号"

可以建立读者表与违规管理表之间一对多的关系。

（7）一本图书可能在多次或多种违规情况中出现，通过"图书编号"建立图书表与违规管理表之间一对多的关系。

图书借阅管理数据库各表的关系图如图 8-4 所示。

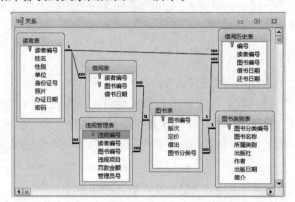

图 8-4　图书借阅管理数据库的关系图

8.2.6　为数据表输入数据

为数据表输入数据，主要是为了在以后系统的功能设计时调试系统使用，可以是少量模拟的数据。根据系统调试的需要，并非所有的表都要输入数据。在这里需要输入数据的表是读者表、图书类别表和图书表。当系统调试完成后，可以删除这些数据。数据库中存储的真实数据，应该通过设计好的系统，输入相关数据的操作界面即窗体来完成。

8.2.7　建立查询数据源

通过以上的数据表设计得到数据库的基本数据源，它将为图书借阅管理系统提供基础数据。但是，通过这些数据表只能为用户提供一部分信息，根据系统的信息处理要求还需要对基本数据源统计信息或从多个表中提取信息。为此，可以通过建立查询的方法来得到更多的满足系统信息需求的数据源。另外，在 Access 中对数据表数据的追加（插入）、删除和更新（修改）操作，也是通过建立相应的查询来实现的。有关查询的内容将结合具体应用界面（窗体）在下面的内容里介绍。

 ## 8.3　系统功能设计概述

在这一节中，将给出系统的界面操作流程图，并以操作界面为线索，介绍系统的设计。

8.3.1　系统界面操作流程图

系统界面操作流程图如图 8-5 所示。

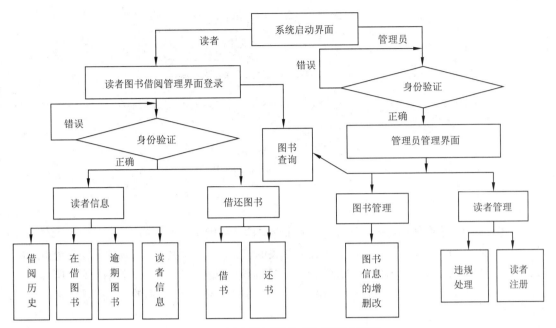

图 8-5 图书借阅管理系统界面流程图

8.3.2 系统界面处理功能

1. 启动界面

该界面是图书借阅管理系统数据库启动后打开的第一个窗体。它为读者或管理员提供相应的操作界面。单击"读者"按钮，打开"读者图书借阅管理"窗体；单击"管理员"按钮，打开"管理员登录"窗体；单击"退出"按钮，整个系统关闭，并退出 Access。这三个命令按钮都是通过控件向导创建的。根据显示需要，将窗体的"格式"属性的"记录选择器"和"导航按钮"选项的值均设置成"否"，如图 8-1 所示。

2. 读者图书借阅管理界面

"读者图书借阅管理"窗体上提供三个命令按钮，单击命令按钮可以分别打开有图书信息查询、读者有关信息查询和借还图书的操作窗体。命令按钮控件的创建和窗体格式要求同上，如图 8-6 所示。

图 8-6 "读者图书借阅管理"窗体

（1）图书查询界面。图书查询界面主要为读者提供按不同条件（书名、作者、出版社、出版日期和所属类别）进行图书查询，在查找图书时，各条件之间是逻辑或的关系，如图 8-7 所示。

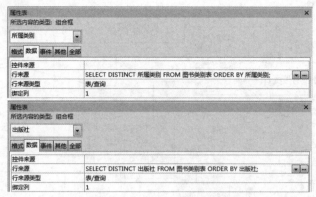

图 8-7   "图书查询"的逻辑关系设置

该界面是主/子窗体,主窗体上通过五个非绑定控件提供图书查询的项目,其中"书名"、"作者"和"出版日期"为文本框,可以直接输入相关的信息;"出版社"和"所属类别"为组合框,在它们的控件的"行来源"属性上分别建立了对"图书分类表"的"出版社"字段和"所属类别"字段的查询,查询的结果作为窗体上"出版社"和"所属类别"组合框的数据列表,以供选择,如图 8-8 所示。

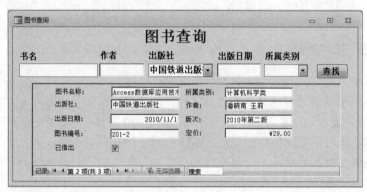

图 8-8   分别建立"出版社"和"所属类别"组合框列表的查询

子窗体内容是根据主窗体上输入或选择的图书的信息对图书分类表和图书表查询的结果。建立在子窗体的查询数据源设计如图 8-9 所示。当主窗体上没有提供信息时,子窗体不显示数据。

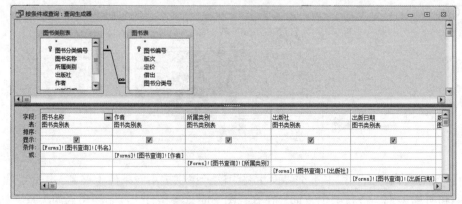

图 8-9   子窗体上的查询设计

　　子窗体的"格式"属性的"记录选择器"和"分隔线"选项的值均设置为"否"。子窗体的"数据"属性的"允许编辑"和"允许添加"选项均设置为"否"，这样可以保持窗体上的数据不会改动。

　　主窗体的"查找"命令按钮的作用是对整个窗体上的数据进行刷新，通过命令按钮向导的"窗体操作"的"刷新窗体数据"命令来建立。

　　（2）借还图书管理界面。"借还图书管理"窗体可完成对读者的身份验证和打开读者借还图书管理界面。窗体上有两个非绑定型文本框用于输入读者的信息，其中"密码"文本框的"格式"属性的"输入掩码"选项设置为"密码"，窗体如图 8-10 所示。

图 8-10　"借还图书管理"窗体

　　读者身份验证的功能是对输入的读者编号和密码与读者表中的相应字段值进行比较验证，当找不到相应注册的读者信息（输入的信息不正确或空值）时，都会有相应的提示信息。对于合法的读者（即读者编号和密码通过验证）将打开"借书"或"还书"窗体。这部分通过单击"借书"或"还书"按钮触发 VBA 事件过程完成。"借书"命令按钮的单击事件过程的 VBA 代码如下：

```
Private Sub Command4_Click()
Dim db As Object
Dim reset As Object
Dim str As String
Set db=CurrentDb()
   If Trim(Me![Text1]) <> "" Or Trim(Me![Text3]) <> "" Then
         str = " select * from 读者表 where 读者编号='"& Me![Text1] &"'  AND_
         密码='" & Me![Text3] & "'"
         Set reset=db.OpenRecordset(str)
         If reset.EOF=False Then
               DoCmd.OpenForm "借书"
         Else
               MsgBox "用户名或密码错误!",vbOKOnly,"警告"
         End If
     Else
         MsgBox "用户名或密码不能为空!",vbOKOnly,"警告"
   End If
End Sub
```

　　（3）借书处理界面。"借书"窗体是一个主/子窗体，主窗体上三个非绑定文本框用来显示在"借还图书管理"窗体输入的读者编号和当前日期。当输入图书编号后按【Enter】键，在子窗体上就会显示所查到的图书信息。单击"借阅"按钮，即可完成对该书的借阅，如图 8-11 所示。

图 8-11　"借书"窗体的窗体视图

在"借阅"命令按钮的"单击"事件上设计的宏用来完成如下操作：

- 如果查到的书未被借出时，在借阅表中追加相应的记录，以实现该图书的借阅。
- 完成上一步操作后，再将图书表中的"借出"字段更新为 True，表示该图书已经被借出。
- 如果查到的书已经被借出，则给出提示信息，并且重新打开"借书"窗体。

"借书还书"宏组中的"借书"宏的设计如图 8-12 所示。

图 8-12　"借书还书"宏组的设计

向借阅表中追加借阅记录的追加查询设计如图 8-13 所示。

将图书表中的"借出"字段更新为 True 的更新查询设计如图 8-14 所示。

（4）还书处理界面。"还书"窗体上显示的读者编号、姓名、图书编号、图书名称和借书日期信息，是根据上一级借还图书管理窗体输入的读者编号，对借阅表、图书表和图书分类表做出的联合查询结果的字段列表值。窗体上显示的"逾期天数"和"逾期罚款"文本框是非绑定型文本框。其中的信息是根据借书日期、当前日期、允许借书的天数（30 天）和每本书每天逾期的罚款金额（0.3 元）计算得出的。文本框控件的计算表达式如图 8-15 窗体设计视图所示，窗体视图如图 8-16 所示。

图 8-13　追加查询的设计视图

图 8-14　更新查询的设计视图

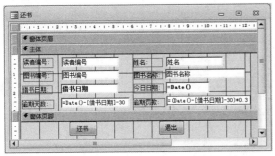

图 8-15　"还书"窗体的设计视图

图 8-16　"还书"窗体视图

"逾期罚款"文本框的显示格式设置为货币型，小数位数为 1。为"逾期天数"和"逾期罚款"文本框设置条件格式，当文本框表达式的值小于等于 0 时（即没有逾期），该值显示为白色（在窗体上不可见的）。

"还书"命令按钮的"单击"事件宏的设计参见图 8-12，用来完成如下操作：

- 如果借书已经逾期，则给出提示信息，并向违规处理表中追加一条逾期罚款记录，追加查询的设计方法参见图 8-13。
- 如果书未逾期或已经做了逾期的罚款处理，则向借阅历史表中添加相应的记录，追加查询的设计方法参见图 8-13。
- 完成上一步操作后，再将图书表中的"借出"字段更新为 False，表示该书已经被归还，更新查询设计方法参见图 8-14。
- 删除借阅表中的相应记录，表示读者已经归还图书，删除查询的设计方法如图 8-17 所示。

将窗体"数据"属性的"允许编辑"和"允许添加"选项设置为"否"，这样就可以保持窗体上的数据不会被改动。根据窗体的显示需要，将窗体的"格式"属性的"记录选择器"和"分隔线"选项的值均设置为"否"。

（5）读者信息查询界面。读者信息查询界面的主要功能是提供读者身份验证、读者借阅书籍的信息和读者个人信息查询和修改，如图 8-18 所示。

窗体上四个命令按钮的单击事件的过程设计基本相同。首先根据输入的读者信息进行读者身份验证，通过验证后，打开相应的信息查询窗体。事件过程的设计可以参考"借还图书管理"窗体上"借书"命令按钮的单击事件过程的有关设计。

图 8-17　删除查询的设计视图

图 8-18　"读者信息查询"窗体

"借阅历史信息"窗体主要用于显示读者过去借阅并已经归还的图书。窗体上显示的信息是根据在上一级的"读者信息查询"窗体中输入的读者编号和密码信息，对图书类别表、图书表、读者表和借阅历史表联合查询的结果，图 8-19 所示是"借阅历史信息"窗体视图和窗体上查询数据源的查询设计视图。

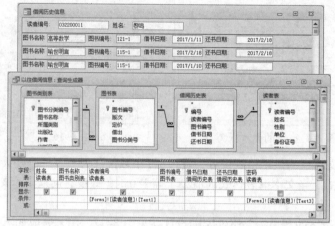

图 8-19　"借阅历史信息"窗体视图和窗体的数据源查询设计视图

将该窗体的"数据"属性的"允许编辑"和"允许添加"选项均设置为"否"，这样就可以保持窗体上的数据不会被改动。根据窗体的显示需要，将窗体的"格式"属性中的"默认视图"选项设置为"连续窗体"，"记录选择器"和"导航按钮"选项的值均设置为"否"。

"在借图书信息"窗体主要用于显示读者当前借阅的图书。窗体上显示的信息是根据上一级的"读者信息查询"窗体中输入的读者编号和密码信息，对图书类别表、图书表、读者表和借阅表联合查询的结果。在窗体上增加的"应还书日期"文本框的计算表达式为"=[借书日期]+30"，用于提示读者应该还书的最后日期。图 8-20 所示是"在借图书"窗体的窗体视图、窗体设计视图和窗体的数据源查询设计视图。

该窗体的"数据"属性和显示"格式"属性设置同上。

"逾期图书信息"窗体主要用于显示读者逾期没有归还图书的信息。窗体上显示的信息是根据在上一级的"读者信息查询"窗体中输入的读者编号和密码信息，对图书类别表、图书表、读者表和借阅表做满足条件"date()-[借书日期]>30"的联合查询的结果。在窗体上的"今天日期"和"逾期费"两个文本框，用于提示读者逾期的时间和违规罚款的金额。"逾期费"文本框的计算表达式为"(date()-[借书日期]-30)* 0.3"（0.3 为每本书每天逾期的罚款金额）。该文本框的"格式"属性为货币型，小数位数为 1。图 8-21 所示是"逾期图书信息"窗体的窗体视图、设计视图和窗体的数据源查询设计视图。

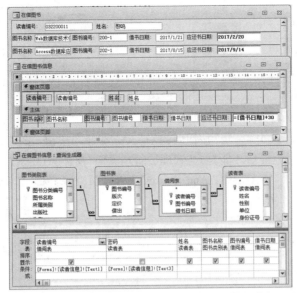

图 8-20　"在借图书"窗体的窗体视图、设计视图和窗体的数据源查询设计视图

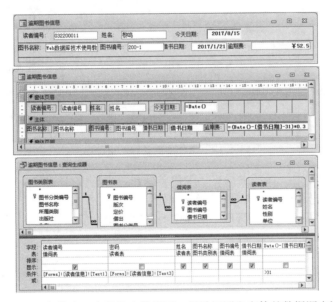

图 8-21　"逾期图书信息"窗体的窗体视图、设计视图和窗体的数据源查询设计视图

该窗体的"数据"属性和显示"格式"属性设置同上。

"读者个人信息"窗体用来查看和修改读者的有关信息。窗体上显示的信息是根据上一级的"读者信息查询"窗体中输入的读者编号和密码信息，对读者表所创建的查询的结果，如图 8-22 所示。

根据窗体的显示需要，将窗体的"格式"属性中的"默认视图"选项设置为"单个窗体"，"记录选择器"、"分隔线"和"导航按钮"选项的值均设置为"否"。

3. 管理员管理界面

在系统启动界面（见图 8-1）上单击"管理员"命令按钮，打开"管理员登录"窗体，输入管理编号和密码，如图 8-23 所示。

图 8-22 "读者个人信息"窗体视图

图 8-23 "管理员登录"窗体

输入管理员信息后,单击"登录"按钮后,执行建立在命令按钮上的宏,如图 8-24 所示的"管理员管理.登录"宏,通过验证后才能打开"管理员管理界面"窗体。其中宏的执行条件为"[Forms]![管理员登录界面]![Text1]='AABBCC' And [Forms]![管理员登录界面]![Text3]='123456'",用于验证输入的管理员编号和密码。

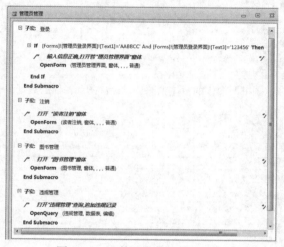

图 8-24 "管理员管理"的宏组

在"管理员管理界面"窗体上提供三个命令按钮,如图 8-25 所示,单击命令按钮可以分别打开图书管理、图书查询和读者管理的操作窗体。

(1)图书管理界面。"图书管理"窗体主要完成对图书信息的追加、删除、修改和查找,如图 8-26 所示。

图 8-25 "管理员管理界面"窗体

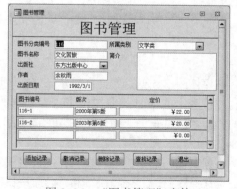

图 8-26 "图书管理"窗体

该窗体为主/子窗体,主窗体显示的是图书分类表的信息,子窗体显示的是图书表的信息。窗体的设计和窗体页脚上命令按钮的设计都是通过窗体向导和命令按钮控件向导生成的。

（2）图书查询界面。由管理员管理界面窗体中"图书查询"命令按钮打开的图书查询界面窗体和读者图书借阅管理窗体中使用的是同一个窗体，这里不再赘述。

（3）读者管理界面。"读者管理"窗体可以完成读者注册、注销和违规（如图书的损毁、丢失等）处理，如图 8-27 所示。单击窗体上的命令按钮可以打开相应的窗体。三个命令按钮的单击事件过程由命令按钮控件向导自动创建。

图 8-27　"管理读者"窗体

（4）读者注册界面。"读者注册"窗体通过向读者表追加新的读者信息来完成读者注册，如图 8-28 所示。

窗体设计是使用窗体向导和控件向导完成的。窗体的数据属性中的"数据输入"选项设置为"是"，这样打开窗体时，窗体的数据源（读者表）将自动显示新的记录。窗体中的照片信息对应读者表中 OLE 对象型字段。通过窗体向其中放置读者的照片的方法是：右击照片框，从弹出的快捷菜单中选择"插入对象"命令；也可使用 Windows 附件中的画图工具将读者的照片文件打开，选中文件，选定大小尺寸后，单击"复制"按钮，然后再选中窗体中的照片控件，选择"粘贴"命令即可。

（5）读者注销界面。"读者注销"窗体是一个主 / 子窗体，如图 8-29 所示。主窗体用于输入要注销的读者编号和密码，子窗体的查询数据源根据主窗体中输入的读者信息执行查询找到该读者的信息记录，并显示在子窗体中。单击"删除记录"命令按钮，即可完成对读者的注销操作。

图 8-28　"读者注册"窗体

图 8-29　"读者注销"窗体

窗体上的命令按钮的设计采用控件向导完成。子窗体查询数据源的设计可以参考前面介绍的方法，这里不再介绍。

（6）违规管理界面。"违规管理"窗体是用于对读者出现的违规情况，如图书的损毁和丢失等情况进行处理的操作界面，窗体的数据源来自对图书分类表、图书表和违规处理表的查询，如图 8-30 所示。

在窗体上输入读者编号和图书编号后，选择从"违规项目"组合框的列表值中选择需要的值，就会在"罚款金额"文本框中显示相应的罚款金额。"违规项目"组合框列表的设计如图 8-31 所示。"罚款金额"文本框的计算表达式为"=If([违规项目]=" 损毁 ",[定价]*2,[定价]*10)"。其含义是如果图书被损毁，按图书定价两倍罚款；否则（即图书丢失）按图书定价 10 倍罚款。

单击"确定"按钮将由定义的单击事件的宏，打开追加查询操作，向违规处理表中追加一条记录，如图 8-24"管理员管理"宏组中的"违规处理"宏所示，"违规处理"追加查询设计如图 8-32 所示。

以上窗体可以根据显示需要将窗体的"格式"属性的"记录选择器"、"分隔线"和"导航按钮"选项的值均设置为"否"。

图 8-30　"违规管理"窗体

图 8-31　"违规项目"组合框的列表

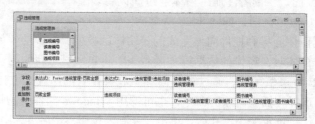
图 8-32　"违规处理"追加查询设计视图

至此图书借阅管理系统基本设计完成，为了在打开该数据库时系统启动界面自动打开，可以进行下面的设置，选择"文件丨选项"命令，弹出"Access 选项"对话框，选择左侧"当前数据库"，弹出设置当前数据库的选项对话框，在"应用程序标题"文本框中输入"图书借阅管理系统"，单击"显示窗体"右侧下拉列表按钮，从弹出的下拉列表中选择"系统启动界面"，如图 8-33 所示。

图 8-33　设置系统启动界面自动打开

习　　题

上机练习题

1. 练习目的

参照图书借阅管理系统的设计方法，设计一个旅游管理系统。

2. 练习内容

（1）完成旅游管理系统的数据库的概念设计，画出数据库的 E-R 图。

（2）完成旅游管理系统的数据库中表的设计，并建立表间的关系。

（3）实现系统的功能和各个操作界面的设计。

参 考 文 献

[1] 教育部考试中心. 全国计算机等级考试二级教程：Access 数据库程序设计（2018 年版）[M]. 北京：高等教育出版社，2018.

[2] 赵洪帅. Access 2010 数据库应用技术教程 [M]. 2 版. 北京：中国铁道出版社，2018.

[3] 赵洪帅. Access 2010 数据库应用技术教程上机指导 [M]. 2 版. 北京：中国铁道出版社，2018.

[4] 王莉. Access 数据库应用技术习题解答与上机指导 [M]. 北京：中国铁道出版社，2011.

[5] 何先军. Access 2010 数据库应用从入门到精通 [M]. 北京：中国铁道出版社，2013.